ESTATÍSTICA APLICADA EM ENGENHARIA [COM MINITAB]

Volume 1

Leovani Marcial Guimarães

João Batista de Azevedo Jr.

COPYRIGHT © 2020

LEOVANI MARCIAL GUIMARÃES

JOÃO BATISTA DE AZEVEDO JR.

TODOS OS DIREITOS RESERVADOS

MINITAB® e todas as outras marcas registradas e logotipos dos produtos e serviços da Empresa são de propriedade exclusiva da Minitab, LLC. Todas as outras marcas referenciadas permanecem como propriedade de seus respectivos proprietários. Acesse minitab.com para obter mais informações.

Leovani dedica este livro aos seus pais pelo exemplo de caráter e integridade, aos seus irmãos pela união e apoio, e a sua esposa e filha pela paciência e carinho no enfrentamento das altas horas e dos grandes desafios em realizar esta obra.

João dedica este livro a Maria Izabel, esposa, amiga e companheira nos caminhos desta vida.

Catalogação na Publicação (CIP)
Ficha catalográfica feita pelo autor

G979e v.1	Guimarães, Leovani Marcial, 1965–
	Estatística Aplicada em Engenharia [com Minitab], Volume 1 / Leovani Marcial Guimarães, João Batista de Azevedo Júnior. – 1. ed. – Santa Rita do Sapucaí, Publicação Independente, 2020. 423p. : il.
	Inclui bibliografia e índice ISBN 979-86-108-0834-5
	1. Engenharia – Métodos Estatísticos.
	I. Azevedo Júnior, João Batista de, 1956-. II. Título.
	CDD: 620.0072 CDU: 62

Sumário

Prefácio xi

Sobre o livro xv

Sobre os autores xix

1 ESTATÍSTICA DESCRITIVA 21

1.1 Definição e divisões da Estatística 21

1.2 Tipos de variáveis 24

1.3 Introdução ao Minitab 27

    1.3.1 Iniciando o Minitab e examinando os menus 27

    1.3.2 Observações sobre o Minitab 19 36

1.4 População e amostra 39

    1.4.1 Considerações sobre a amostragem 40

    1.4.2 Como entender sequências de comandos do Minitab 43

1.5 Descrição de um conjunto de dados 48

    1.5.1 Medidas de tendência central 49

    1.5.2 Medidas de dispersão 55

    1.5.3 Estatísticas básicas usando o Minitab 58

1.6 Introdução aos gráficos do Minitab 67

    1.6.1 Criando e editando gráficos com o Minitab 67

1.7 Representação gráfica dos dados: histograma 80

    1.7.1 O que é e para que serve um histograma 80

    1.7.2 Perda de informações quando os dados são resumidos 86

    1.7.3 Criando um histograma com o Minitab 88

1.7.4	Interpretando histogramas	90

1.8 Representação gráfica dos dados: boxplot 94

1.8.1	O que é e para que serve um boxplot	94
1.8.2	Gerando um boxplot com o Minitab	95

1.9 Representação gráfica dos dados: gráfico de dispersão 102

1.9.1	O que é e para que serve um gráfico de dispersão	102
1.9.2	Gerando um gráfico de dispersão com o Minitab	104

1.10 Exercícios propostos 109

2 TEORIA DA PROBABILIDADE 117

2.1 Probabilidade 117

2.1.1	Definição clássica	119
2.1.2	Definição empírica	119
2.1.3	Definição axiomática	120
2.1.4	Cálculo de probabilidades	125
2.1.5	Diagrama de árvore	133

2.2 Distribuições de probabilidade 138

2.2.1	Variáveis aleatórias	138
2.2.2	Valor esperado de uma variável aleatória	140
2.2.3	Distribuições discretas	141
2.2.4	Distribuição binomial	147
2.2.5	Analisando a distribuição binomial com o Minitab	150
2.2.6	Gráficos de distribuições de probabilidade com o Minitab	157
2.2.7	Distribuição de Poisson	162
2.2.8	Analisando a distribuição de Poisson com o Minitab	164
2.2.9	Distribuições contínuas	168
2.2.10	Distribuição normal	171
2.2.11	Analisando a distribuição normal com o Minitab	178

2.2.12	Outras distribuições de probabilidade	186
2.2.13	Modelos e simulação	188

2.3 Exercícios propostos **193**

3 ESTIMAÇÃO E TESTES DE HIPÓTESES 201

3.1 Distribuições amostrais **202**

3.2 Teorema Central do Limite **205**

3.3 Estimação **206**

3.3.1	Como funciona a estimação	206
3.3.2	Estimação da média de uma população	210
3.3.3	Distribuição t	211
3.3.4	Usando o Minitab para obter o Sumário Gráfico da amostra	215
3.3.5	Análise preliminar dos dados	219
3.3.6	Usando o Minitab para estimar médias	222
3.3.7	Estimação da proporção em uma população	229
3.3.8	Usando o Minitab para estimar proporções	230
3.3.9	Erros de estimação e tamanhos de amostra	233
3.3.10	Usando o Minitab para estimar tamanhos de amostra	235

3.4 Testes de hipóteses **241**

3.4.1	O que vem a ser um teste de hipóteses	241
3.4.2	Como funcionam os testes de hipóteses para médias	244
3.4.3	Valores críticos	245
3.4.4	Testes de hipóteses para a média de uma população	247
3.4.5	Testes de hipóteses para as médias de duas populações	251
3.4.6	Usando o Minitab no teste de hipóteses para médias	252
3.4.7	Significado do valor-p	257
3.4.8	Testes de hipóteses para proporções	268

3.4.9 Usando o Minitab no teste de hipóteses para proporções ... 270
3.4.10 Erros Tipo I e Tipo II ... 277
3.4.11 Curvas características de operação, tamanho da amostra ... 280
3.4.12 Poder do teste ... 284
3.4.13 Usando o Minitab para determinar tamanho amostral e poder ... 286
3.4.14 Procedimentos para um teste de hipóteses ... 295
3.4.15 Testes de normalidade ... 296

3.5 Exercícios propostos ... 303

4 ANOVA, CORRELAÇÃO E REGRESSÃO ... 309

4.1 Introdução à análise da variância ... 309
4.1.1 Como funciona a Análise da Variância ... 311
4.1.2 Distribuição F ... 317
4.1.3 Abordagem da ANOVA através de somas quadráticas ... 319
4.1.4 Introdução ao uso do Minitab na análise da variância ... 321

4.2 Correlação ... 334
4.2.1 Coeficiente de correlação de Pearson ... 334
4.2.2 Interpretação do coeficiente de correlação ... 335
4.2.3 Inferências sobre o coeficiente de correlação ... 337
4.2.4 Correlação e causalidade ... 338
4.2.5 Usando o Minitab para calcular correlações ... 339

4.3 Introdução à análise de regressão ... 344
4.3.1 Como funciona a análise de regressão ... 344
4.3.2 Inferências sobre a regressão linear ... 347
4.3.3 Coeficiente de determinação ... 352
4.3.4 Abordagem da regressão através de somas quadráticas ... 355
4.3.5 Usando o Minitab para análise de regressão linear ... 356

4.4 Exercícios propostos ... 365

A	**RESOLUÇÃO DOS EXERCÍCIOS**	**373**
A.1	Solução de exercícios propostos para o Capítulo 1	373
A.2	Solução de exercícios propostos para o Capítulo 2	385
A.3	Solução de exercícios propostos para o Capítulo 3	403
A.4	Solução de exercícios propostos para o Capítulo 4	408
B	**REFERÊNCIAS**	**421**

Prefácio

Este livro apresenta os fundamentos da estatística, com profundo detalhamento de suas teorias e sobre as técnicas mais eficazes para suas aplicações. Trata-se de um texto importante para alunos, professores e profissionais que se valem da estatística em diferentes ramos de atividades. Os capítulos cobrem com minúcias os tópicos indispensáveis na aplicação da estatística na engenharia, com descrições sólidas de suas bases teóricas e rigorosas apresentações dos múltiplos assuntos abordados.

Nas últimas décadas, um considerável esforço tem sido feito no aperfeiçoamento dos métodos estatísticos, graças aos seguidos avanços da teoria das probabilidades e dos necessários instrumentos matemáticos. Ainda que este crescimento seja mais explícito nos tempos modernos, incontáveis histórias sobre a estatística têm sido registradas ao longo dos séculos, muitas delas comprováveis e outras envolvidas em lendas e mitos. Para ilustrar esta afirmação, nos livros bíblicos do Êxodo e de Números, com suas formas finais escritas entre 600 e 400 anos antes da era cristã, consta um recenseamento dos integrantes das tribos de Israel e de suas propriedades. Foram contados os homens adultos aptos para a guerra, os chefes de família, os levitas que se encarregariam dos serviços religiosos e foram avaliadas as quantidades de prata e de ouro pertencentes aos hebreus. Depois, realizou-se novo levantamento ao fim dos 40 anos de peregrinação pelo deserto. O objetivo seria saber quantos sobreviveram após a longa e sofrida jornada e, ao mesmo tempo, obter informações sobre a força de trabalho, sobre os homens úteis para as batalhas e como seria feita a partilha da terra de Canaã, que seria conquistada.

Levantamentos como esses aparecem em documentos de muitas das antigas civilizações. Neste aspecto, levando em conta a sua influência por séculos e em diferentes regiões, o Império Romano merece destaque especial. Durante a sua longa existência, eram divulgadas informações sobre sua enorme população, suas conquistas, as riquezas, seus processos administrativos e os negócios do estado. Para essas tarefas, foi constituído um Conselho do Estado (Statiscum collegium), mais uma iniciativa que comprova a importância que sempre tem sido atribuída à coleta e à divulgação de dados. Observa-se que a designação em latim dessas antigas conferências deu origem à palavra estatística.

Em suas fases iniciais, baseava-se apenas no levantamento de informações, sem análises quantitativas. Seu aperfeiçoamento tornou-se mais rigoroso a partir dos estudos da teoria de probabilidades desenvolvidos por Luca Pacciolli (1445-1509), Girolamo Cardano (1501-1570), Blaise Pascal (1623-1662), Pierre de Fermat (1601-1665), Christiaan Huygens (1629-1695) e aperfeiçoamentos, já no século XVIII, por Gottfried Achenwall (1719-1772) e pelo matemático francês Pierre Simon de Laplace (1749-1827). Os novos instrumentos matemáticos estimularam sucessivas evoluções e a consequência foi a estatística firmar-se como uma ciência de muitas utilidades. Cálculos e interpretações de eventos observáveis passaram a descrevê-los de maneira mais exata e confiável, mesmo quando houvesse certo grau de incerteza nos valores coletados. Assim, a estatística tornou-se um instrumento de relevância no controle de processos industriais, em eventos relativos à medicina, à biologia e à economia, subsidiou estudos de fenômenos astronômicos, sobre as atividades sociais e chegou até às profundezas da matéria no estudo de movimentos sub-moleculares descritos pela mecânica estatística. De forma geral, as aplicações em cada ramo do conhecimento incluem diferentes temas e disciplinas.

Com aperfeiçoamentos dos estudos estatísticos, tornou-se evidente a demanda por abordagens adequadas a cada caso. Com esta visão, os dois volumes que constituem este livro colocam foco nas aplicações para a engenharia, fundamentadas na reconhecida especialização de seus autores. Os engenheiros Leovani Marcial Guimarães e João Batista de Azevedo Júnior vêm acumulando grande experiência sobre o tema em atividades empresariais e acadêmicas. Esta longa formação permitiu-lhes organizar um texto claro, com cuidadosa descrição dos conceitos e rigorosa apresentação dos métodos e cálculos estatísticos. Distribuíram os temas de maneira objetiva em dois volumes e seis capítulos, incluindo detalhados estudos sobre a teoria das probabilidades, as técnicas de estimação, as interpretações de correlação e de regressão, o controle estatístico de processos e o projeto de experimentos. Os autores mostram, ainda, diversos problemas a serem resolvidos e os métodos apropriados a essas soluções, sempre para ampliar os conhecimentos dos principais problemas da estatística associada à engenharia.

Em todo o texto, são enfatizados os aspectos mais importantes dos vários assuntos, com exemplos que consolidam os conceitos. Um ponto de relevância é a utilização do Minitab®, tradicional programa de computador especializado na solução de problemas de estatística, de ampla difusão em todo o mundo. Essa importante ferramenta disponibiliza métodos de medição, de representações gráficas sob diferentes formas, avalia experimentos, sempre através do processamento de grande número de dados. Por seus recursos e rapidez nas soluções, tornou-se indispensável em atividades de ensino, de pesquisa e em aplicações da estatística que, nesta obra, é concentrada nos problemas relacionados à engenharia.

José Antônio Justino Ribeiro

Doutor e Mestre em Engenharia Eletrônica, professor do Instituto Nacional de Telecomunicações, da Universidade Federal de Itajubá e da Escola Técnica de Eletrônica Francisco Moreira da Costa, de Santa Rita do Sapucaí - MG.

Sobre o livro

Uma necessidade sempre presente na indústria é a melhoria contínua. Os profissionais que trabalham no desenvolvimento e melhoria de processos, bem como no controle e na melhoria da qualidade de produtos e serviços devem possuir um bom entendimento da estatística para que possam realizar um trabalho eficaz.

Este livro, dividido em dois volumes, contém boa parte do material requerido para a formação continuada de técnicos e engenheiros, tanto os que ainda são estudantes como aqueles já inseridos no mercado de trabalho, no que diz respeito à Estatística e sua aplicação no controle e melhoria de processos, produtos e serviços.

Os tópicos abordados incluem, entre outros, estatística descritiva, probabilidade, variáveis aleatórias, distribuições de probabilidade, estimação, testes de hipóteses, análise da variância, regressão e correlação, modelos estatísticos e simulação, controle estatístico e projeto de experimentos.

Procurando minimizar o formalismo matemático, a abordagem adotada vai no sentido de reforçar o entendimento dos princípios que suportam cada uma das técnicas e as condições exigidas para sua aplicação.

As análises estatísticas requerem um software apropriado, sob pena de se tornarem um gargalo para o processo em decorrência de sua complexidade e do grande número de cálculos exigidos. Neste livro decidimos utilizar como ferramenta de análise o Minitab® Statistical Software, que é um aplicativo dotado de grande número de funcionalidades.

Além disso, o Minitab® é extremamente confiável, relativamente fácil de usar e está disponível em grande número de empresas e instituições de ensino. O custo do software não é proibitivo e, finalmente, estão disponíveis opções de licenciamento para professores e estudantes cujo valor é de algumas dezenas de dólares para uma licença anual. **Por isto, nossa forte recomendação é que o leitor leia o livro utilizando continuamente o software Minitab®, preferencialmente a partir da versão 19, desde o primeiro ao último exemplo e desde o primeiro ao último exercício.**

O Capítulo 1 apresenta algumas técnicas estatísticas utilizadas na análise de dados. Discute-se o que é estatística e suas aplicações no controle de processos. Apresentam-se os diferentes tipos de dados e as medidas de tendência central e de dispersão. Neste ponto iniciamos a utilização do Minitab® ilustrando seu uso com a apresentação de diversas funcionalidades voltadas para a Estatística Descritiva.

E em cada capítulo esta abordagem se mantém: apresentação de conceitos e métodos estatísticos e em seguida das facilidades que o Minitab disponibiliza para fazer uso dos conceitos e métodos aprendidos. Os autores acreditam que assim o leitor entenderá **por que** determinado problema é resolvido pela aplicação deste ou daquele método específico e saberá **como** realizar de maneira eficiente a aplicação da teoria.

No Capítulo 2 apresentam-se as várias definições de probabilidade e os conceitos de variável aleatória e de distribuições de probabilidades, discretas e contínuas. As distribuições Binomial, de Poisson e Normal são analisadas com mais detalhes. Discute-se a questão dos modelos estatísticos e simulação de processos empregando estes modelos.

O Capítulo 3 aborda alguns conceitos de inferência estatística, apresentando técnicas de estimação e testes de hipóteses para médias e proporções. O Capítulo 4 continua o estudo da inferência estatística, abordando a análise da variância e a análise de regressão, e encerra o primeiro volume.

No Capítulo 5, já no segundo volume, inicia-se a apresentação de ferramentas e técnicas da qualidade que se baseiam na aplicação dos conceitos estatísticos discutidos nos capítulos anteriores. As ideias fundamentais do Controle Estatístico de Processo (CEP) são aqui abordadas e são apresentados conceitos importantes sobre variabilidade. O capítulo termina com uma discussão sobre as cartas de controle por atributos e por variáveis.

O Capítulo 6 demonstra como a análise da variância e a análise de regressão encontram importante aplicação prática na técnica do Projeto de Experimentos. Uma abordagem abrangente se inicia com projetos unifatoriais e prossegue com tópicos tais como projetos multifatoriais, experimentos fatoriais de k níveis, experimentos fatoriais fracionados, e outros.

Ocasionalmente, aspectos da análise da variância e da análise de regressão, não abordados no Capítulo 4, são tratados aqui. Cerca de 50 exemplos são apresentados, mostrando no conjunto como realizar um experimento do começo ao fim.

De maneira geral, o livro contém grande número de exemplos resolvidos distribuídos ao longo do texto. São problemas clássicos e novas adaptações advindas de experimentos realizados pelos autores. Ao final de cada capítulo, vários exercícios são propostos. É interessante que os leitores resolvam estes exercícios, individualmente ou em grupo. Alguns problemas estão marcados com o símbolo "diamante". Isto significa que avançam conceitos não discutidos no texto e sua solução demanda uma pesquisa por parte do leitor, que é encorajado a ao menos tentar encontrar uma solução.

No final de cada volume são apresentadas as respostas da maioria dos exercícios e, em alguns casos, uma solução detalhada.

O leitor pode baixar as planilhas (worksheets) do Minitab® para todos os exemplos e exercícios, as quais são disponibilizadas no seguinte link do GoogleDrive®:

https://drive.google.com/drive/folders/1zvG9X4RXmDuRz8uUFe_rvQ1_gG1ELew3?usp=sharing

Copie o link no seu navegar e acesse as pastas específicas de exemplos e exercícios, organizadas por Capítulo e Volume.

Os autores agradecem à empresa Minitab®, LLC (www.minitab.com) pela permissão para reproduzir diversas telas[1] do Minitab® Statistical Software.

Apesar dos melhores esforços dos autores e dos revisores, é inevitável que surjam erros no texto. Assim, são bem-vindas as comunicações de usuários sobre correções ou sugestões referentes ao conteúdo ou ao nível pedagógico que auxiliem o aprimoramento de edições futuras. Os comentários dos leitores podem ser encaminhados aos autores pelos e-mails leovani@inatel.br e/ou joaoazevedojr@gmail.com.

Leovani M. Guimarães
João B. Azevedo Jr.
Santa Rita do Sapucaí, fevereiro de 2020

---

[1] Algumas informações contidas nesta publicação/livro são impressas com a permissão da Minitab, LLC. Todos esses materiais continuam sendo a propriedade exclusiva e de direitos autorais da Minitab, LLC. Todos os direitos reservados.

Sobre os autores

Leovani Marcial Guimarães é Doutor em Engenharia de Produção pelo Instituto de Engenharia de Produção e Gestão (IEPG) da Universidade Federal de Itajubá (UNIFEI), onde atua como pesquisador no Grupo de Pesquisa Logtrans. É Mestre em Engenharia Mecânica (Produção) pela Universidade Estadual de Campinas (UNICAMP), pós-graduado em Administração e Estratégia Empresarial pela UNICAMP e possui MBA Executivo pela Fundação Dom Cabral (FDC), tendo se formado Engenheiro Eletricista também pela UNIFEI. É auditor líder ISO9001 e *Six Sigma Green Belt*. Atua no meio acadêmico desde 2003 e é professor das disciplinas de Administração, Gestão da Qualidade, Gestão de Processos de Negócio, Gestão de Produção e Logística Empresarial no Instituto Nacional de Telecomunicações (INATEL). No meio empresarial há mais de 25 anos, ocupou cargos executivos em grandes empresas multinacionais, destacando-se como Gerente de Novos Produtos na IBM Brasil, Gerente de Engenharia na HP Brasil (Compaq) e mais recentemente como Diretor de Operações de Manufatura da SMART Modular Technologies e Project Management Officer (PMO) na Lexmark International. Atua como consultor em gestão empresarial, sendo sócio diretor da B*i*-Core - Inovação em Negócios e Gestão. Tem diversos artigos publicados nas áreas de Operações, Gestão Empresarial e Educação em Engenharia.

João Batista de Azevedo Jr. é Engenheiro eletrônico formado pelo Instituto Nacional de Telecomunicações (INATEL) e Mestre em Qualidade pelo Instituto de Matemática, Estatística e Ciência da Computação da Universidade Estadual de Campinas (UNICAMP). Trabalhou por vários anos na indústria eletroeletrônica ocupando cargos técnicos e gerenciais nas áreas de Engenharia e Qualidade, no Brasil e nos Estados Unidos. Como consultor independente, auditou os sistemas de Qualidade de dezenas de empresas industriais e de serviços. É engenheiro de qualidade certificado (CQE) pela American Society for Quality, auditor líder das normas ISO9001 e TL/9000; foi examinador do Prêmio Nacional da Qualidade nos anos de 2001, 2002, 2003 e 2004. Tem livros publicados sobre Eletrônica Digital e sobre Qualidade.

1 ESTATÍSTICA DESCRITIVA

1.1 Definição e divisões da Estatística

A Estatística é o ramo da matemática que estuda os fenômenos influenciados pelo acaso. No Dicionário Aurélio encontra-se a seguinte definição:

> ***estatística*** *s.f. 1. Parte da matemática em que se investigam os processos de obtenção, organização e análise de dados sobre uma população ou sobre uma coleção de seres quaisquer, e os métodos de tirar conclusões e fazer ilações ou predições com base nestes dados.*

A estatística se divide em três grandes áreas:

a) **Estatística Descritiva**, que tem como objetivo organizar, resumir, analisar e interpretar os dados disponíveis;

b) **Teoria da Probabilidade**, base teórica que permite trabalhar com a incerteza e quantificar as margens de erro associadas às técnicas estatísticas, e;

c) **Inferência Estatística** (ou Estatística Indutiva), que tem como objetivo tirar conclusões e fazer predições com base nos dados coletados.

A Estatística tem grande aplicação nos mais variados campos, tais como economia (índices de inflação, projeção de cenários futuros etc.), medicina (comparação da eficácia de diferentes tratamentos, relação entre os hábitos alimentares e certas doenças etc.), administração pública e privada (planejamento em geral etc.).

Pode-se dizer que a Estatística é uma presença constante no dia a dia de grande número de pessoas em uma sociedade moderna e não é sem razão que muitos governos possuem órgãos, como o Instituto Brasileiro de Geografia e Estatística (IBGE), dedicados à coleta e análise de dados, essenciais para o planejamento[2].

Na indústria, o controle da qualidade é baseado na estatística. Cartas de controle, inspeção por amostragem, estudos de capacidade de processo, testes por amostragem do produto acabado, análise de confiabilidade, planejamento de estoques de peças para garantia são alguns exemplos de aplicação das técnicas estatísticas nesta área.

Além destas aplicações, vale a pena mencionar a importância do raciocínio estatístico ("statistical thinking") no gerenciamento de um negócio. Segundo Deming[3] (1990), o correto entendimento

---

[2] A noção de "Estatística" foi originalmente derivada da mesma raiz da palavra "Estado", já que tem sido uma função tradicional de governos centrais armazenar registros da população, nascimentos e mortes, produção das lavouras, taxas e muitas outras informações sobre as mais variadas atividades. A contagem e mensuração dessas quantidades geram todos os tipos de dados numéricos que são úteis para formular e acompanhar a implantação de políticas públicas.

[3] William Edwards Deming (1900–1993) foi um dos mais respeitados "gurus" da Qualidade, o restrito grupo de profissionais que criou a disciplina como a entendemos hoje. Teve sua atuação profissional profundamente ligada à estatística; trabalhou como conselheiro do US Census Bureau (1939-45) e professor da Universidade de New York (1946-93). Em Março de 1950 a Japanese Union of Scientists and Engineers (JUSE) convidou-o para ministrar no Japão treinamentos sobre Controle Estatístico de Processo. Entre Junho e Agosto de 1950, Deming treinou centenas de engenheiros, gerentes e professores em CEP e conceitos de qualidade. A contribuição fundamental de Deming para o renascimento da indústria foi reconhecida pelos japoneses. Em 1951 a JUSE instituiu o Prêmio Deming, que é conferido a indivíduos e empresas por realizações significativas no campo da teoria ou da aplicação da estatística, respectivamente. Em 1960 Deming foi agraciado com a Ordem do Tesouro Sagrado, uma das mais altas honrarias do Japão. Apesar disto, seu trabalho no Japão continuou ignorado nos Estados Unidos. Deming prosseguiu em sua carreira acadêmica e em suas atividades como consultor. Em 1980 o documentário "If Japan Can... Why Can't We?", exibido na NBC, mostrou uma entrevista com Deming. A partir desta data suas ideias passaram a ser divulgadas nos Estados Unidos. Deming manteve suas atividades como consultor até seu falecimento em 1993.

do que seja a variabilidade, incluindo a compreensão do que é um sistema estável, é essencial para o gerenciamento dos processos e para a liderança de pessoas em qualquer empresa.

O entendimento claro de conceitos estatísticos, capacita a liderança a, entre outras coisas:

a) compreender que a variabilidade está sempre presente, entre pessoas, nos produtos e nos processos, e tratá-la adequadamente;
b) entender o que um processo é capaz de fazer;
c) avaliar as incertezas presentes nos dados.

Deming considera que tais capacidades são essenciais para o bom gerenciamento das empresas e coloca o conhecimento da Teoria da Variabilidade como um dos elementos de seu sistema do Saber Profundo[4].

O entendimento de conceitos estatísticos é também útil para a compreensão de informações apresentadas pelos meios de comunicação, como, por exemplo, as pesquisas eleitorais. Tais pesquisas são uma aplicação da inferência estatística e, como tal, sujeitas a uma certa margem de erro.

Uma análise da idade com que faleceram os ex-primeiros-ministros da Inglaterra revelou um valor bem maior do que a média da população, donde alguns podem concluir que ocupar tal cargo faz bem à saúde! O que há de errado com esta conclusão?[5]

---

[4] Segundo Deming o "Saber Profundo" é um conjunto de conhecimentos que inclui uma visão geral do que é um sistema, elementos da Teoria da Variabilidade, elementos de Teoria do Conhecimento e elementos de Psicologia.

Assim, familiarizar-se com alguns conceitos e métodos da estatística é relevante sob o aspecto profissional e útil em muitos outros aspectos.

1.2 Tipos de variáveis

Os dados com os quais trabalha a estatística podem ser obtidos através de pesquisas ou medições. Toda análise estatística tem como objetivo estudar alguma característica dos itens observados. Esta característica é uma **variável** e os dados são os valores que a variável assume.

A variável de interesse pode ser, por exemplo:
- a) o número de defeitos em uma placa eletrônica;
- b) a quantidade de peças com defeito em um lote recebido do fornecedor;
- c) o peso líquido de um pacote de açúcar comprado em um supermercado;
- d) a potência do sinal emitido por um telefone celular;
- e) a nacionalidade dos turistas que visitaram o Rio de Janeiro em 2002;
- f) a avaliação dos funcionários de uma empresa em relação às exigências do cargo (excede consistentemente / atende e algumas vezes excede / atende / algumas vezes não atende / insuficiente).

---

[5] Quando alguém se torna primeiro-ministro é bastante provável que sua idade esteja na casa dos 50 ou 60 anos. E uma pessoa que já chegou aos 65 anos, por exemplo, tem mais probabilidade de chegar a, digamos, 80 anos do que a população em geral.

As variáveis (e os dados que representam seus valores) podem se apresentar sob diversas formas, e são classificadas de acordo. As variáveis podem ser **quantitativas**, quando possuem valores numéricos, ou **qualitativas**, quando não possuem valores numéricos.

As variáveis quantitativas podem ser **discretas**, quando somente podem assumir determinados valores, em geral inteiros. Tipicamente, variáveis discretas resultam de processos de contagem. As variáveis (a) e (b) do exemplo acima são discretas.

Quando uma variável quantitativa pode assumir qualquer valor em um determinado intervalo, ela é denominada **contínua**. As variáveis contínuas resultam em geral de medições; os itens (c) e (d) do exemplo são variáveis contínuas.

Cabe aqui uma observação importante. Seria impossível obter na prática uma variável perfeitamente contínua já que os instrumentos de medida não têm precisão infinita. Digamos que o peso de determinado objeto é medido usando uma balança com precisão de, por exemplo, decigramas. Então não se conseguirá obter um valor para essa variável que se localize entre 50,1 e 50,2 gramas, por exemplo, 50,15 gramas. Ocorre um salto de descontinuidade entre os valores possíveis de serem medidos e a variável, do ponto de vista teórico, não pode ser considerada como variável quantitativa contínua, mas sim como variável quantitativa discreta. Entretanto, do ponto de vista prático, acaba-se frequentemente por considerá-la e tratá-la como sendo uma variável contínua, apesar dessa falta de precisão absoluta. Isso se pode dizer para o caso da renda ou qualquer outra variável econômica medida em unidades monetárias: não existe uma renda de por exemplo R$ 2680,345 já que o centavo é a menor divisão do sistema monetário. Mas, de qualquer forma, costuma-se tratar a renda como variável quantitativa contínua e não discreta.

As variáveis qualitativas são classificadas como **nominais** quando não possuem uma ordem natural. Em geral estas variáveis denotam categorias, tais como sexo, estado civil, nacionalidade, naturalidade, marca etc. O item (e) do exemplo é uma variável qualitativa nominal.

Finalmente, as variáveis qualitativas que possuem uma ordem ou hierarquia natural são classificadas como **ordinais**. Em geral estas variáveis denotam uma classificação ou julgamento, como, por exemplo, a avaliação de um curso (ótimo / bom / regular / ruim / péssimo) ou o resultado de um vestibular (primeiro lugar / segundo lugar / terceiro lugar etc.). O item (f) do exemplo é uma variável qualitativa ordinal.

É interessante observar que um mesmo conjunto de itens pode gerar os quatro tipos de variáveis. Por exemplo, analisando as características dos alunos de uma faculdade seria possível encontrar variáveis:

a) contínuas, tais como peso, ou altura;

b) discretas, tais como número de alunos por curso, ou número de alunos por cidade de origem;

c) nominais, tais como sexo, estado de origem ou religião;

d) ordinais, tais como classificação no vestibular, aluno de graduação / mestrado / doutorado / pós-doutorado etc.

1.3 Introdução ao Minitab

Todas as análises apresentadas neste livro são feitas com o Minitab® Statistical Software. Este software, utilizado em muitas empresas e instituições de ensino, é considerado uma das melhores opções disponíveis no mercado. Para maiores informações sobre o licenciamento do software, veja www.minitab.com; usuários acadêmicos qualificados podem adquirir licenças anuais por preços extremamente competitivos através de https://estore.onthehub.com.

As análises, exemplos e exercícios apresentados neste livro supõe que o leitor tem acesso a um microcomputador com o Minitab 18 instalado e ativado. Nos parágrafos que seguem apresenta-se uma visão geral do Minitab, cujas funcionalidades serão detalhadas à medida que seu uso se tornar necessário.

1.3.1 Iniciando o Minitab e examinando os menus

Quando o Minitab é iniciado, a tela ilustrada na Figura 1-1 é mostrada. A tela **Session** mostra os comandos executados e o resultado de cada comando. A tela **Worksheet** é uma planilha para entrada de dados. Os dados estão dispostos em colunas e cada coluna contém uma variável; cada célula da coluna pode conter um valor da variável.

As colunas são nomeadas como C1, C2, C3 etc.; uma planilha pode ter até 4000 colunas. Cada célula de uma coluna armazena um valor da variável correspondente; a célula imediatamente acima da linha 1 é um cabeçalho, e pode ser usada para entrar o nome da variável. Se nenhum nome for atribuído a uma variável ela será referenciada pelo nome da coluna.

Os tipos principais de variáveis suportados são numérico, texto ("-T" acrescentado ao nome da coluna) e data (sufixo "-D" acrescentado ao nome da coluna). Exemplos de sequências de caracteres interpretados como data são 15/09/1979, 15/9/79, 15 Set 79, 15 Set 1979.

Em princípio, o tipo da variável é determinado pelo valor usado na célula da linha 1. Caso um valor não numérico seja digitado nesta célula, o Minitab assume que os dados serão do tipo texto. Se um valor numérico for fornecido, a variável será numérica e não aceitará texto como entrada, retornando mensagem de erro.

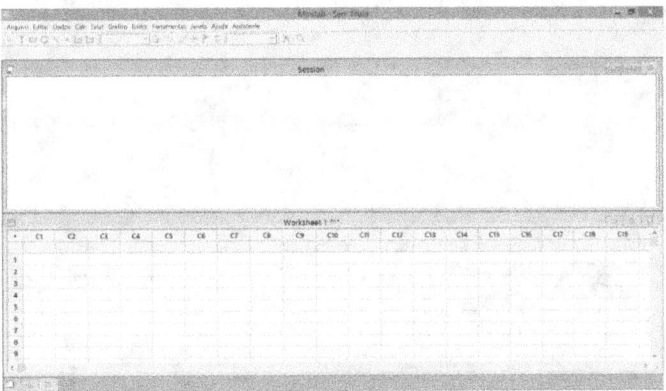

Figura 1-1 - Tela inicial do Minitab

A barra de menus do Minitab permite o acesso às variadas funcionalidades que o programa oferece. Como a barra de menus é configurável, a que aparece no seu computador pode não ser igual à da figura. Na breve descrição abaixo, tenta-se listar apenas as funcionalidades mais comumente usadas de cada menu. O leitor é encorajado a explorar os diversos menus e referir-se à Ajuda do programa para maiores informações.

O menu **Arquivo** (Figura 1-2) permite ler dados de entrada, criar novas planilhas e projetos, abrir e salvar projetos e planilhas existentes, no mesmo local ou em um local diferente, adicionar uma descrição ao projeto etc.

Uma planilha do Minitab é armazenada com o tipo de arquivo ".mtw". Um projeto do Minitab é um arquivo com a extensão ".mpj", que pode incluir planilhas, gráficos, telas de sessão e outros. O Minitab pode ainda abrir arquivos do Excel® (.xlsx; .xlsm.), arquivos "comma-separated values" (.csv), arquivos de texto (.txt).

Convém observar que a nova versão do programa (Minitab 19) usa as extensões ".mwx" para salvar planilhas e ".mpx" para salvar projetos, porém consegue abrir arquivos com as extensões ".mtw" e ".mpj".

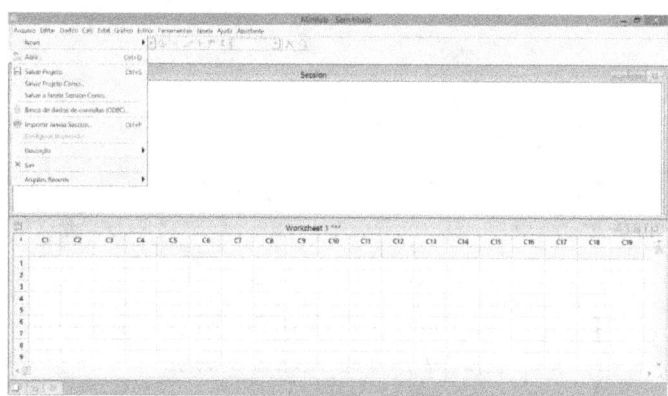

Figura 1-2 - Menus do Minitab: menu Arquivo

O menu **Editar** (Figura 1-3) provê funções para editar o conteúdo de uma planilha; permite limpar, remover, copiar, colar e recortar células, linhas ou colunas. Uma função muito útil deste menu é **"Edição da última caixa de diálogo"**, que mostra a última caixa de diálogo usada, preenchida como da última vez em que foi usada. Esta função pode ser também invocada usando o atalho CTRL+E.

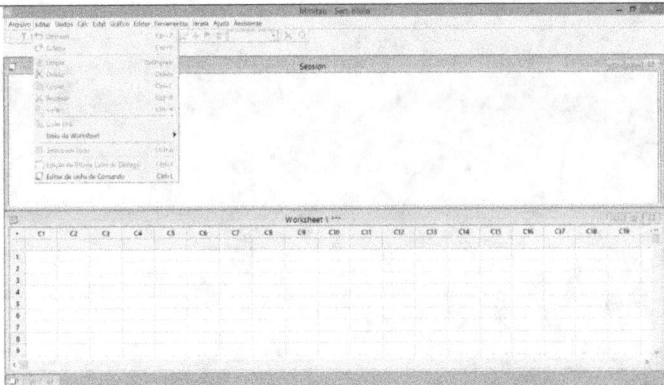

Figura 1-3 - Menus do Minitab: menu Editar

O menu **Dados** (Figura 1-4) permite manipular os dados, tanto para planilhas como para colunas. Disponibiliza funções como combinar, empilhar e dividir planilhas; empilhar, desempilhar, ordenar e transpor colunas; alterar o tipo dos dados de uma coluna, e outras.

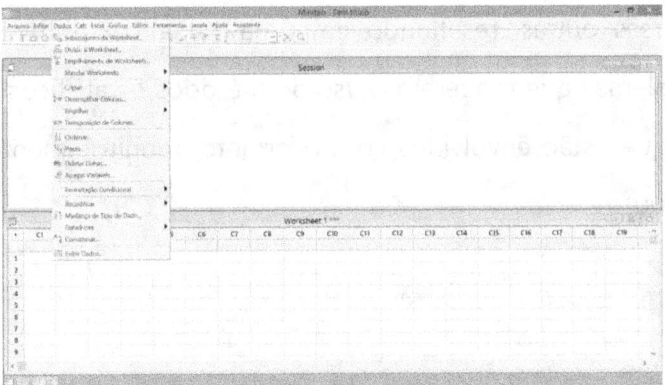

Figura 1-4 - Menus do Minitab: menu Dados

O menu **Calc** (Figura 1-5) permite utilizar a calculadora do Minitab, calcular estatísticas de linhas e colunas, gerar sequências numéricas padronizadas, gerar sequências de números aleatórios que seguem uma distribuição definida, calcular valores de distribuições de probabilidade etc.

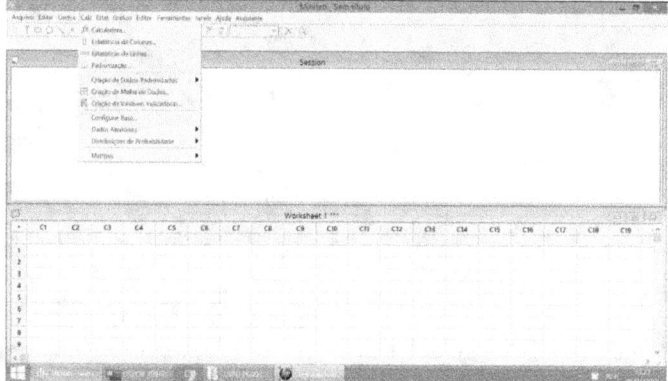

Figura 1-5 - Menus do Minitab: menu Calc

O menu **Estat** (Figura 1-6) é o menu principal, que permite o acesso às diversas análises estatísticas, incluindo estatísticas básicas, regressão, análise da variância, projeto de experimentos, cartas de controle, ferramentas da qualidade, confiabilidade, estatística multivariada, séries temporais, estatísticas não paramétricas etc. Cada uma destas opções se desdobra em diversas outras, resultando em uma versátil e poderosa ferramenta para o tratamento de problemas que requerem o uso de métodos estatísticos. O Minitab é utilíssimo para profissionais que estão envolvidos com o projeto, monitoramento, controle e melhoria de processos e produtos.

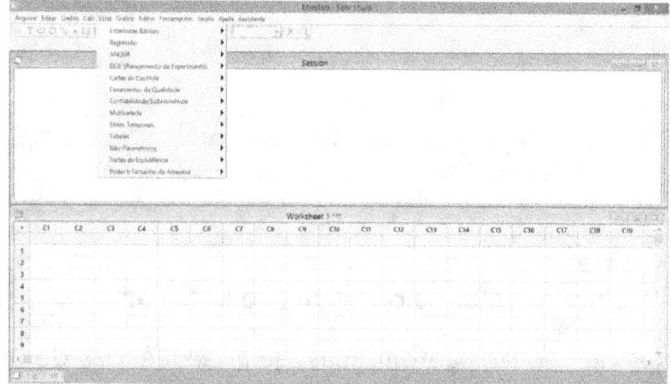

Figura 1-6 - Menus do Minitab: menu Estat

O menu **Gráfico** (Figura 1-7) permite gerar diversos tipos de gráficos. Suas funcionalidades incluem a geração de gráficos de dispersão, de bolhas, de linhas, de barras, de áreas, de setores, de intervalos, de valores individuais; permite também criar histogramas, diagramas de ramo e folhas, boxplots, diagramas de séries temporais, gráficos de probabilidade ("probability plot"), gráficos de distribuição de probabilidade e outros.

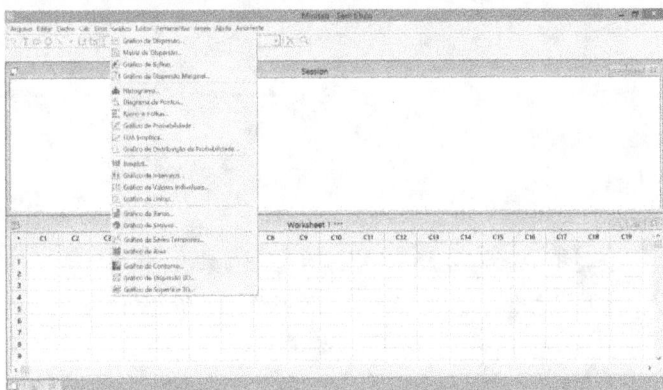

Figura 1-7- Menus do Minitab: menu Gráfico

O menu **Editor** permite mover, copiar, ordenar diversas partes de diferentes janelas para elaborar um relatório das atividades. No contexto de um gráfico, oferece funcionalidades para edição dos vários elementos (símbolos, linhas, escalas, legendas etc.).

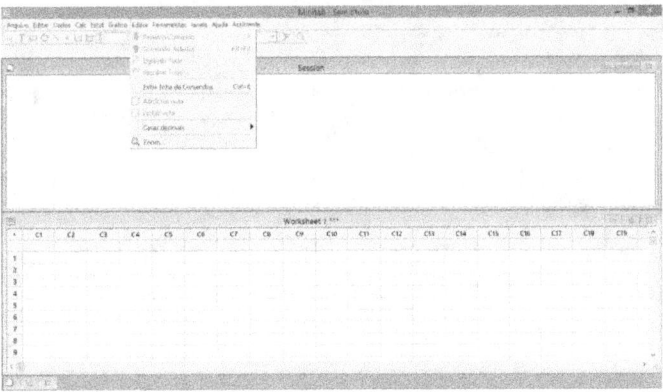

Figura 1-8 - Menus do Minitab: menu Editor

O menu **Ferramentas** (Figura 1-9) permite acessar ferramentas do Windows, recursos de automação e configuração do Minitab etc.

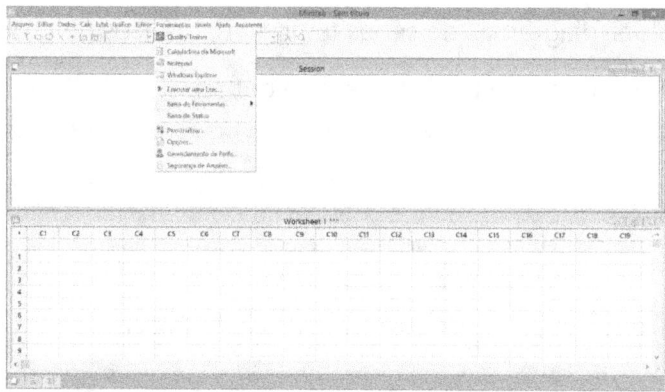

Figura 1-9 - Menus do Minitab: menu Ferramentas

O menu **Janelas** (Figura 1-10) permite acessar e organizar as diferentes janelas do Minitab; provê também facilidades para customização de menus.

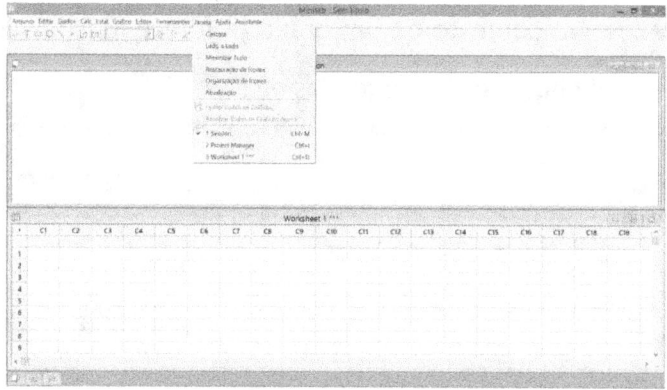

Figura 1-10 - Menus do Minitab: menu Janela

O menu **Ajuda** (Figura 1-11) permite acessar os recursos de ajuda do Minitab.

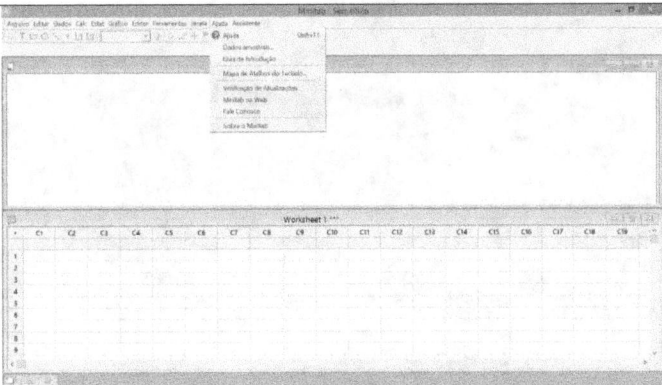

Figura 1-11 - Menus do Minitab: menu Ajuda

O menu **Assistente** (Figura 1-12) permite acessar assistentes que auxiliam o usuário na execução de tarefas como análise de regressão, análise de capacidade do processo, teste de hipóteses, implementação de cartas de controle etc.

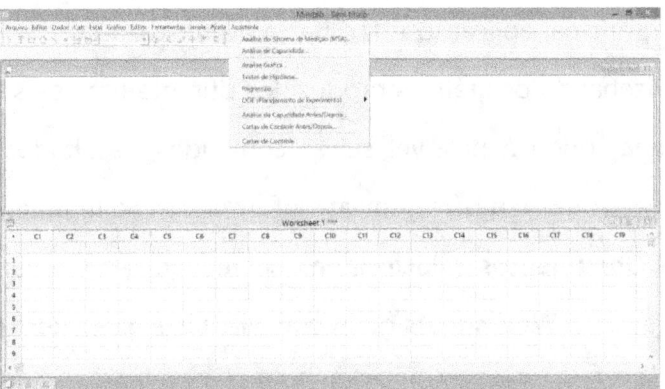

Figura 1-12 - Menus do Minitab: menu Assistente

Um projeto do Minitab possui diversas janelas e a estrutura do projeto pode ser vista através do **Project Manager**. Clicando no menu **Janela** e depois em **Project Manager** aparece uma tela similar àquela mostrada na Figura 1-13.

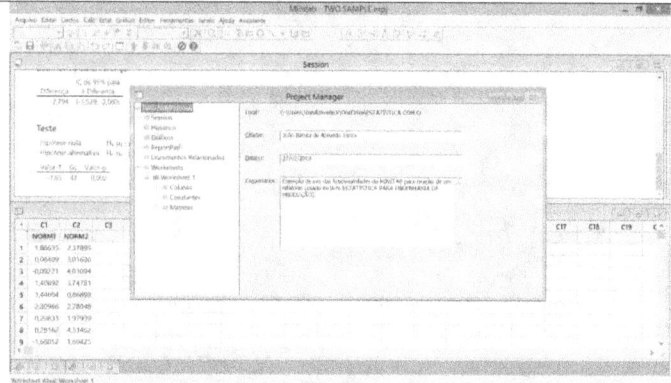

Figura 1-13 - Tela do Project Manager para um projeto

O diagrama de árvore mostra as diversas pastas que fazem parte do projeto. O conteúdo das pastas corresponde exatamente ao nome. A pasta **Session** é um registro dos comandos executados e, quando aplicável, dos resultados obtidos. A pasta **History** é um log dos comandos do Minitab, porém no formato de comandos de linha; seria algo equivalente ao gravador de macros do Excel e sua principal aplicação é facilitar a automatização de processos repetitivos. A pasta **Gráficos** vai armazenando os gráficos produzidos durante uma sessão. A pasta **Report Pad** é um bloco de rascunho, onde é possível salvar comandos, resultados, gráficos para análise posterior; o Minitab permite também enviar informações diretamente ao Word® e ao PowerPoint®. A pasta **Documentos relacionados** serve para armazenamento de documentos externos e, finalmente, a pasta **Worksheets** guarda as planilhas que fazem parte do projeto.

1.3.2 Observações sobre o Minitab 19

Enquanto este livro estava sendo escrito, a Minitab, LLC liberou a versão 19 do Minitab® Statistical Software, que agrega novas funcionalidades ao programa. As telas são um pouco diferentes, porém todos os exemplos e exercícios aqui apresentados podem ser trabalhados com a nova versão. A diferença mais significativa que o leitor encontrará ao utilizar o Minitab 19 diz respeito à nova interface com o usuário. Para o Minitab 18 esta interface está ilustrada na Figura 1-1; já para o Minitab 19, refira-se à Figura 1-14, à Figura 1-15 e à Figura 1-16.

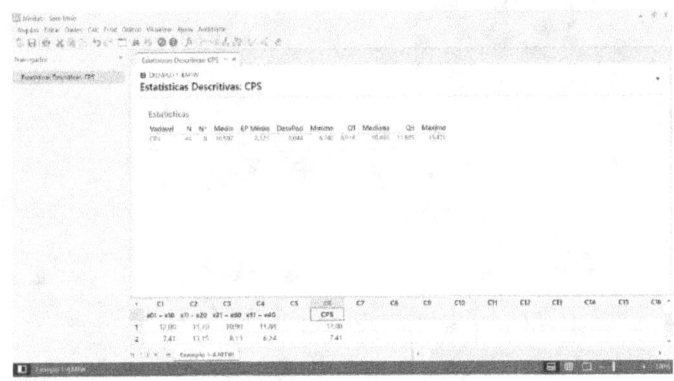

Figura 1-14 – Interface do Usuário do Minitab 19 (visão 1)

A interface do Minitab inclui diversos componentes. Na parte esquerda da Figura 1-14 está o **Navegador**, que contém a lista de títulos de saída em seu projeto, ordenados do mais antigo para o mais novo, com os títulos de saída mais recentes na parte de baixo da lista.

Clicando com o botão direito em qualquer título de saída no Navegador você pode: (a) abrir a saída na visão dividida para compará-la com a saída em uma aba diferente; (b) renomear a saída, observando-se que ao renomear a saída, o nome é atualizado no painel de saída; (c) enviar a saída para uma aplicação diferente, como o Word, o PowerPoint ou o Companion® da Minitab; (d) apagar a análise do projeto, sendo possível desfazer esta ação no menu Editar.

À direita do Navegador, está o **Painel de Saída**, que exibe resultados, como gráficos e tabelas, depois que uma análise é executada. A saída para cada análise é exibida em uma única guia. A Figura 1-14 ilustra o Painel de Saída exibindo o resultado de uma análise de estatísticas descritivas; já a Figura 1-15 mostra o Painel de Saída exibindo um gráfico de barras empilhadas.

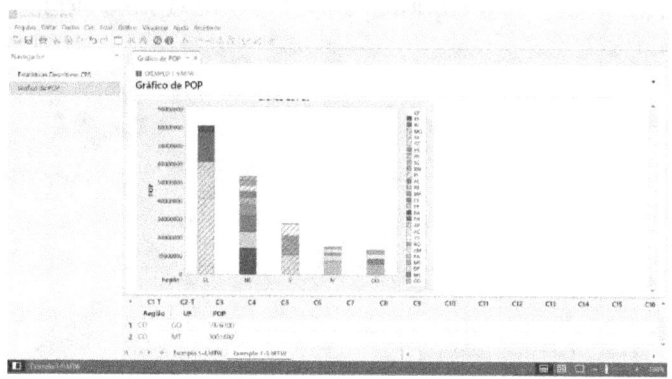

Figura 1-15 – Interface do Usuário do Minitab 19 (visão 2)

Para mexer com os conteúdos de uma aba, clique em aba, em seguida clique na seta que aponta para baixo, próximo ao título da saída. Se quiser editar uma tabela ou gráfico em específico, clique com o botão direito do mouse no gráfico ou tabela. Para funções como enviar para o Word ou Power Point clique na seta apontada para baixo no extremo direito da tela. Para visualizar uma saída que não está atualmente visível, clique no título da saída no Navegador.

Abaixo do Painel de Saída está o **Painel de dados** (worksheets), que exibe a planilha ativa. É possível ter várias planilhas abertas no mesmo painel de dados ao mesmo tempo; entretanto, o Minitab usa os dados na planilha ativa para executar a análise. Em alguns casos você pode desejar ver outros painéis. Para fazer isto selecione estes painéis no menu Visualizar. Na Figura 1-16 vê-se o **Painel Linha de comandos/histórico**. Na Linha de comando você pode entrar ou colar a linguagem de comando para realizar uma análise. No Histórico mostra-se a linguagem de comando que o Minitab usa para realizar uma análise. É possível selecionar e copiar comandos e sub comandos do painel Histórico para o painel Linha de comando, onde é possível editá-los e executá-los novamente.

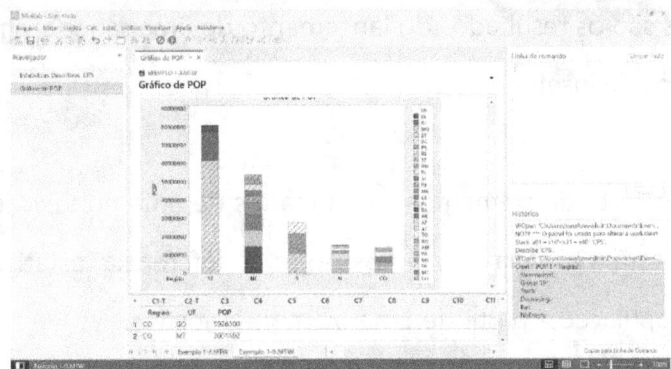

Figura 1-16 – Interface do Usuário do Minitab 19 (visão 3)

Finalmente, clicando nos ícones da Barra de status (azul escuro na tela) você pode mostrar ou esconder o Navegador, o painel de dados ou o painel de saída. Você pode aumentar ou diminuir o zoom de um gráfico ou de uma planilha, dependendo se o painel de dados ou o painel de saída estiver selecionado.

1.4 População e amostra

População é o conjunto de todos os elementos de um determinado grupo (de pessoas, coisas, eventos etc.) que está sendo estudado. Uma população pode ser **finita** ou **ilimitada**. Exemplos de populações finitas são os alunos de uma universidade, os funcionários de uma empresa, os profissionais com formação em Engenharia residentes no estado de Minas Gerais, os carros em circulação no país etc.

Populações ilimitadas são muitas vezes resultado de um processo que gera itens. Exemplos de populações ilimitadas são os resultados do lançamento de uma moeda, a produção futura de uma fábrica, os nascimentos de insetos etc.

Amostra é um subconjunto de elementos selecionados de uma população. A imensa maioria dos estudos estatísticos está baseada em amostras e a inferência estatística consiste em obter conclusões sobre a população a partir de uma ou mais amostras.

Se uma medida descritiva é calculada a partir dos dados da população ela é chamada de **parâmetro populacional**, ou simplesmente parâmetro; se é calculada a partir dos dados da amostra ela é chamada de **estatística amostral**, ou simplesmente estatística.

É preciso observar que os termos população e amostra se referem a um conjunto específico de circunstâncias e que um conjunto de itens pode ser uma população em determinado momento e uma amostra em outras situações. Por exemplo, em um estudo sobre a relação entre renda familiar e desempenho escolar dos alunos de uma determinada universidade, o conjunto destes alunos será a população em análise; em outro estudo, sobre o mesmo tema, porém abrangendo todas as universidades do país, este mesmo conjunto poderá ser uma amostra.

1.4.1 Considerações sobre a amostragem

Amostragem é o processo usado para selecionar uma amostra de uma população. A análise de todos os itens de uma população se denomina **censo**, que é geralmente um processo caro e demorado. Na maioria das vezes, a amostragem é preferível ao censo, seja por razões de custo, pela urgência em realizar a análise, ou mesmo pela impossibilidade material de realizar a análise de todos os itens. Este último caso ocorre, por exemplo, nos ensaios destrutivos, onde o teste de todos os itens é, obviamente, inviável.

Assim, quase sempre, a opção é extrair uma ou mais amostras da população e a partir dos dados amostrais estimar a característica da população. Para que a estimativa seja válida é preciso que a amostra seja **representativa** da população, ou seja, as características da amostra devem refletir de maneira bem aproximada o que ocorre na população.

Os exemplos abaixo ilustram casos de amostragem **inadequada**:
a) A auditoria de produto acabado em uma linha de fabricação de microcomputadores é sempre feita testando máquinas montadas pelo mesmo operador.
   Comentário: é quase certo que os resultados desta auditoria estarão seriamente prejudicados e não permitirão fazer uma estimativa correta do nível de defeitos do conjunto de produtos acabados, pois a amostra do trabalho de um único operador dificilmente representa o desempenho de todos os operadores.
b) Uma pesquisa sobre a relação entre peso e altura dos alunos de uma universidade foi realizada tomando como amostra os alunos da Faculdade de Educação Física.
   Comentário: É claro que os resultados da pesquisa são distorcidos pois a amostra certamente inclui um número desproporcional de pessoas com condicionamento físico superior ao do conjunto de alunos como um todo.

c) Em uma eleição para a prefeitura da cidade de São Paulo, uma pesquisa de intenção de voto se limita a entrevistar moradores do Jardim América (bairro de altíssima renda).

Comentário: Provavelmente esta pesquisa levará a uma previsão incorreta do resultado futuro, pois a amostra escolhida não é representativa de toda a população da cidade.

Existem técnicas de amostragem que tem como objetivo justamente garantir a representatividade da amostra. Entre estas técnicas, a que tem mais aplicação na indústria é a amostragem aleatória. Na amostragem aleatória de uma população onde a variável de interesse é discreta, procura-se fazer com que cada item tenha a mesma chance de ser incluído na amostra.

Este é o caso do exemplo (a), onde a variável de interesse é o número de máquinas com defeito. Portanto, o correto seria fazer com que todas as máquinas produzidas tivessem a mesma chance de serem selecionadas para a auditoria final.

Quando a variável de interesse é contínua, a amostragem aleatória busca fazer com que a chance de incluir na amostra valores em certo intervalo seja igual à porcentagem de valores da população naquele intervalo. No exemplo (b) acima as variáveis peso e altura são contínuas e o correto seria selecionar aleatoriamente os alunos para coleta dos dados.

A seleção de itens está baseada frequentemente na utilização de números aleatórios. Por exemplo, em um "call center" existem 100 estações de atendimento, que recebem em média 50 chamadas por turno, as quais são gravadas e permanecem armazenadas por 30 dias. O gerente do "call center" decide realizar uma amostragem dos atendimentos realizados e para isto quer selecionar aleatoriamente 50 gravações disponíveis.

Uma possibilidade é associar cada chamada a um conjunto de índices (i, j, k, m), fazendo:
a) $i = número\ da\ estação\ (1 \leq i \leq 100)$;

b) j = *número da chamada no turno* ($1 \leq j \leq 50$);
c) k = *número do turno* ($1 \leq k \leq 3$), e;
d) m = *dias de armazenamento* ($1 \leq m \leq 30$)

e em seguida selecionar estes índices de maneira aleatória.

Isto pode ser feito utilizando tabelas de números aleatórios, encontradas em diversos livros de Estatística, acessando alguns sítios da Internet que fornecem tais números ou ainda usando um aplicativo adequado. Um exemplo é o site www.random.org que fornece números aleatórios gerados com base no ruído atmosférico e contém uma interessante discussão sobre a geração destes números.

Existem ainda outros métodos de amostragem, tais como amostragem sistemática, amostragem estratificada e amostragem por conglomerados. No caso de pesquisas de intenção de voto, por exemplo, utiliza-se a amostragem estratificada, que, neste caso, parte de informações demográficas e socioeconômicas para definir estratos homogêneos da população. Estes estratos são amostrados de acordo com sua proporção no total.

Exemplo 1-1: Um lote de 1500 placas eletrônicas com números de série 82070000 até 82071499 deve ser inspecionado para identificar um possível problema, que parece ter ocorrido de forma aleatória durante a produção do lote. Determinou-se que a inspeção de 30 placas será suficiente para definir a necessidade de testar novamente todas as 1500 placas. Explicar como poderia ser extraída a amostra desejada.

Solução: Uma alternativa possível é associar cada número de série a um inteiro de 0 a 1499, sendo 82070000 ⇔ 0, 82070001 ⇔ 1, 82070002 ⇔ 2, ... até 82071499 ⇔ 1499 e, em seguida, escolher de maneira aleatória 30 números entre 0 e 1499. A geração dos números aleatórios pode ser feita com o Minitab.

1.4.2 Como entender sequências de comandos do Minitab

No decorrer da leitura deste livro você aprenderá a usar muitas funcionalidades do Minitab. Para explicar como o Minitab é usado, apresentamos com frequência sequências de comandos ou ações que você deve executar para alcançar o resultado desejado. No início, tais sequências são apresentadas de maneira detalhada, mas à medida que os capítulos se sucedem o nível de detalhe se reduz, pois supõe-se que o leitor está se tornando proficiente no uso da ferramenta. No último capítulo apenas os caminhos através de menus serão mostrados.

O Minitab pode ser usado para gerar os 30 números aleatórios de que falamos no tópico anterior. Para tanto, inicie o programa e execute esta sequência de comandos:

Calc > **Dados Aleatórios** >**Inteira** > *painel* **Distribuição Inteira** > *digite 30 em* **Número de linhas de dados a serem geradas** > *digite C1 em* **Armazenar em coluna(s)** > *digite 0 em* **Valor mínimo** > *digite 1499 em* **Valor máximo** > **OK**

Sequência de comandos 1-1 - Geração de números aleatórios

Como interpretar esta sequência? É bastante simples e espero que você aprenda a acompanhar estas sequências sem qualquer dificuldade. Há apenas dois tipos de ações:

1. Os itens **em negrito** são nomes de controles do programa ou nomes de variáveis (ou designativos de colunas) usados para fornecer dados ao Minitab ou receber resultados que o programa fornece. A palavra "controle" é usada aqui com o sentido de "Windows control", ou

seja, botão de comando, caixa de seleção, botão de opção, caixa de texto etc. Para os controles você deve executar a ação típica que este requer. Assim, se o controle é um item do menu, se espera que você clique sobre ele; se é uma lista suspensa, se espera que você selecione uma das opções; se é uma caixa de texto, espera-se que você digite alguma coisa, e assim por diante. Quando você tiver fornecido toda a informação necessária, clique **OK** e o Minitab fará a parte dele.

2. Os trechos *em itálico* são ações que envolvem alguma informação da sua parte. Por exemplo, *"digite 30 em"* é uma ação na qual você informa ao programa que ele deve gerar 30 linhas de dados.

Uma observação que você deve ter em mente: controles que não forem mencionados na sequência ficam no seu estado inicial. Porém, o Minitab "lembra" as ações anteriores; se você tiver alterado alguma coisa antes, a alteração continua valendo. Se tiver dúvida sobre o estado do programa, feche a sessão e abra outra. Ao abrir novamente tudo estará com o valor inicial desejado. Executando a sequência de comandos, os três primeiros selecionam uma distribuição de probabilidade (um tópico que será visto no próximo capítulo) denominada **Inteira**, que servirá para gerar os números aleatórios (Figura 1-17).

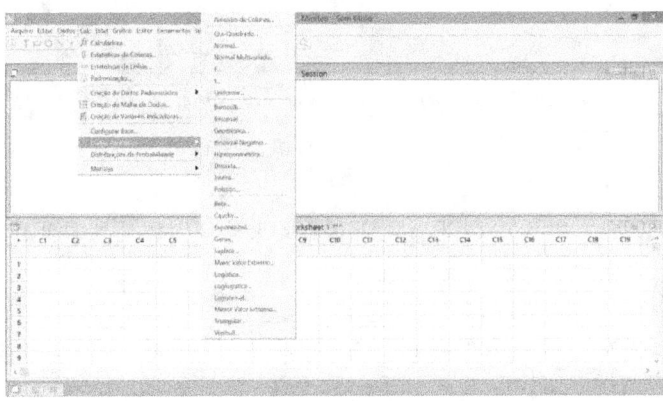

Figura 1-17 - Geração de números aleatórios (passo 1)

A distribuição Inteira gera números entre o **Valor mínimo** e o **Valor máximo**, inclusive; todos os números têm a mesma chance de serem sorteados. A Figura 1-18 mostra o painel **Distribuição Inteira** imediatamente antes do **OK**.

Quando se clica o botão **OK**, o Minitab vai gerando e armazenando os números aleatórios em linhas sucessivas da coluna C1, até completar a quantidade de 30, especificada pelo usuário. A execução do comando termina com 30 números armazenados nas linhas de 1 a 30 da coluna C1, na ordem em que foram gerados.

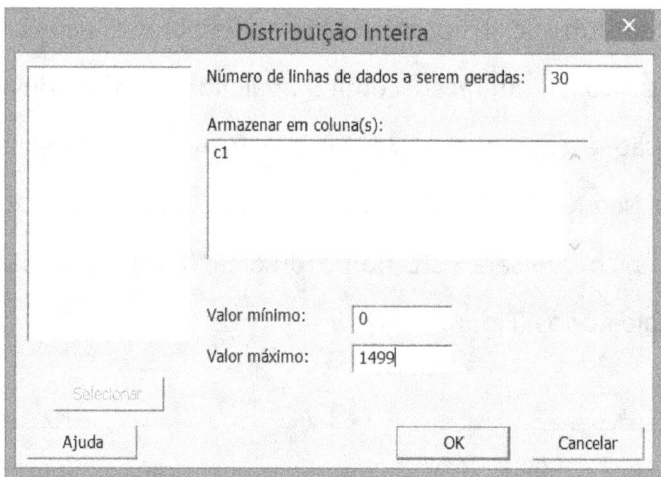

Figura 1-18 - Geração de números aleatórios (passo 2)

Pode ser interessante ordenar estes valores e para fazer isto execute, por exemplo, a sequência de comandos listada a seguir:

Dados > **Ordenar** > *painel* **Ordenar** >*selecione* **C1** *para* **Colunas a usar para ordenação** > *selecione* **Todas as colunas** *em* **Colunas para ordenar** > *selecione* **No final da worksheet atual** *em* **Local de armazenamento das colunas ordenadas** > **OK** (Figura 1-19)

Sequência de comandos 1-2 - Ordenação de valores

Ao clicar o botão **OK** os 30 valores ordenados do menor para o maior estarão na coluna C2 em uma variável denominada **Ordenado C1**.

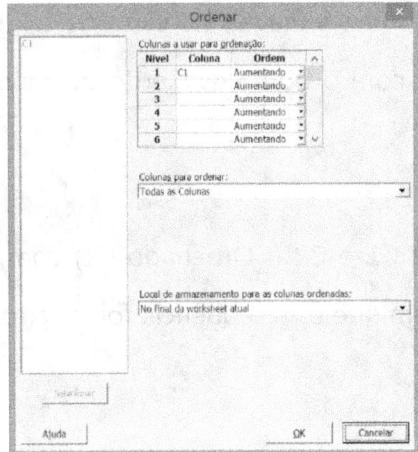

*Figura 1-19 - Painel **Ordenar** imediatamente antes do **OK***

É importante observar que há em geral diversas ações que levam ao mesmo resultado, de modo que as sequências de comandos podem não ser únicas. Mas, para evitar repetições, não se usará em todos os casos a expressão "por exemplo" quando se lista uma sequência de comandos. Fica, porém, subentendido que a flexibilidade do Minitab é muito grande e quase sempre há diversas maneiras de obter o resultado desejado.

Na sequência de comandos que acabou de ser vista, consta a expressão "Selecione **C1**..." para indicar o nome da variável ao programa. Muitos painéis têm, na parte esquerda da tela, uma lista das variáveis definidas na planilha e, logo abaixo da lista, o botão **Selecionar**. Quando for necessário passar o nome de uma ou mais variáveis para o programa, você deve posicionar o cursor na caixa de texto de destino e:

1. Digitar os nomes das variáveis (ou das respectivas colunas), separadas por um espaço, ou;
2. Clicar o nome de uma ou mais variáveis na caixa de texto do lado esquerdo da tela; em seguida, clicar o botão **Selecionar**, ou;
3. Clicar o nome de uma ou mais variáveis na caixa de texto do lado esquerdo da tela; em seguida clicar duas vezes com o botão esquerdo do mouse, como alternativa ao uso do botão **Selecionar**.

A Figura 1-20 mostra as colunas C1 e C2 (=Ordenado C1) com os números aleatórios gerados pelo Minitab em uma das vezes em que esta sequência foi executada.

	C1	C2
		Ordenado C1
1	555	6
2	855	56
3	90	90
4	524	138
5	56	139
6	139	149
7	1310	206
8	1311	265
9	435	435
10	1418	509
11	149	511
12	833	524
13	834	555
14	1083	716
15	509	833
14	1083	716
15	509	833
16	1040	834
17	265	855
18	511	858
19	1276	938
20	940	940
21	858	997
22	138	1040
23	1155	1083
24	1214	1155
25	6	1214
26	938	1276
27	997	1310
28	1319	1311
29	206	1319
30	716	1418

Figura 1-20 - Números aleatórios gerados pelo Minitab

1.5 Descrição de um conjunto de dados

A análise de dados, principalmente em grande quantidade, requer em geral que eles sejam organizados e resumidos. Uma das maneiras mais comuns de fazê-lo é sumarizar os dados em tabelas de frequência e histogramas, que revelam informações sobre a forma como os dados estão distribuídos, qual ou quais valores são mais frequentes etc. As medidas de tendência central e de dispersão constituem informação indispensável para a análise de qualquer conjunto de dados e pode-se dizer que invariavelmente uma ou mais delas serão utilizadas.

1.5.1 Medidas de tendência central

As medidas de tendência central indicam, em geral, onde está concentrada a maioria dos valores. Há duas medidas de tendência central particularmente úteis: a **média aritmética** (ou simplesmente média) e a **mediana**.

A média de um conjunto de dados $x_1, x_2, ..., x_n$ é a soma dos valores dividida pelo número de valores, ou seja,

$$\bar{x} = \frac{\sum_{i=1}^{n} x_i}{n}$$

É comum usar-se a letra grega μ (lê-se mu ou mi) para representar a média de uma população e $\bar{x}$ (lê-se xis barra) para representar a média de uma amostra.

O significado da média de um conjunto de dados depende muito da distribuição destes dados. A média é fortemente influenciada por valores extremos ("outliers") e perde muito de seu significado quando os dados apresentam, por exemplo, uma distribuição bimodal ou fortemente assimétrica. Moda é o valor mais frequente de uma distribuição; uma distribuição bimodal possui dois valores relativamente afastados e com frequência maior que os valores intermediários.

Além da média aritmética simples, utiliza-se algumas vezes a média aritmética ponderada. Esta média é calculada levando em consideração os pesos de cada valor individual. Em termos gerais, a fórmula da média aritmética ponderada de n observações é:

$$\bar{x}_w = \frac{\sum_{i=1}^{n} x_i w_i}{\sum_{i=1}^{n} w_i}$$

onde w_i é o peso da i-ésima observação x_i.

A soma dos pesos não pode ser igual a zero. Fora disto, não existe restrição para os valores dos pesos. Se todos eles forem iguais, a média ponderada recai em seu caso particular, a média aritmética.

Exemplo 1-2: Um grupo de estudantes realiza exames de admissão para uma universidade. São aplicadas provas de Português (P), Matemática (M), Física (F), Biologia(B) e Ciências Sociais (CS), cada uma das quais vale 100 pontos. O peso destas provas varia de acordo com o curso no qual o estudante deseja ingressar, conforme a Tabela 1-1. O curso pretendido e as notas obtidas por dez dos estudantes que se submeteram aos exames de admissão estão na Tabela 1-2. Responda as perguntas a seguir: (a) Qual dos estudantes obteve a maior média no exame? A nota de corte para admissão no curso de Letras é 65. Já tendo feito as provas de Matemática, Física e Biologia, com os resultados mostrados na tabela, o estudante S10 calculou qual seria a nota mínima que deveria alcançar em Português. O estudante assume que sua pontuação em Ciências Sociais será no mínimo 80% da pontuação alcançada em Português. (b) Qual o resultado encontrado por S10?

	Peso das disciplinas do exame cf. curso				
Curso	P	M	F	B	CS
Engenharia	1	3	2	1	1
Farmácia	2	1	1	3	1
Filosofia	2	1	1	1	3
Letras	3	1	1	1	2

Tabela 1-1 - Peso das disciplinas conforme o curso

		Notas das provas do exame de admissão				
Aluno	Curso	P	M	F	B	CS
S1	Eng.	75	90	86	68	57
S2	Eng.	74	87	78	73	64
S3	Eng.	65	76	55	66	81
S4	Farm.	52	76	60	61	57
S5	Farm.	72	60	79	78	67
S6	Filos.	78	56	77	62	63
S7	Filos.	81	72	73	77	95
S8	Filos.	66	77	68	70	74
S9	Letras	82	83	78	56	60
S10	Letras	73	80	86	75	60

Tabela 1-2 - Notas nas provas do exame de admissão

Solução: Para responder ao quesito (a) é necessário calcular as médias de todos os estudantes, que são médias ponderadas conforme os pesos da Tabela 1-1. Por exemplo, para S1:

$$\bar{x}_{wS1} = \frac{1 \times 75 + 3 \times 90 + 2 \times 86 + 1 \times 68 + 1 \times 57}{1 + 2 + 3 + 1 + 1} = \frac{642}{8} = 80,250$$

Calculando para os demais

$\bar{x}_{wS2} = 78,500$; $\bar{x}_{wS3} = 68,750$; $\bar{x}_{wS4} = 60,000$; $\bar{x}_{wS5} = 73,000$; $\bar{x}_{wS6} = 67,250$;
$\bar{x}_{wS7} = 83,625$; $\bar{x}_{wS8} = 71,125$; $\bar{x}_{wS9} = 72,875$ $\bar{x}_{wS10} = 72,500$

vê-se que o estudante S7 teve a melhor média.

O Minitab pode ser usado também como uma calculadora. Para ilustrar, abra uma nova planilha e carregue os dados exatamente como mostrado na Tabela 1-3.

P	M	F	B	CS	Aluno	Curso_1	P_1	M_1	F_1	B_1	CS_1
1	3	2	1	1	S1	Eng.	75	90	86	68	57
1	3	2	1	1	S2	Eng.	74	87	78	73	64
1	3	2	1	1	S3	Eng.	65	76	55	66	81
2	1	1	3	1	S4	Farm.	52	76	60	61	57
2	1	1	3	1	S5	Farm.	72	60	79	78	67
2	1	1	1	3	S6	Filos.	78	56	77	62	63
2	1	1	1	3	S7	Filos.	81	72	73	77	95
2	1	1	1	3	S8	Filos.	66	77	68	70	74
3	1	1	1	2	S9	Letras	82	83	78	56	60
3	1	1	1	2	S10	Letras	73	80	86	75	60

Tabela 1-3 – Disposição dos dados para o Exemplo 1-2 na planilha do Minitab

Observe cuidadosamente a Tabela 1-3 e procure entender por que os dados foram assim dispostos na planilha. Dê o nome "Média" a uma coluna vazia. Execute a seguinte sequência de comandos:

Calc > **Calculadora** > *painel* **Calculadora** > *selecione* **Média** *para* **Armazenar resultado na variável** > *entre a expressão (veja a* Figura 1-21 *) em* **Expressão** > **OK**

Sequência de comandos 1-3 - Uso da calculadora do Minitab

A Figura 1-21 mostra o painel **Calculadora** imediatamente antes do **OK**. Para entrar a expressão você pode selecionar os elementos com o mouse, digitar com o teclado ou usar uma combinação dos dois métodos.

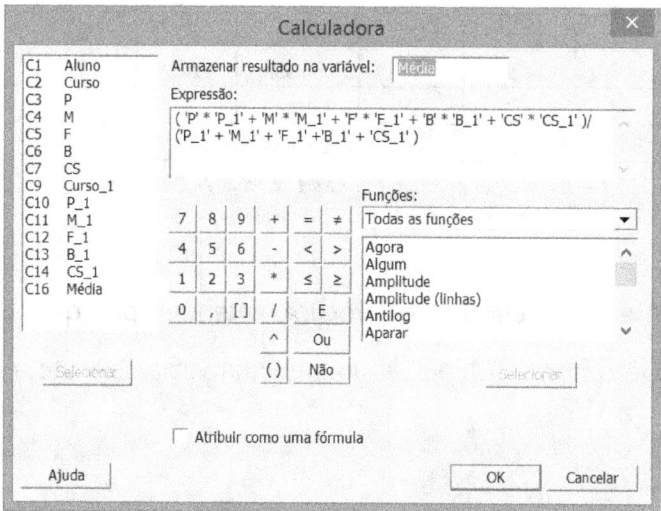

Figura 1-21 - Painel **Calculadora** *imediatamente antes do* **OK**

Ao clicar **OK** a coluna **Média** fica como

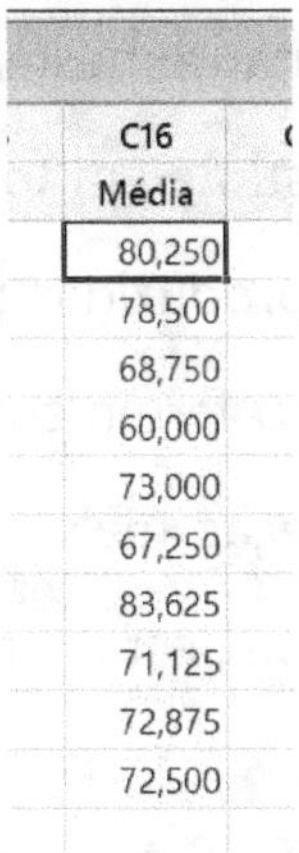

C16
Média
80,250
78,500
68,750
60,000
73,000
67,250
83,625
71,125
72,875
72,500

Figura 1-22 - Resultado na coluna Média

No quesito (b), seja x a nota do estudante S10 em Português. Como ele acredita que conseguirá pelo menos 80% deste grau em Ciências Sociais, a nota nesta disciplina seria $0,8x$. Nas demais disciplinas o grau já está definido na tabela. Portanto, para ser aprovado

$$\bar{x}_{wS10} = \frac{3 \times x + 1 \times 80 + 1 \times 86 + 1 \times 75 + 2 \times 0,8x}{3 + 1 + 1 + 1 + 2} = \frac{4,6x + 241}{8} \geq 65,000$$

$$4,6x \geq 279$$

$$x \geq 60,65 \; [61, pois\ os\ graus\ são\ inteiros]$$

Outra medida de tendência central é a **mediana**, que é o valor que divide o conjunto de dados ao meio. Exatamente 50% dos valores estão abaixo da mediana e 50% dos valores estão acima. A mediana tem a propriedade de ser pouco afetada por valores extremos, porém não é passível de manipulação algébrica. A mediana encontra aplicação quando é necessário descrever dados como renda, salário, preços de imóveis, dose letal de substâncias tóxicas, e outros, onde bastam alguns valores muito grandes para inflacionar a média. Um algoritmo para calcular a mediana está explicado no item seguinte, na discussão sobre os quartis.

1.5.2 Medidas de dispersão

Vários conjuntos de dados podem apresentar a mesma média, mas os dados de cada um destes conjuntos podem distribuir-se de forma distinta em torno da média. Por exemplo, admita-se que os dados se referem a medidas de peças produzidas por diversas máquinas. É possível que, por diversas razões (por diferenças no ajuste, no ferramental, na manutenção, no modo de operação etc.), algumas das máquinas produzam peças mais homogêneas (menor dispersão) do que as outras máquinas, embora todas elas possam estar produzindo lotes de peças com as mesmas dimensões médias.

Na análise descritiva de um conjunto de dados é fundamental, além da determinação de uma medida de tendência central, conhecer a dispersão dos dados e a forma da distribuição. Há várias medidas de dispersão, porém a mais usada é a **variância**, que mede a dispersão tomando como referência a média. A fórmula utilizada para calcular a variância de um conjunto de dados $x_1, x_2, ..., x_N$, que constitui toda a população é dada por:

$$\sigma^2 = \sum_{i=1}^{N} \frac{(x_i - \mu)^2}{N}$$

onde μ é a média e N o tamanho da população.

No caso de uma amostra de tamanho $n, (x_1, x_2, ..., x_n)$ extraída de uma população, a variância é calculada por

$$s_x^2 = \frac{\sum_{i=1}^{n}(x_i - \bar{x})^2}{n-1}$$

onde $\bar{x}$ é a média da amostra.

É possível demonstrar que a divisão por $n-1$ é a que fornece a melhor estimativa para a variância da amostra.

É comum utilizar-se como medida de dispersão a raiz quadrada da variância, que se denomina **desvio padrão** e tem a vantagem de ser expresso na mesma unidade que os dados. Assim, o desvio padrão de uma população e de uma amostra são dados, respectivamente, por:

$$\sigma = \sqrt{\frac{\sum_{i=1}^{N}(x_i - \mu)^2}{N}}$$

$$s_x = \sqrt{\frac{\sum_{i=1}^{n}(x_i - \bar{x})^2}{n-1}}$$

Uma outra medida de dispersão que encontra certa aplicação prática é o chamado intervalo de variação, ou amplitude de variação, que consiste simplesmente na diferença entre o maior e o menor valor do conjunto de dados. É bastante comum usarmos a letra R (do inglês "range") para designar esta estatística. Assim, para um conjunto de k dados $\{n_1, n_2, n_3, ..., n_k\}$ tem-se:

$$R = max(n_1, n_2, n_3, ..., n_k) - min(n_1, n_2, n_3, ..., n_k)$$

Para caracterizar um conjunto de dados é interessante determinar os quartis, pontos que dividem os dados em quatro partes; observe que o segundo quartil representa também a mediana. A determinação destes pontos requer, em primeiro lugar, que os dados sejam ordenados e contados antes que sejam divididos em quartis, cada um dos quais compreende 25% dos valores.

Seja um conjunto de dados ordenados, contendo N valores $(n_1, n_2, n_3, ..., n_N)$. Para determinar os quartis procede-se da seguinte forma:

a) calcula-se $X = (N+1)/4$, e separa-se o resultado em uma parte inteira I e em uma parte fracionária F;

b) o limite do primeiro quartil estará entre n_I e n_{I+1}; determinar os valores correspondentes na sequência ordenada dos dados;

c) calcula-se o limite do primeiro quartil por

$$Q1 = n_I + (n_{I+1} - n_I) \times F$$

d) repetir os passos anteriores usando $X = (N+1)/2$ e $X = 3*(N+1)/4$ para obter os limites da mediana e do terceiro quartil, respectivamente.

Após a divisão em quartis, pode-se avaliar a dispersão destes dados calculando-se o chamado **intervalo interquartílico**, que representa a diferença entre o terceiro e o primeiro quartil:

$$IQ = Q3 - Q1$$

Exemplo 1-3: Calcular a mediana e o intervalo interquartílico para o conjunto de dados $x = \{1,4;\ 2,5;\ 5,4;\ 7,0;\ 8,7;\ 9,7;\ 10,3;\ 11,2;\ 11,5;\ 12,0\}$

Solução: O conjunto de dados já está ordenado; caso não estivesse, seria necessário ordená-lo. Como $N = 10$, temos:

a) para o 1º quartil

$$\frac{N+1}{4} = \frac{11}{4} = 2{,}75 \Rightarrow I = 2; F = 0{,}75$$

$$Q1 = x_2 + (x_3 - x_2) \times F = 2{,}5 + (5{,}4 - 2{,}5) \times 0{,}75 = 4{,}675$$

b) para o 2º quartil

$$\frac{N+1}{2} = \frac{11}{2} = 5{,}5 \Rightarrow I = 5; F = 0{,}50$$

$$Q2 = x_5 + (x_6 - x_5) \times F = 8{,}7 + (9{,}7 - 8{,}7) \times 0{,}75 = 9{,}2$$

c) para o 3º quartil

$$\frac{3}{4}(N+1) = \frac{3}{4} \times 11 = 8{,}25 \Rightarrow I = 8; F = 0{,}25$$

$$Q3 = x_8 + (x_9 - x_8) \times F = 11{,}2 + (11{,}5 - 11{,}2) \times 0{,}25 = 11{,}275$$

Portanto o intervalo interquartílico é

$$IQ = Q3 - Q1 = 11{,}275 - 4{,}675 = 6{,}6$$

1.5.3 Estatísticas básicas usando o Minitab

O Minitab calcula um grupo de estatísticas básicas para um conjunto de dados, conforme se verá através de um exemplo. Estas estatísticas incluem, entre outras, a média aritmética, a variância, o desvio padrão, os valores máximo e mínimo, a amplitude de variação, os quartis, a mediana e o intervalo interquartílico; estas medidas de tendência central e de dispersão já são familiares.

São também calculadas outras estatísticas, que serão mencionadas ao longo do texto, quando se apresentar a ocasião. Estas estatísticas são, por exemplo, erro padrão da média, assimetria e curtose.

Estatística Aplicada em Engenharia [com Minitab]: Volume 1

> **Exemplo 1-4:** Um grupo de trabalho levantou o consumo (em kg) de pasta de solda em uma linha de montagem de cartões eletrônicos nos últimos 40 dias. Os valores observados {x_1, x_2, ..., x_{40}} estão na Tabela 1-4. Determine as medidas de tendência central e de dispersão para estes dados.

$x_{01} - x_{10}$	$x_{11} - x_{20}$	$x_{21} - x_{30}$	$x_{31} - x_{40}$
12,00	11,70	10,90	11,84
7,41	13,15	8,13	6,24
11,53	13,90	10,02	12,16
7,77	9,80	10,98	12,66
10,93	10,95	11,07	8,27
12,66	10,07	7,54	9,10
8,71	10,12	13,69	11,55
8,73	8,87	14,15	9,41
8,77	10,27	11,69	11,59
10,19	10,83	9,06	15,47

Tabela 1-4 - Consumo da pasta de solda nos últimos 40 dias

Solução: Abra uma nova planilha e carregue os dados exatamente como estão dispostos na Tabela 1-4 (variáveis x01-x10, x11-x20, x21-x30 e x31-x40; colunas C1, C2, C3, C4; 10 valores em cada coluna). Para realizar a análise é necessário associar os 40 valores a uma única variável. Esta variável será, por exemplo, armazenada na coluna C6 e denominada CPS (Consumo da Pasta de Solda). O método usado para reunir todos os valores na coluna C6 é empilhar as colunas C1, C2, C3 e C4. Execute a sequência de comandos descrita a seguir:

> *Digite* **CPS** *no* **cabeçalho da coluna C6** > **Dados** > **Empilhar** > **Colunas** > *painel* **Empilhado de colunas** > *selecione as variáveis* **x01-x10**, **x11-x20**, **x21-x30**, **x31-x40** *para* **Empilhar as seguintes colunas** > *ative o botão de opção* **Coluna do worksheet atual** > *selecione* **CPS** *para* **Coluna da worksheet atual** > **OK**

Sequência de comandos 1-4 - Empilhamento de colunas

Quando for selecionar as variáveis, lembre-se que pode selecioná-las uma a uma, mais de uma por vez, ou mesmo todas de uma só vez; a única exigência é que sejam selecionadas na mesma ordem em que serão empilhadas O painel **Empilhado de colunas** imediatamente antes do **OK** está mostrado na Figura 1-23.

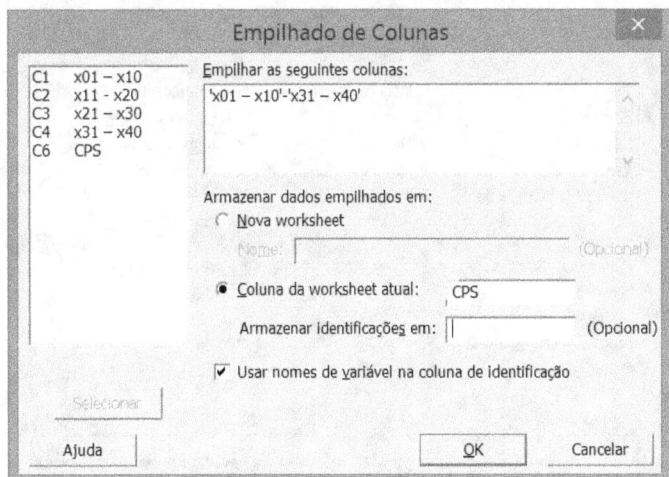

Figura 1-23 - Painel **Empilhado de colunas** *imediatamente antes do* **OK**

Ao clicar em **OK** o programa executa o empilhamento e agora a coluna C6, variável CPS, contém os 40 valores observados. Para calcular as estatísticas básicas da variável CPS, execute esta sequência de comandos:

Estat > **Estatísticas Básicas** > **Exibição de Estatísticas Descritivas** >*painel* **Exibição de Estatísticas Descritivas** > *selecione* **CPS** *para* **Variáveis** > **Estatísticas** > *painel* **Exibição de Estatísticas Descritivas: Estatísticas** > *marque ou desmarque as caixas de seleção para definir as estatísticas desejadas* > **OK** > *painel* **Exibição de Estatísticas Descritivas** > **OK**

Sequência de comandos 1-5 - Exibição de estatísticas descritivas

Algumas observações são pertinentes. Após selecionar a variável ou variáveis para análise (no caso, após o comando *"selecione* **CPS** *para* **Variáveis"**) você pode clicar o botão **OK**; serão exibidas as estatísticas já selecionadas. A Figura 1-24 mostra a escolha feita especificamente para a análise da variável CPS.

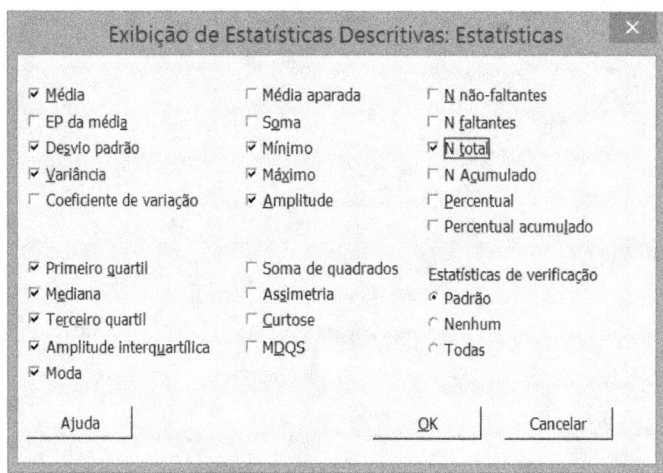

Figura 1-24 - Painel Estatísticas imediatamente antes do OK

Estatísticas Descritivas: CPS
Estatísticas

Variável	Contagem Total	Média	DesvPad	Variância	Mínimo	Q1	Mediana	Q3	Máximo
CPS	40	10,597	2,044	4,176	6,240	8,918	10,865	11,805	15,470

Variável	Amplitude	DIQ	Moda	N de Moda
CPS	9,230	2,887	12,66	2

Uma funcionalidade interessante oferecida pelo Minitab 18, que foi amplamente utilizada na preparação deste livro, é a transferência de "instantâneos" da janela Sessão para a área de transferência do Word. Basta clicar com o botão direito do mouse sobre o que deseja copiar e em seguida clicar com o botão esquerdo sobre o que se quer fazer. Veja a Figura 1-25.

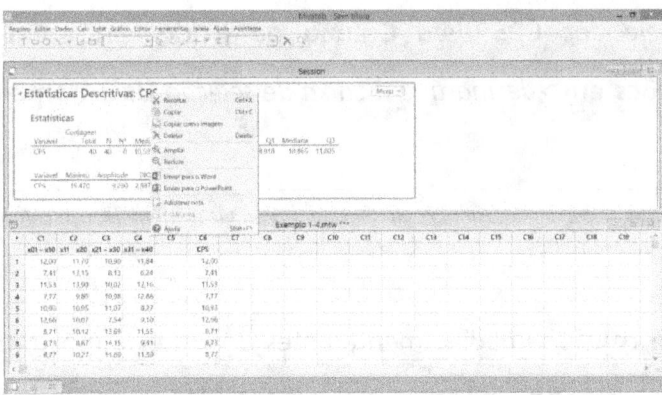

Figura 1-25 - Transferindo informação para outros aplicativos

Outro exemplo ilustra a análise das estatísticas básicas quando os dados podem ser agrupados de acordo com diferentes condições de coleta.

Exemplo 1-5: Verifica-se que as medições de x_{01} a x_{10} e de x_{21} a x_{30} foram realizadas no primeiro turno, ao passo que as medições de x_{11} a x_{20} e de x_{31} a x_{40} foram realizadas no segundo turno. Determine as estatísticas básicas para os dados da Tabela 1-4, considerando o fator turno (1º Turno e 2º Turno) para grupamento dos dados.

Solução: Ainda usando os dados da Tabela 1-4, execute praticamente a mesma sequência de comandos do exemplo anterior com pequenas modificações. Uma coluna que, por conveniência, nomearemos como ID, será usada para armazenar as identificações. Para que as identificações sejam criadas, a sequência de comandos fica:

Digite **CPS** *no* **cabeçalho da coluna C6** > *digite* **ID** *no* **cabeçalho da coluna C7** >**Dados** > **Empilhar** > **Colunas** > *painel* **Empilhado de colunas** >*selecione as variáveis* **x01-x10, x11-x20,** x21-x30, x31-x40 *para* **Empilhar as seguintes colunas** > *ative o botão de opção* **Coluna da worksheet atual** > *selecione* **CPS** *para* **Coluna da worksheet atual** > *selecione* **ID** *para* **Armazenar identificações em** >*desmarque a caixa de seleção* **Usar nome de variável na coluna de identificação** >**OK**

Sequência de comandos 1-6 - Empilhamento de colunas com coluna de identificação

O painel **Empilhado de colunas** imediatamente antes do **OK** está mostrado na Figura 1-26. Se a caixa de seleção **Usar nome de variável na coluna de identificação** for desmarcada, o programa usará o número da coluna de origem como identificador. É isto que acontece neste caso. Após clicar **OK** o usuário verá os 40 valores na variável CPS (coluna C6); em ID (coluna C7) constará 1 nas linhas de 1 a 10, depois 2 nas linhas de 11 a 20 e assim por diante.

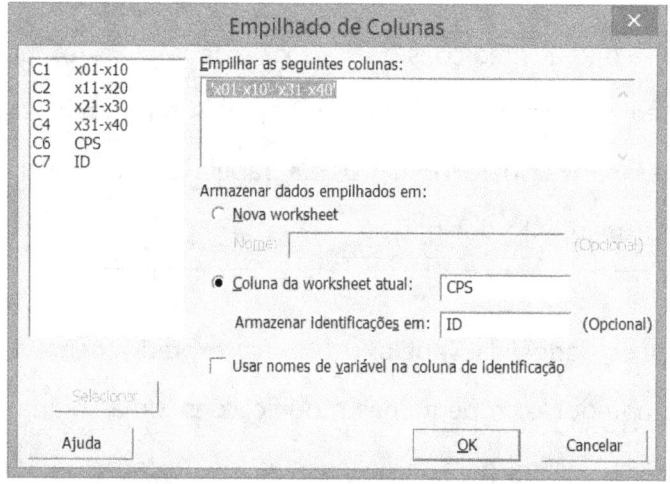

Figura 1-26 - Painel **Empilhado de colunas** *(com ID) imediatamente antes do* **OK**

Na coluna ID substitua 1 e 3 por Primeiro Turno e 2 e 4 por Segundo Turno. Execute novamente a sequência de comandos para mostrar as estatísticas básicas, com uma pequena mudança:

Estatística Aplicada em Engenharia [com Minitab]: Volume 1

Estat > Estatísticas Básicas >Exibição de Estatísticas Descritivas >*painel* **Exibição de Estatísticas Descritivas** > *selecione* **CPS** *para* **Variáveis** > *selecione* **ID** *para* **Por Variáveis** > **Estatísticas** > *painel* **Exibição de Estatísticas Descritivas: Estatísticas** > *marque ou desmarque as caixas de seleção para definir as estatísticas desejadas* > **OK** > *painel* **Exibição de Estatísticas Descritivas** > **OK**

Sequência de comandos 1-7 - Exibição de estatísticas descritivas por grupo

A Figura 1-27 mostra o painel **Exibição de Estatísticas Descritivas** imediatamente antes do **OK**. Agora as estatísticas são calculadas separadamente para cada grupo.

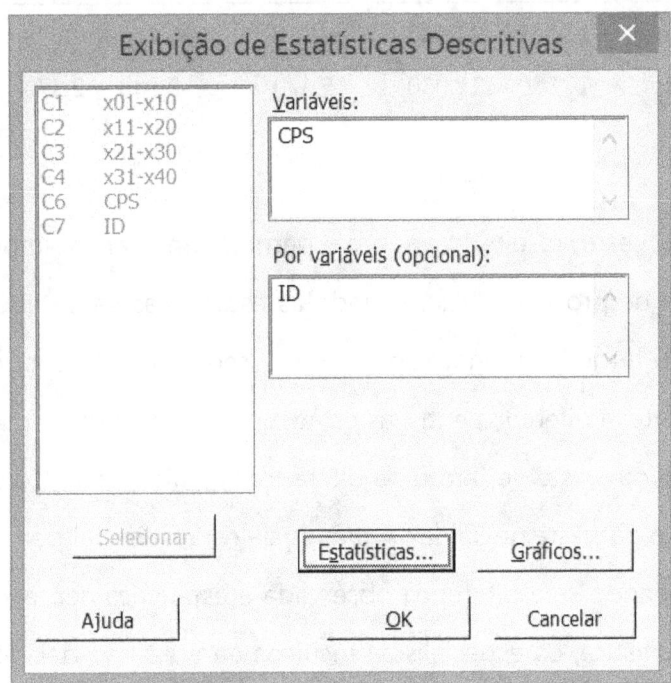

Figura 1-27 - Painel **Exibição de Estatísticas Descritivas** *(por grupos) imediatamente antes do* **OK**

Os grupos são definidos pelos diferentes valores da variável ID. O resultado pode ser visto a seguir.

Estatísticas Descritivas: CPS
Estatísticas

Variável	ID	N Total	Média	DesvPad	Variância	Mínimo	Q1
CPS	Primeiro Turno	20	10,296	2,001	4,004	7,410	8,715
	Segundo Turno	20	10,898	2,092	4,378	6,240	9,508

Variável	ID	Mediana	Q3	Máximo	Amplitude	DIQ	Moda	N de Moda
CPS	Primeiro Turno	10,545	11,650	14,150	6,740	2,935	*	0
	Segundo Turno	10,890	12,080	15,470	9,230	2,573	*	0

Vale a pena comentar este resultado, que já permite antever a importância das análises estatísticas na melhoria de processos. Examinando as estatísticas vê-se que o consumo da pasta de solda no primeiro turno é menor do que no segundo. Uma questão que se coloca naturalmente é a seguinte: a diferença entre as estatísticas do 1º Turno e do 2º Turno são devidas simplesmente ao acaso, ou existe de fato uma diferença significativa entre os dois turnos, no que diz respeito ao consumo da pasta de solda? A inferência estatística vai permitir que se responda a esta pergunta, determinando se a diferença observada é estatisticamente significativa. Com base nesta conclusão da estatística, os especialistas técnicos da área irão decidir agir ou não sobre o processo, levando em conta critérios como custo, recursos, prioridades etc.

Exemplo 1-6: Considerando os dados do **Exemplo 1.2**, é possível afirmar que os candidatos ao curso de Engenharia se saíram melhor que os demais estudantes em Matemática?

Solução: Carregue os dados da Tabela 1-3. Deve-se comparar as notas individuais, sem o efeito dos pesos. É necessário obter as médias para a disciplina Matemática, agrupadas por curso pretendido pelo estudante. A sequência de comandos poderia ser:

Estat > **Estatísticas Básicas** >**Exibição de Estatísticas Descritivas** >*painel* **Exibição de Estatísticas Descritivas** > *selecione* **M** *para* **Variáveis** > *selecione* **Curso** *para* **Por Variáveis** > **Estatísticas** > *painel* **Exibição de Estatísticas Descritivas: Estatísticas** > *marque somente a caixa de seleção para Média* > **OK** > *painel* **Exibição de Estatísticas Descritivas** > **OK**

Sequência de comandos 1-8 - Exibição de estatísticas descritivas por grupo

Estatísticas Descritivas: M
Estatísticas

Variável	Curso	Média
M	Eng.	84,33
	Farm.	68,00
	Filos.	68,33
	Letras	81,50

Verifica-se que a média em Matemática dos candidatos ao curso de Engenharia é 84,33, a dos candidatos ao curso de Farmácia é 68,00 e assim por diante. Portanto, nesta pequena amostra composta pelos 10 estudantes, os que buscam o curso de Engenharia se saíram melhor do que os demais nas provas de Matemática.

1.6 Introdução aos gráficos do Minitab

É bastante provável que na maioria das análises estatísticas que o leitor venha a realizar haja a necessidade de representar os dados na forma de um gráfico. A razão é simples: gráficos proporcionam uma visão geral dos dados e apontam a existência de particularidades que possivelmente devam ser investigadas, tais como tendências e valores extremos.

Podem também indicar a forma como os dados estão distribuídos, sugerir a existência de relacionamentos entre variáveis, evidenciar a importância relativa deste ou daquele fator. Em suma, é quase uma imposição do senso comum que qualquer análise estatística se inicie com a representação gráfica dos dados.

O Minitab oferece uma grande variedade de opções para realizar esta tarefa. Neste tópico será apresentada uma visão geral dos recursos do software no que concerne à representação gráfica dos dados. Em outros tópicos alguns gráficos específicos serão abordados com mais profundidade.

1.6.1 Criando e editando gráficos com o Minitab

As facilidades gráficas do Minitab serão ilustradas através de exemplos. Não se pretende cobrir exaustivamente todas as possibilidades, mas propiciar ao leitor uma visão geral do que pode ser feito. A ideia é iniciar com um gráfico base e modificá-lo sucessivamente, demonstrando as várias possibilidades.

Exemplo 1-7: Crie um gráfico de barras que mostre a população do Brasil por Unidade da Federação no ano de 2009.

Região	UF	POP
N	RO	1503928
N	AC	691132
N	AM	3393369
N	RR	421499
N	PA	7431020
N	AP	626609
N	TO	1292051
NE	MA	6367138
NE	PI	3145325
NE	CE	8547809
NE	RN	3137541
NE	PB	3769977
NE	PE	8810256
NE	AL	3156108
NE	SE	2019679
NE	BA	14637364
SE	MG	20033665
SE	ES	3487199
SE	RJ	16010429
SE	SP	41384039
S	PR	10686247
S	SC	6118743
S	RS	10914128
CO	MS	2360498
CO	MT	3001692
CO	GO	5926300
CO	DF	2606885

Tabela 1-5 - População total por UF (IBGE . 2009)

Solução: Carregue os dados da Tabela 1-5 na planilha ativa. Observe que esta tabela contém a população, por Unidade da Federação, no ano de 2009. São três colunas: Região (N = Norte, NE = Nordeste, SE = Sudeste, S = Sul e CO = Centro-Oeste); UF (sigla da Unidade da Federação) e POP (população estimada em 2009, segundo dados do IBGE).

Para gerar o gráfico de barras da população por UF, execute esta sequência de comandos:

> **Gráfico** > **Gráfico de barras** >*painel* **Gráficos de barras** >*selecione* **Valores de uma tabela** *na lista suspensa* **Barras representam** > **Simples** > **OK** > *painel* **Gráficos de barras: Valores de uma tabela, Uma coluna de valores, Simples** > *selecione* **POP** *para* **Variáveis do gráfico** > *selecione* **UF** *para* **Variável categórica** > **OK**

Sequência de comandos 1-9 - Gráfico de barras (População × UF)

O gráfico de barras da Figura 1-28 é gerado; ele mostra a população por UF e lista as UF's na mesma ordem das linhas de dados.

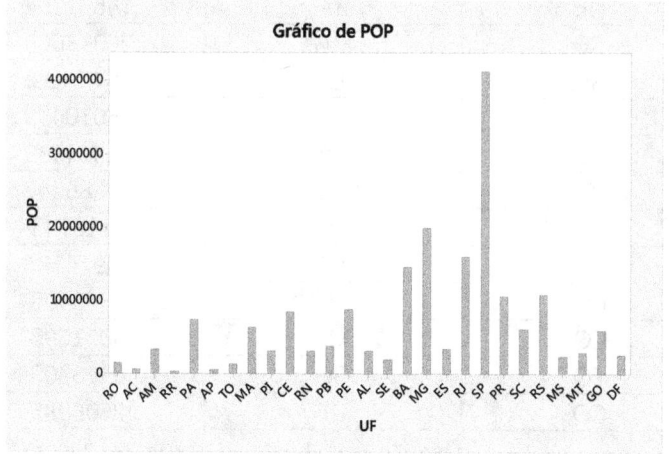

Figura 1-28 - Gráfico de barras, População por UF, categorias na ordem padrão

Para mostrar as UF's na ordem decrescente da população, faça:

> CTRL+E > *painel* **Gráficos de barras: Valores de uma tabela, Uma coluna de valores, Simples** > **Opções do gráfico** > *painel* **Gráfico de Barras: Opções** > *ative o botão de opção* **Y decrescente** *no grupo* **Ordenar Grupos de X Principais por** > **OK** > *painel* **Gráficos de barras: Valores de uma tabela, ...** > **OK**

Sequência de comandos 1-10 - Gráfico de barras, População x UF, ordem decrescente

O gráfico de barras mostra agora as UF's em ordem decrescente da população, conforme se vê na Figura 1-29.

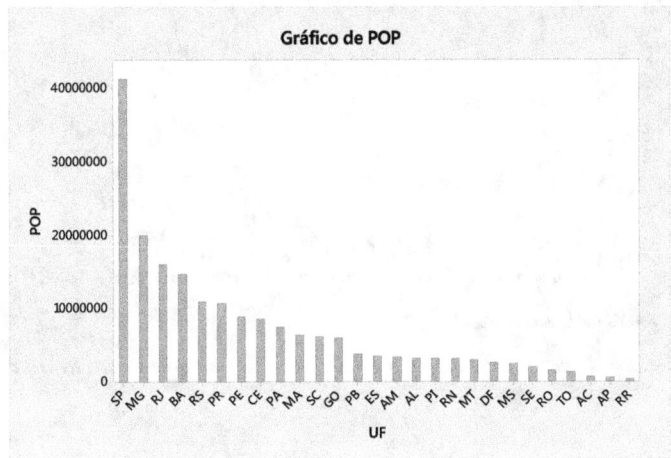

Figura 1-29 - Gráfico de barras, População por UF, categorias na ordem decrescente

Agora se deseja que o gráfico mostre no eixo das abcissas os valores como porcentagens do total. Para fazer isto, execute a sequência:

> CTRL+E > *painel* **Gráficos de barras: Valores de uma tabela, Uma coluna de valores, Simples** > **Opções do gráfico** > *painel* **Gráfico de Barras: Opções** > *marque a caixa de seleção* **Exibir Y**

como percentual *no grupo* **Percentual e Acumulado > OK >** *painel* **Gráficos de barras: Valores de uma tabela > OK**

Sequência de comandos 1-11 - Gráfico de barras, População x UF, ordem decrescente, em % do total

O gráfico de barras mostra agora a População por UF em percentagem do total; veja a Figura 1-30.

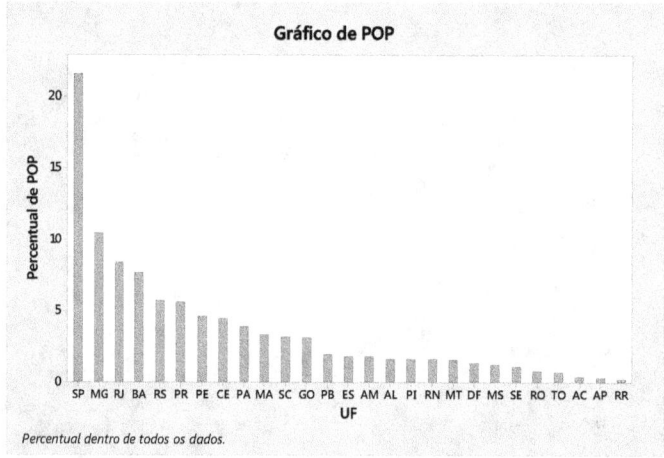

Figura 1-30 - Gráfico de barras, População por UF, categorias na ordem decrescente, como % do total

Agora se deseja que o gráfico mostre em cada barra um rótulo com os valores da porcentagem correspondente. Para fazer isto, execute a sequência:

CTRL+E > *painel* **Gráficos de barras: Valores de uma tabela, Uma coluna de valores, Simples > Rótulos >** *painel* **Gráfico de Barras: Rótulos >** *selecione a aba* **Rótulos de Dados >** *ative o botão de opção* **Usar rótulos de valores de Y** *no grupo* **Tipo de Rótulo > OK >** *painel* **Gráficos de barras: Valores de uma tabela, Uma coluna de valores, Simples > OK**

Sequência de comandos 1-12 - Gráfico de barras, População x UF, decrescente, % do total, com rótulos

O gráfico de barras mostra agora a População por UF como percentagem do total e cada barra tem um rótulo com o valor da porcentagem correspondente. Porém há um problema. Os rótulos se sobrepõem e estão ilegíveis! Para resolver isto pode-se escrever os rótulos na direção vertical, usando as facilidades de edição de gráficos do Minitab. Execute esta sequência de comandos:

Editor > **Selecionar item** > **Rótulos de dados** (Figura 1-31) [Esta ação simplesmente seleciona o item que se deseja editar. Há 11 elementos gráficos que podem ser editados: Escala de X, Escala de Y, Rótulo do Eixo de X etc. > **Editor** > **Editar Rótulos de dados** > painel **Editar Rótulos de Dados** > selecione a aba **Alinhamento** > digite 90 em **Ângulo do texto** > **OK**

Sequência de comandos 1-13 - Correção de rótulos do gráfico de barras

Alternativamente, o painel **Editar Rótulos de Dados** pode ser acessado clicando sobre o elemento gráfico Rótulos de Dados e em seguida teclando CTRL+T. Esta sistemática se aplica a qualquer outro painel de edição de elementos gráficos.

O gráfico de barras editado, com os rótulos das barras na vertical, está na Figura 1-32.

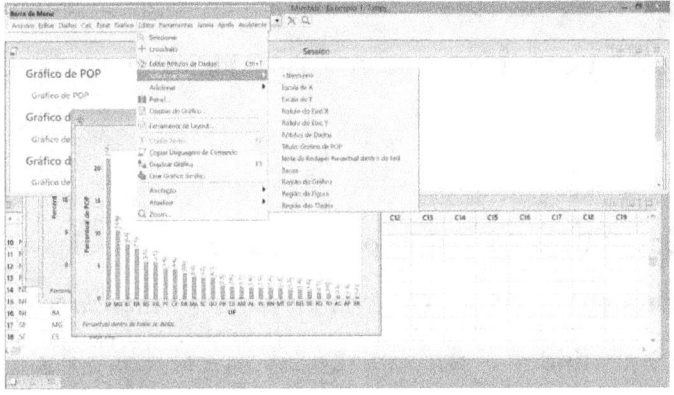

Figura 1-31 - Iniciando a edição de um gráfico

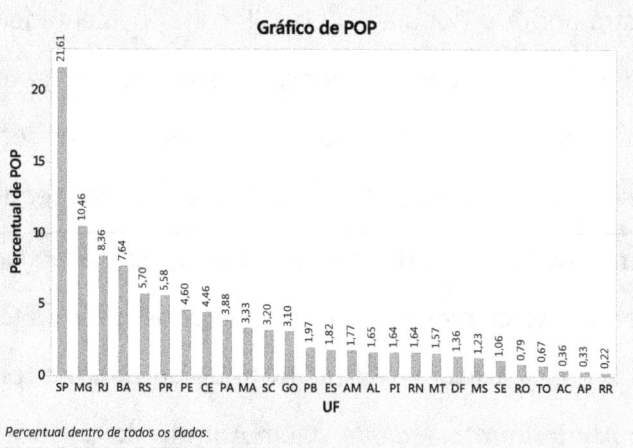

Figura 1-32 - Gráfico de barras, População por UF, ordem decrescente, % do total, e rótulos

---

Exemplo 1-8: Crie um gráfico de barras que mostre a população do Brasil por regiões e, nas regiões, por estados, no ano de 2009. Mostre as regiões da mais populosa para a menos populosa; faça o mesmo para os estados dentro de cada região.

Solução: Continue usando os dados da Tabela 1-5. Para gerar o gráfico de barras da população por região, por UF, regiões e estados (em cada região) em ordem decrescente de população, é conveniente ordenar os estados, por regiões, da maneira desejada. Para isto execute esta sequência de comandos:

Dados > **Ordenar** > *painel* **Ordenar** > *selecione* **Região** *para primeira em* **Colunas a usar para ordenação (Ordem=Aumentando)** > *selecione* **Pop** *para segunda em* **Colunas a usar para ordenação (Ordem=Diminuindo)** > *selecione* **Todas as colunas** *em* **Colunas para ordenar** > *selecione* **Nas colunas originais** *em* **Local de armazenamento das colunas ordenadas** > **OK**

Sequência de comandos 1-14 - Ordenação de dados

Feito isto, para criar o gráfico execute esta sequência de comandos:

> **Gráfico** > **Gráfico de barras** >*painel* **Gráficos de barras** >*selecione* **Valores de uma tabela** *na lista suspensa* **Barras representam** >*selecione* **Agrupado** *em* **Uma coluna de valores** > **OK** > *painel* **Gráficos de barras: Valores de uma tabela, Uma coluna de valores, com Agrupamento** >*selecione* **POP** *para* **Variáveis do gráfico** > *selecione* **Região** *e* **UF** *(nesta ordem!) para* **Variáveis categóricas para agrupamento** > **Opções do gráfico** > *painel* **Gráfico de Barras: Opções** >*ative o botão de opção* **Y decrescente** *no grupo* **Ordenar Grupos de X Principais por** > **OK** > *painel* **Gráficos de Barras: Valores de uma tabela, Uma coluna de valores, com Agrupamentos** > **Opções de dados** > *painel* **Gráfico de Barras: Opções de dados** > *selecione a aba* **Opções de grupo** > *desmarque a caixa de seleção* **Incluir células vazias** (observe o que ocorre se você não faz isso!) > **OK** > *painel* **Gráficos de barras: Valores de uma tabela, Uma coluna de valores, com Agrupamentos** >**OK**

Sequência de comandos 1-15 - Gráfico de barras, População × Regiões × UF

Isto resulta na geração do gráfico de barras mostrado na Figura 1-33.

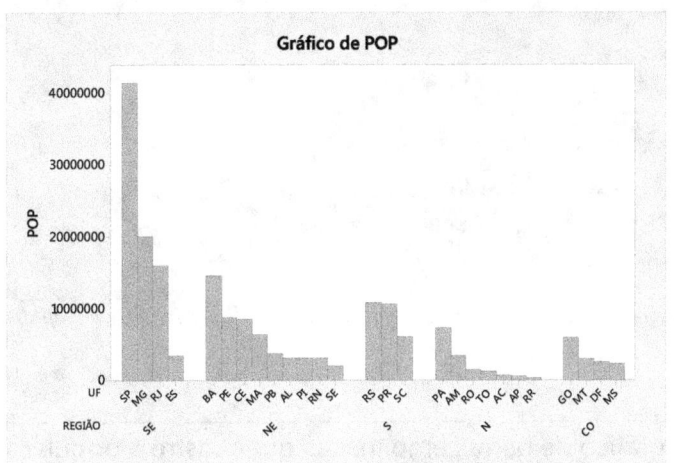

Figura 1-33 - Gráfico de barras, População por UF, grupadas por região

Talvez seja interessante gerar um gráfico separado para cada região. Para fazer isto considere a sequência de comandos abaixo, como continuação do que já foi feito:

CTRL+E > *painel* **Gráficos de barras: Valores de uma tabela, Uma coluna de valores, com Agrupamentos** > **Múltiplos Gráficos** > *painel* **Gráfico de Barras: Múltiplos Gráficos** > *selecione a aba* **Por variáveis** > *selecione* **Região** *para* **Por variáveis com grupos em gráficos separados** > **OK** > *painel* **Gráficos de barras: Valores** > **OK**

Sequência de comandos 1-16 - Gráfico de barras, População × Região, em gráficos separados

Serão gerados cinco gráficos separados, um para cada região. A Figura 1-34 mostra o gráfico correspondente ao Nordeste, já com a Escala de Y (um dos elementos gráficos) ajustada.

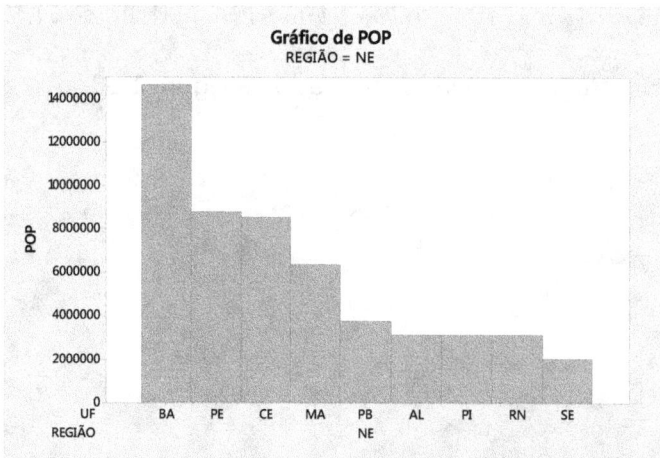

Figura 1-34 - Gráfico de barras, população das UF's por região, em gráficos separados

---

Exemplo 1-9: Crie um gráfico de barras empilhadas que mostre a população do Brasil por regiões e, nas regiões, por estados, no ano de 2009. Mostre as regiões da mais populosa para a menos populosa; faça o mesmo para os estados dentro de cada região. Acrescente ao gráfico uma tabela mostrando a população de cada estado.

Solução: Abra uma nova planilha, carregue os dados da Tabela 1-5, ordene-os por região e, dentro de cada região, em ordem decrescente de população por UF. Para criar o gráfico de barras empilhadas com as características desejadas (Figura 1-35) execute, por exemplo, esta sequência de comandos:

Gráfico > **Gráfico de barras** >*painel* **Gráficos de barras** >*selecione* **Valores de uma tabela** *na lista* **Barras representam** >*selecione* **Empilhado** *em* **Uma coluna de valores** > **OK** > *painel* **Gráficos de barras: Valores de uma tabela, Uma coluna de valores, com Empilhamento** >*selecione* **POP** *para* **Variáveis do gráfico** > *selecione* **Região** *e* **UF** *(nesta ordem!) para* **Variáveis categóricas para agrupamento** > **Opções do gráfico** > *painel* **Gráfico de Barras: Opções** >*ative o botão de opção* **Y decrescente** *no grupo* **Ordenar Grupos de X Principais por** > **OK** > *painel* **Gráficos de Barras: Valores** > **OK**

Sequência de comandos 1-17 - Gráfico de barras empilhadas, População × região × UF

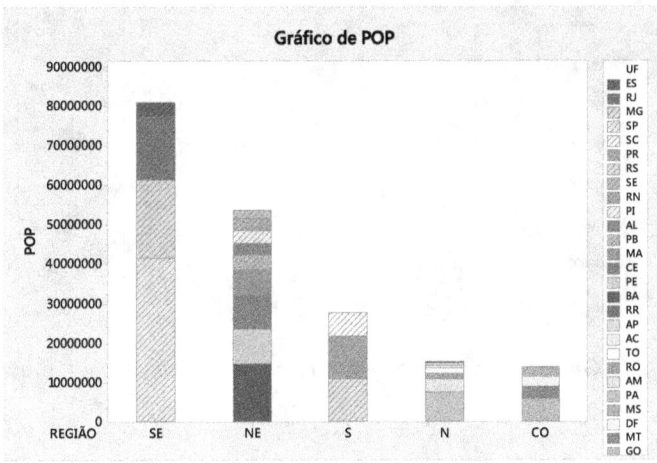

Figura 1-35 - Gráfico de barras empilhadas, População por região e UF

Para acrescentar ao gráfico a tabela solicitada, será necessário utilizar a Ferramenta de Anotação Gráfica, que permite adicionar texto, linhas, retângulos e outras figuras geométricas ao gráfico. Verifique se a barra de menu mostrada na Figura 1-36 está visível na sua tela.

Figura 1-36 - Barra do menu Ferramentas de Anotação Gráfica

Caso não esteja, execute **Ferramentas** > **Barras de Ferramentas** > **Ferramenta de Anotações Gráficas** para ativar a ferramenta. Usando as anotações gráficas você deve construir um gráfico semelhante ao da Figura 1-37.

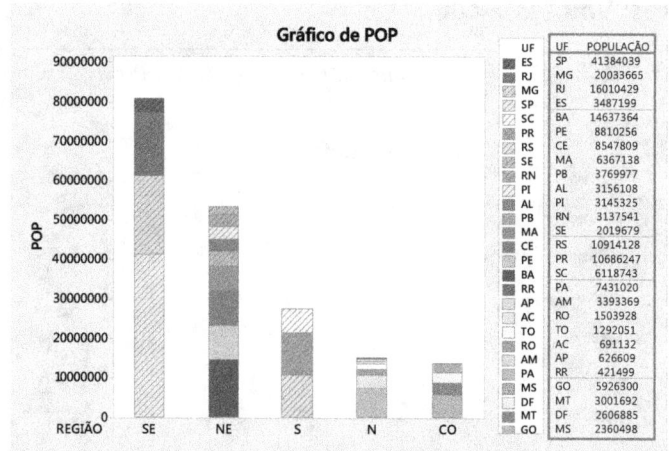

Figura 1-37 - Gráfico de barras empilhadas, População por Região por UF, com tabela

O Minitab pode também gerar outros tipos de gráficos, conforme mostram os exemplos que seguem. Ainda tomando como referência os dados sobre a população brasileira em 2009, por UF e região geográfica, no **Exemplo 1-10** constrói-se um gráfico de setores.

Exemplo 1-10: Gerar um gráfico de setores mostrando a população brasileira por região geográfica, em porcentagem da população total, para o ano de 2009.

Solução: Carregue novamente os dados da Tabela 1-5 e ordene-os como no exemplo anterior. Execute a sequência de comandos listada a seguir:

Gráfico > **Gráfico de Setores** > *painel* **Gráfico de Setores** > *ative o botão de opção* **Valores do gráfico de uma tabela** > *selecione* **Região** *para* **Variável categórica** > *selecione* **POP** *para* **Variáveis sumárias** > **Opções de setores** > *painel* **Gráfico de Setores: Opções** > *ative o botão de opção* **Volume decrescente** *no grupo* **Ordenar setores por** > **OK** > *painel* **Gráfico de Setores** > **Rótulos** > *painel* **Gráfico de Setores: Rótulos** > *selecione a aba* **Rótulos de setor** > *marque a caixa de seleção* **Percentual** *em* **Rotular setores com** > **OK** > *painel* **Gráfico de setores** > **OK**

Sequência de comandos 1-18 - Gráfico de setores, população × região

O gráfico mostrado na Figura 1-38 (título editado manualmente) é gerado pelo Minitab.

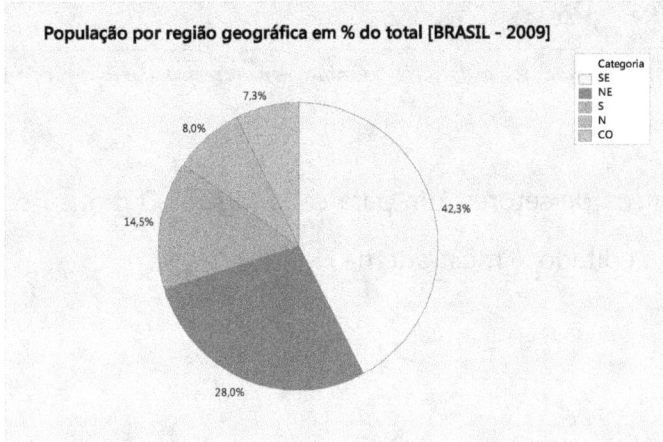

Figura 1-38 - Gráfico de setores, População por região geográfica, em % do total

Estatística Aplicada em Engenharia [com Minitab]: Volume 1

> **Exemplo 1-11:** Usando os dados do IBGE sobre a população brasileira, referentes ao ano de 2009, criar um gráfico de setores para a população do Nordeste, de forma que cada setor corresponda a uma das UF's da região. Mostrar os valores absolutos da população de cada UF.

Solução. Carregue novamente os dados da Tabela 1-5 e ordene-os como no exemplo anterior. Para criar o gráfico solicitado execute a sequência de comandos a seguir:

Gráfico > **Gráfico de Setores** > *painel* **Gráfico de Setores** > *ative o botão de opção* **Valores do gráfico de uma tabela** > *selecione* **UF** *para* **Variável categórica** > *selecione* **POP** *para* **Variáveis sumárias** > **Opções de setores** > *painel* **Gráfico de Setores: Opções** > *ative o botão de opção* **Volume decrescente** *no grupo* **Ordenar setores por** > **OK** > *painel* **Gráfico de Setores** > **Rótulos** > *painel* **Gráfico de Setores: Rótulos** > *selecione a aba* **Rótulos de setor** > *marque a caixa de seleção* **Frequência** *em* **Rotular setores com** > **OK** > *painel* **Gráfico de setores** > **Múltiplos Gráficos** > *painel* **Gráfico de Setores: Múltiplos gráficos** > *selecione a aba* **Por variáveis** > *selecione* **Região** *para* **Por variáveis com grupos em gráficos separados** > **OK** > *painel* **Gráfico de setores** > **OK**

Sequência de comandos 1-19 - Gráfico de setores, população × UF, região NE

São gerados vários gráficos de setores, um para cada região. O gráfico correspondente à região Nordeste, com o título já editado, é mostrado na Figura 1-39.

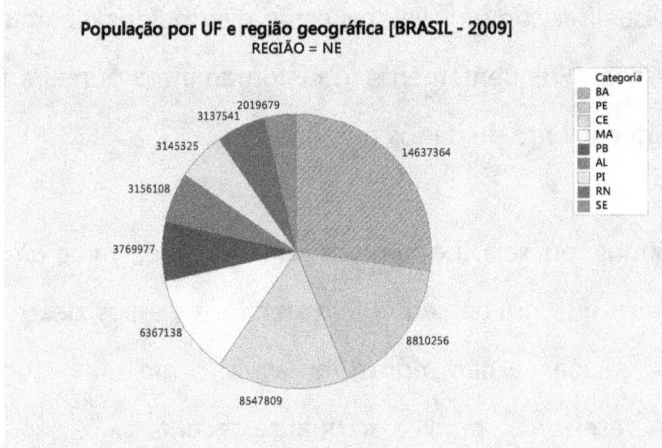

Figura 1-39 - Gráfico de setores, População por UF e região geográfica, valores absolutos

1.7 Representação gráfica dos dados: histograma

Conforme já observado, a representação gráfica dos dados é uma ferramenta muito útil nas análises estatísticas. Há três formas de representação dos dados que merecem uma abordagem mais detalhada: o histograma, o boxplot (gráfico de caixa) e o gráfico de dispersão; no que segue, estas três ferramentas são discutidas.

1.7.1 O que é e para que serve um histograma

Um histograma mostra a distribuição de frequência dos valores numéricos de uma variável. Para construção de um histograma os dados coletados são agrupados em classes e o número de valores pertencentes a cada classe (a frequência da classe) é mostrado no gráfico.

O histograma permite visualizar como os valores estão distribuídos e comunicar rapidamente esta informação a outras pessoas. Frequentemente, o histograma é a primeira ferramenta utilizada na análise e descrição de um conjunto de dados numéricos.

Se os dados são contínuos, ou seja, podem assumir qualquer valor em um dado intervalo, a construção manual de um histograma segue, em geral, os passos descritos abaixo. Observa-se que estes passos são sugestões, e não regras imutáveis; o melhor histograma será aquele que comunicar a informação desejada ao público ao qual se destina.

1. determinar o menor e o maior valor; a diferença entre estes valores é o intervalo dos dados;
2. determinar o número de classes, que geralmente é tomado como a raiz quadrada do número de dados e ajustado para um valor entre 5 e 15; alguns exemplos: (1) se há 20 dados (raiz quadrada de 20 = 4,47) usam-se 5 classes; (2) se há 100 dados (raiz quadrada de 100 = 10) usam-se 10 classes; (3) se há 500 dados (raiz quadrada de 500 = 22,36) usam-se 15 classes;
3. determinar a amplitude de classe dividindo o intervalo dos dados pelo número de classes;
4. definir as classes, iniciando preferivelmente com um inteiro imediatamente inferior ao menor valor e somando a amplitude de classe repetidamente; considera-se geralmente que os intervalos de classe são fechados à esquerda, ou seja, uma valor exatamente no limite entre duas classes é considerado como pertencente à classe mais alta; contar o número de valores em cada classe, gerando uma tabela de frequências de classe;
5. traçar o gráfico, mostrando a frequência absoluta (valor) ou relativa (percentual sobre o número total de valores) de cada classe.

Exemplo 1-12: O tempo de teste de determinado equipamento eletrônico tem a duração máxima de seis horas, mas pode ser menor, dependendo da configuração do equipamento. A Tabela 1-6 mostra a duração observada (em horas) do teste executado em 200 máquinas. Faça um histograma da variável Tempo de Teste, usando as regras heurísticas definidas acima.

TEMPO DE TESTE DE 200 APARELHOS ELETRÔNICOS (horas)									
0,02	0,08	0,08	0,18	0,23	0,23	0,32	0,40	0,49	0,52
0,03	0,08	0,14	0,18	0,23	0,23	0,32	0,44	0,52	0,52
0,03	0,08	0,14	0,18	0,23	0,23	0,38	0,44	0,52	0,52
0,03	0,08	0,15	0,18	0,23	0,32	0,38	0,44	0,52	0,63
0,03	0,08	0,15	0,18	0,23	0,32	0,38	0,44	0,52	0,63
0,03	0,08	0,15	0,22	0,23	0,32	0,38	0,44	0,52	0,63
0,03	0,08	0,16	0,22	0,23	0,32	0,40	0,48	0,52	0,63
0,03	0,08	0,17	0,22	0,23	0,32	0,40	0,49	0,52	0,66
0,03	0,08	0,17	0,23	0,23	0,32	0,40	0,49	0,52	0,66
0,03	0,08	0,18	0,23	0,23	0,32	0,40	0,49	0,52	0,66
0,66	0,74	0,82	0,93	1,12	1,24	1,50	1,83	2,24	2,94
0,66	0,74	0,82	0,93	1,14	1,24	1,50	1,83	2,30	2,98
0,66	0,74	0,85	0,93	1,14	1,24	1,60	1,89	2,34	3,15
0,66	0,74	0,85	0,93	1,14	1,37	1,60	1,94	2,43	3,25
0,68	0,74	0,90	1,04	1,19	1,38	1,66	1,94	2,43	3,37
0,68	0,74	0,90	1,05	1,19	1,41	1,66	1,94	2,50	3,50
0,68	0,74	0,93	1,07	1,19	1,41	1,66	1,94	2,60	3,72
0,73	0,74	0,93	1,07	1,24	1,45	1,66	2,14	2,68	3,96
0,73	0,74	0,93	1,07	1,24	1,45	1,66	2,14	2,68	4,35
0,73	0,80	0,93	1,07	1,24	1,50	1,66	2,21	2,85	4,89

Tabela 1-6 - Tempo de teste (em horas) de um equipamento eletrônico

Solução: Siga os passos descritos anteriormente para fazer o histograma dos dados da Tabela 1-6.

1. O menor valor é 0,02 e o maior valor é 4,89; portanto, os dados cobrem um intervalo de 4,87 unidades;

2. Há duzentos dados; a raiz quadrada de 200 é 14,1 e, portanto, pode-se adotar 14 como o número de classes;

3. A amplitude de classe é calculada dividindo o Intervalo de Variação dos dados pelo número de classes definido para o histograma

$$\text{amplitude de classe} = \frac{\text{valor máximo} - \text{valor mínimo}}{\text{número de classes}} = \frac{4,89 - 0,02}{14} = \frac{4,87}{14} = 0,348 \cong 0,35$$

4. Definir as classes, partindo do valor inteiro imediatamente inferior ao valor mínimo dos dados e somando sucessivamente a amplitude de classe; lembrar que as classes são fechadas à esquerda, ou seja, um valor exatamente igual a um limite de classe vai para a classe mais alta.

Classe 1	Classe 2	Classe 3	Classe 4	Classe 5	Classe 6	Classe 7
$0,00 \leq x < 0,35$	$0,35 \leq x < 0,70$	$0,70 \leq x < 1,05$	$1,05 \leq x < 1,40$	$1,40 \leq x < 1,75$	$1,75 \leq x < 2,10$	$2,10 \leq x < 2,45$
Classe 8	Classe 9	Classe 10	Classe 11	Classe 12	Classe 13	Classe 14
$2,45 \leq x < 2,80$	$2,80 \leq x < 3,15$	$3,15 \leq x < 3,50$	$3,50 \leq x < 3,85$	$3,85 \leq x < 4,20$	$4,20 \leq x < 4,55$	$4,55 \leq x < 4,90$

Tabela 1-7 - Definição das classes para o histograma do Tempo de Teste

5. Contar a quantidade de valores em cada classe e construir a tabela de frequências, cuja representação gráfica é o histograma.

Na planilha ativa, carregue os dados da Tabela 1-6, colocando (a) os duzentos valores dos dados, ordenados do menor para o maior valor, na variável Tteste; acrescente (b) os nomes das 14 classes, na variável CLASSE, e; (c) as frequências de classe obtidas no passo 5 (descrito anteriormente) na variável FABS. As informações dos itens (b) e (c) são reproduzidas na Tabela 1-8.

CLASSE	FABS
$0,00 \leq x < 0,35$	62
$0,35 \leq x < 0,70$	45
$0,70 \leq x < 1,05$	28
$1,05 \leq x < 1,40$	20

1,40 ≤ x < 1,75	15
1,75 ≤ x < 2,10	7
2,10 ≤ x < 2,45	8
2,45 ≤ x < 2,80	4
2,80 ≤ x < 3,15	3
3,15 ≤ x < 3,50	3
3,50 ≤ x < 3,85	2
3,85 ≤ x < 4,20	1
4,20 ≤ x < 4,55	1
4,55 ≤ x < 4,90	1

Tabela 1-8 - Frequências de classe para a variável TTeste

Construa um gráfico de barras a partir desta planilha, executando, por exemplo, a sequência de comandos a seguir:

Gráfico > **Gráfico de barras** >*painel* **Gráficos de Barras** > *selecione* **Contagens de valores únicos** *em* **Barras representam** > *selecione* **Simples** > **OK** > *painel* **Gráfico de Barras: Contagens de valores únicos, Simples** > *selecione* **CLASSE** *para* **Variáveis categóricas** > **Opções de dados** > *painel* **Gráfico de Barras: Opções de dados** > *selecione a aba* **Frequência** > *selecione* **FABS** *para* **Variáveis de frequência** > **OK** > *painel* **Gráfico de Barras: Contagens de valores únicos, Simples** > **Rótulos** > *painel* **Gráfico de Barras: Rótulos** > *selecione a aba* **Rótulos de dados** > *ative o botão de opção* **Usar rótulos de valores de Y** *no grupo* **Tipo de rótulo** > **OK** > *painel* **Gráfico de Barras: Contagens de valores únicos, Simples** > **OK**

Sequência de comandos 1-20 - Gráfico de barras como histograma

O resultado desta sequência é o histograma que mostra as frequências das classes definidas manualmente e é mostrado na Figura 1-40 (título do gráfico editado).

Estatística Aplicada em Engenharia [com Minitab]: Volume 1

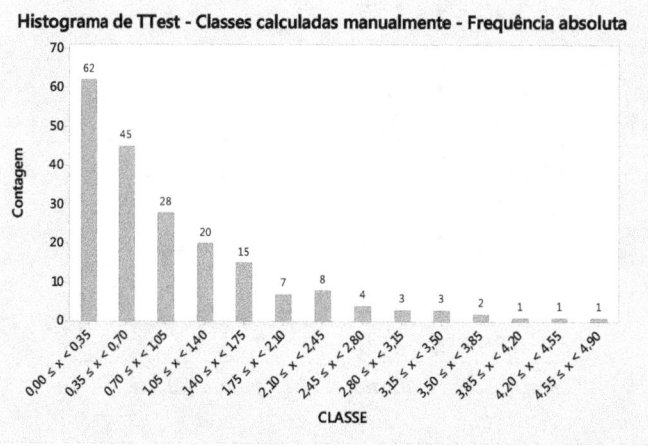

Figura 1-40 - Histograma de TTeste, com frequências absolutas

Para gerar os gráficos de frequência relativa, frequência absoluta acumulada e frequência relativa acumulada, basta acrescentar um passo antes do final. Estando no painel **Gráfico de Barras: Contagens de valores únicos, Simples** selecione **Opções do Gráfico**; aparece o painel **Gráfico de Barras: Opções**, mostrado na Figura 1-41.

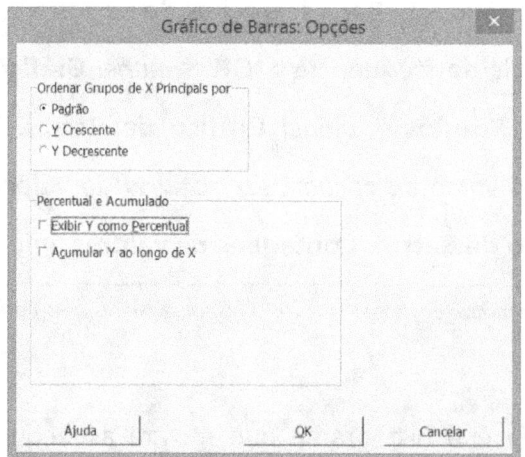

Figura 1-41 - Painel Gráfico de Barras com as opções do gráfico

As caixas de seleção **Exibir Y como Percentual** (A) e **Acumular Y ao longo de X** (B) determinam o tipo de gráfico que será exibido, conforme a seguir:

a) A desmarcado, B desmarcado - frequência absoluta

b) A desmarcado, B marcado - frequência absoluta acumulada

c) A marcado, B desmarcado - frequência relativa

d) A marcado, B marcado - frequência relativa acumulada

1.7.2 Perda de informações quando os dados são resumidos

Quando os dados são discretos, ou seja, somente assumem determinados valores, geralmente inteiros, existem duas opções:

1. se a diversidade de valores é pequena, digamos, menor ou igual a 15, é possível construir um histograma sem perda de informação através de um gráfico de barras no qual cada uma das barras representa um valor específico;
2. se há muitos valores distintos, procede-se como para dados contínuos.

A Figura 1-42 ilustra um histograma no qual os dados têm apenas sete valores distintos. Não há perda de informação: é possível reconstruir os dados a partir do histograma. Nestes casos (poucos valores discretos) pode ser mais esclarecedor usar linhas ao invés de barras para representar as frequências dos valores.

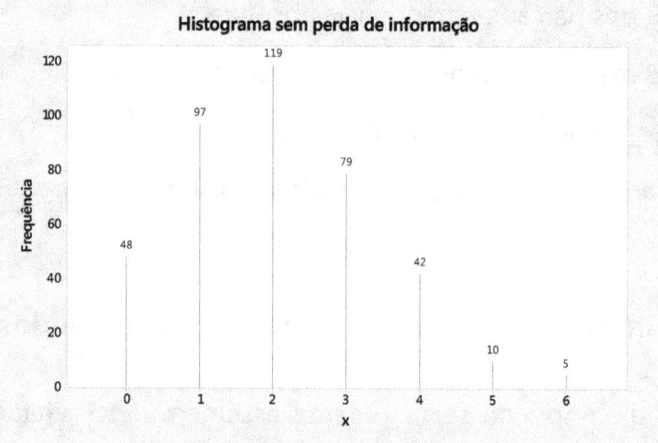

Figura 1-42 - Histograma sem perda de informação

No caso do **Exemplo 1.12** os dados originais são conhecidos e, por consequência, é possível calcular os valores exatos da média e do desvio padrão. Utilizando o Minitab para calcular as estatísticas básicas, encontram-se os valores mostrados a seguir; observar que TTeste é uma variável que contém os 200 valores para o tempo de teste.

Estatísticas Descritivas: TTeste
Estatísticas

Variável	Contagem Total	Média	DesvPad	Mínimo	Q1	Mediana	Q3	Máximo	Amplitude
Tteste	200	0,9264	0,9082	0,0200	0,2300	0,6600	1,2400	4,8900	4,8700

Variável	DIQ
Tteste	1,0100

Se, entretanto, os dados originais não estivessem disponíveis, e somente fosse conhecida a informação resumida na forma de um histograma, teríamos a situação descrita a seguir.

Seja um histograma com n classes e sejam:
    a) $f_1, f_2, ..., f_n$ as frequências de cada classe, e;

b) $x_1, x_2, ..., x_n$ os pontos médios de cada classe.

A média e o desvio padrão dos dados podem ser estimados por

$$\bar{x} = \frac{\sum_{i=1}^{n} x_i f_i}{\sum_{i=1}^{n} f_i}$$

$$s = \sqrt{\frac{\sum_{i=1}^{n}(x_i - \bar{x})^2 f_i}{\left(\sum_{i=1}^{n} f_i\right) - 1}}$$

Considerando a Tabela 1-7, é fácil ver que os pontos médios das classes são $x_1 = 0{,}175$ para a classe 1, $x_2 = 0{,}525$ para a classe 2, e assim sucessivamente. A Tabela 1-8 fornece as frequências de classe e, aplicando as fórmulas acima, resulta

$\bar{x} = 0{,}9433$

$s = 0{,}9087$

que estão bem próximos dos valores para a média e o desvio padrão que foram calculados a partir dos dados originais.

1.7.3 Criando um histograma com o Minitab

Até este momento, discutiu-se a criação de um histograma a partir de uma tabela de frequências que, no caso do exemplo, foi criada manualmente, seguindo o processo definido anteriormente. No entanto, o mais comum é deixar que o próprio Minitab defina as classes, conte o número de dados em cada classe e crie o histograma.

> **Exemplo 1-13:** Traçar o histograma da variável TTeste, sem intervenção nas definições do Minitab.

Solução: Carregue novamente os dados da Tabela 1-6 em uma variável TTeste. Execute a sequência de comandos definida a seguir:

Gráfico > **Histograma** > *painel* **Histograma** > *selecione* **Histograma simples** > **OK** > *painel* **Histograma: Simples** > *selecione* **TTeste** *para* **Variáveis do gráfico** > **Rótulos** > *painel* **Histograma: Rótulos** > *selecione a aba* **Rótulos de dados** > *ative o botão de opção* **Usar rótulos de valores de Y** *no grupo* **Tipo de rótulo** > **OK** > *painel* **Barras: Histograma: Simples** > **OK**

Sequência de comandos 1-21 - Histograma

O Minitab gera o histograma mostrado na Figura 1-43. Observe que o critério utilizado para determinar o número de classes é diferente daquele que foi utilizado na construção do primeiro histograma. Isto significa que um deles está errado? Absolutamente não! Conforme explicado anteriormente, a finalidade do histograma é permitir que se tenha uma visão da forma como os dados estão distribuídos, o que é muito importante para decidir se esta ou aquela técnica de análise estatística é aplicável. E certamente os dois histogramas retratam da mesma maneira os dados. Basta comparar a Figura 1-40 e a Figura 1-43 para ver isso.

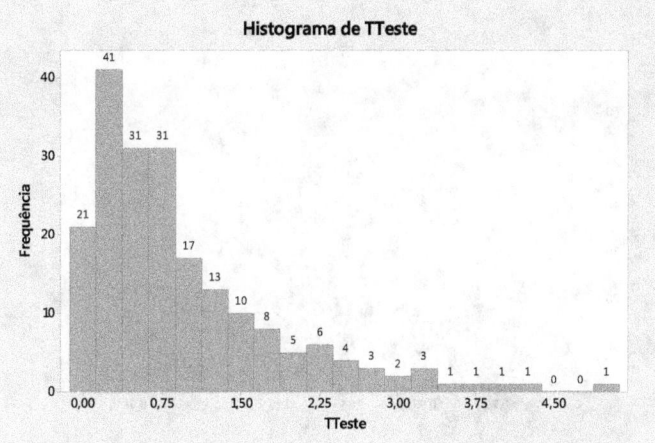

Figura 1-43 - Histograma de Tempo de Teste gerado pelo Minitab

Caso deseje usar os critérios originais (14 barras, com amplitude de 0,35 iniciando em zero) é possível editar o gráfico e alterar a escala de x para obter o gráfico desejado, o que é deixado a cargo do leitor.

1.7.4 Interpretando histogramas

Vejamos alguns tipos de histogramas e o que se pode depreender deles. O histograma da Figura 1-44 apresenta uma única moda, ou seja, um pico bem definido e, além disso, a simetria da distribuição é visível. De fato, há 162 valores abaixo da moda e 169 acima e a barra mais alta é precedida e seguida por barras que tem quase a mesma altura.

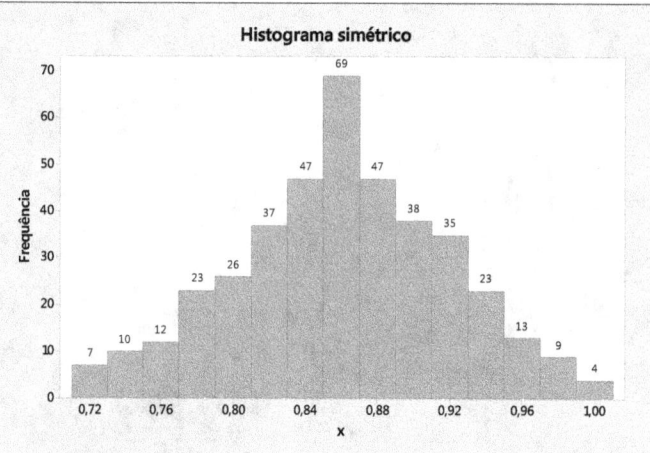

Figura 1-44 - Histograma com distribuição simétrica

A média calculada a partir do histograma é 0,8604 e a mediana é 0,8600. O fato de que a média e a mediana são muito próximas decorre da simetria do gráfico; quando a média e a mediana são exatamente iguais, o gráfico é perfeitamente simétrico. A média neste histograma é, de fato, uma medida de tendência central, pois claramente os dados estão concentrados em torno da média e bem próximos a ela. Dados distribuídos desta forma são os que mais se prestam às análises estatísticas, no sentido de que com amostras relativamente pequenas é possível fazer inferências razoáveis sobre os parâmetros populacionais.

O leitor pode estar surpreso com expressões como "amostras relativamente pequenas", "inferências razoáveis", que encerram uma alta dose de subjetividade. Não se preocupe! Mais adiante, quando for discutida a inferência estatística será. visto como é possível definir quando uma amostra tem o tamanho menor, igual ou maior que o necessário para realizar uma inferência com determinado grau de certeza, que o usuário estabeleça como razoável.

É comum dizer-se, num caso como o da Figura 1-44, que os dados estão **normalmente distribuídos** e que a distribuição é "bem-comportada" (em inglês, "well-behaved").

O gráfico da Figura 1-45 mostra uma distribuição assimétrica à direita, o que significa que os dados de valores mais baixos prevalecem sobre os valores mais altos. Isto é o que se espera que ocorra, por exemplo, com a taxa de falha de equipamentos complexos.

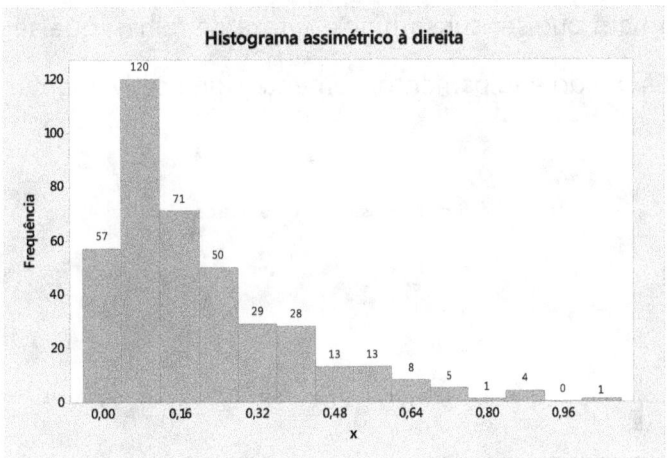

Figura 1-45 - Histograma assimétrico à direita

Nas poucas unidades que falham após serem instaladas, o defeito geralmente ocorre poucas horas ou dias após a instalação. Resolvido o problema, em geral atribuível a um erro de manufatura ou a componentes com alguma falha latente, pouquíssimas unidades apresentam falhas durante sua vida útil e a taxa de falhas se mantém muito baixa e quase constante.

Neste gráfico a média é de 0,2036 e a mediana é 0,1600, menor que a média. De fato, as três primeiras barras contêm mais da metade dos dados; ao mesmo tempo, a média não representa uma tendência central de modo tão apropriado como no caso anterior, pois ela é influenciada pelos valores mais altos e se desloca para a direita da mediana.

O gráfico da Figura 1-46 mostra uma distribuição assimétrica à esquerda; os dados de valores mais altos prevalecem sobre os de valores mais baixos. Isto é o que se espera que ocorra, por exemplo, com a taxa de falhas de equipamentos de alta complexidade, quando se aproximam do fim de sua vida útil. O desgaste decorrente do uso faz com que componentes diversos apresentem falhas e tenham que ser substituídos. A taxa de falhas, que se manteve baixa e quase constante durante a vida útil do equipamento, aumenta significativamente.

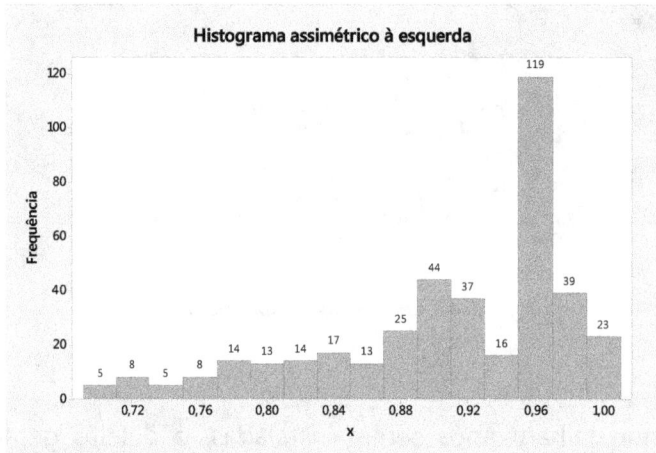

Figura 1-46 - Histograma assimétrico à esquerda

Neste gráfico a média é de 0,9109 e a mediana é 0,9200, maior que a média. De fato, as quatro últimas barras contêm praticamente a metade dos dados (199 de 400); ao mesmo tempo, a média não representa uma tendência central de modo tão apropriado como no caso da distribuição simétrica, pois ela é influenciada pelos valores mais baixos e se desloca para a esquerda da mediana.

O gráfico da Figura 1-47 mostra uma distribuição bimodal; os dados se concentram em duas regiões distintas, o que dificulta a análise. Em geral, uma distribuição bimodal indica mistura de itens; numa situação de produção seria concebível pensar, por exemplo, na mistura de peças produzidas em máquinas ajustadas de modo diferente, ou de itens medidos por operadores com diferente conhecimento do processo de medição.

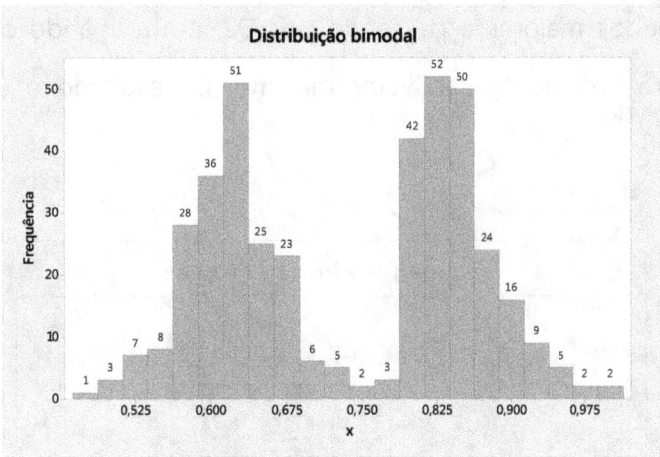

Figura 1-47 - Distribuição bimodal

Neste gráfico a média é de 0,7362 e a mediana é 0,8000, maior que a média. De fato, há mais valores nas barras mais à direita. Ao mesmo tempo, a média não representa uma tendência central de modo tão apropriado como no caso da distribuição simétrica, pois a maioria dos dados não se concentra próximo a ela.

1.8 Representação gráfica dos dados: boxplot

1.8.1 O que é e para que serve um boxplot

Trata-se de um gráfico que permite visualizar a tendência central e a distribuição dos dados. Para construir um boxplot primeiramente determinam-se os quartis e em seguida marcam-se, em um eixo horizontal ou vertical, os seguintes valores relativos aos dados: mínimo, primeiro quartil Q1, mediana Q2, terceiro quartil Q3 e máximo. A seguir traça-se um retângulo sobre a escala, ou a uma certa distância desta, de modo que os lados menores coincidam com Q1 e Q3; acrescenta-se uma linha ligando os lados maiores e passando por Q2, outra ligando o valor mínimo e Q1 e finalmente uma terceira ligando Q3 ao valor máximo. O resultado é um diagrama como o mostrado na Figura 1-48.

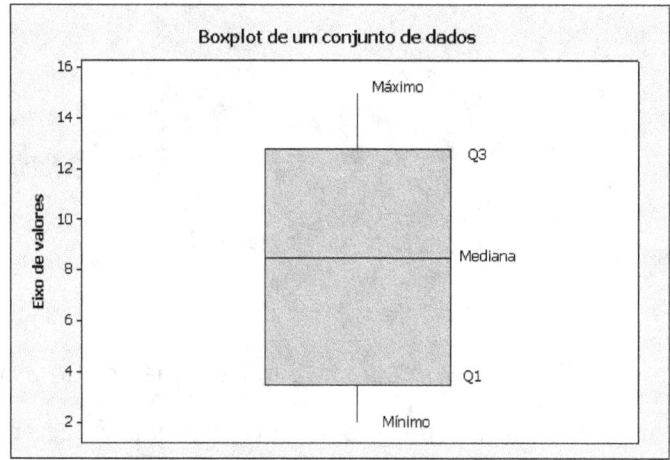

Figura 1-48 - Boxplot de um conjunto de dados

O boxplot permite visualizar e comparar a simetria ou assimetria de diferentes distribuições de dados. Permite também visualizar a existência de valores extremos, que em muitos casos resultam de um erro na coleta dos dados. Estes valores extremos são por isto suspeitos e sempre que possível devem ser investigados.

1.8.2 Gerando um boxplot com o Minitab

Neste item será visto, através de um exemplo de aplicação, como gerar um boxplot usando o Minitab.

Estatística Aplicada em Engenharia [com Minitab]: Volume 1

> **Exemplo 1.14:** Analisar os três conjuntos de dados amostrais (XA, XB, XC) cujos valores são fornecidos na Tabela 1-9. Usar as medidas de tendência central e de dispersão apresentadas anteriormente; construir também um "boxplot" para cada grupo.

XA	XB	XC
30	5	75
33	6	77
36	9	87
78	16	95
80	17	105
85	21	107
96	26	109
98	159	113
104	164	115
108	166	117
114	173	121
116	174	125
684	177	132
694	178	133
704	179	139

Tabela 1-9 - Conjuntos de dados para construção dos boxplots

Solução: Carregue os dados da Tabela 1-9 e determine para cada uma das variáveis XA, XB e XC: média, desvio padrão, mínimo, máximo, intervalo de variação, mediana, primeiro e terceiro quartis e distância interquartílica. Para estes cálculos usar o Minitab, conforme explicado anteriormente.

Estatísticas Descritivas: XA; XB; XC
Estatísticas

Variável	Média	DesvPad	Mínimo	Q1	Mediana	Q3	Máximo	DIQ
XA	204,0	255,2	30,0	78,0	98,0	116,0	704,0	38,0
XB	98,0	81,4	5,0	16,0	159,0	174,0	179,0	158,0
XC	110,00	19,61	75,00	95,00	113,00	125,00	139,00	30,00

Estatística Aplicada em Engenharia [com Minitab]: Volume 1

A média da variável XA é 204, mas uma inspeção da Tabela 1-9 mostra que a maioria dos dados está abaixo de 204, já que a mediana está em 98 e o terceiro quartil em 116, vale dizer metade dos dados está antes de 98 e três quartos (75%) dos dados antes de 116. O histograma, mostrado na Figura 1-49, revela que de fato a distribuição de XA é fortemente assimétrica à direita.

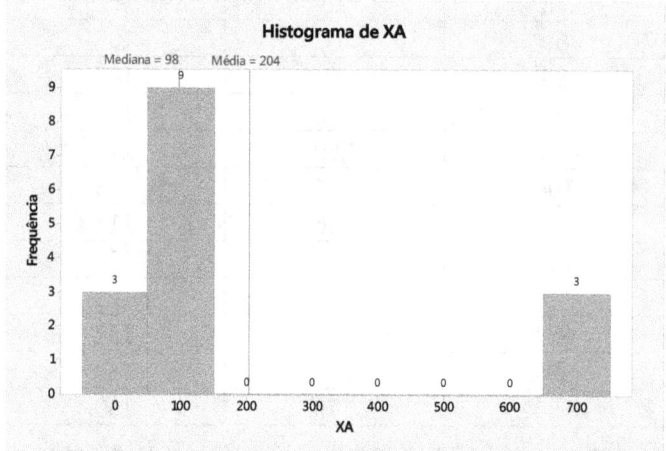

Figura 1-49 - Histograma de XA, mostrando distribuição assimétrica à direita

Para traçar o boxplot da variável *XA*, execute a seguinte sequência de ações:

Gráfico > **Boxplot** > painel **Boxplots** > *selecione* **Simples** > **OK** > *painel* **Boxplot: Um Y, simples** > *XA em* **Variáveis do gráfico** > **OK**

Sequência de comandos 1-22 - Criação de um boxplot

O boxplot para a variável *XA* será gerado. Examinando este boxplot, verifica-se que seria conveniente colocar linhas de referência nos valores dos quartis. Um modo fácil de fazer isto é teclar no ícone **"Edição da última caixa de diálogo"** (em geral próximo dos ícones **"Desfazer"** e **"Refazer"**, usados em muitos programas). Alternativamente, o usuário pode clicar CTRL+E ou ainda selecionar o menu "Editar" e a opção **"Edição da última caixa de diálogo"**. Para traçar o novo gráfico, execute a sequência de ações listada a seguir:

---

painel **Boxplot: Um Y, simples** > **Escala** > *painel* **Boxplot: Escala** > *aba* **Linhas de Referência** > digite 78 98 116 204 em **Exibir linhas de referência em valores de Y** > **OK** > *painel* **Boxplot: Um Y, simples** > **OK**

Sequência de comandos 1-23 - Adicionando linhas de referência

O resultado desta sequência de comandos está na Figura 1-50 e mostra com clareza os valores extremos, também conhecidos como outliers. São estes valores, muito maiores que os demais que tornam o gráfico extremamente assimétrico. Observando a Tabela 1-9, vê-se que 12 dos 15 dados variam entre 30 e 116, enquanto três deles assumem os valores de 684, 694 e 704, que diferem muito dos demais.

A existência de três valores extremos, muito maiores do que os demais, desloca a média para cima; conforme mencionamos anteriormente, em tal situação a média (204) não indica uma tendência central propriamente dita e perde muito de sua utilidade na descrição dos dados.

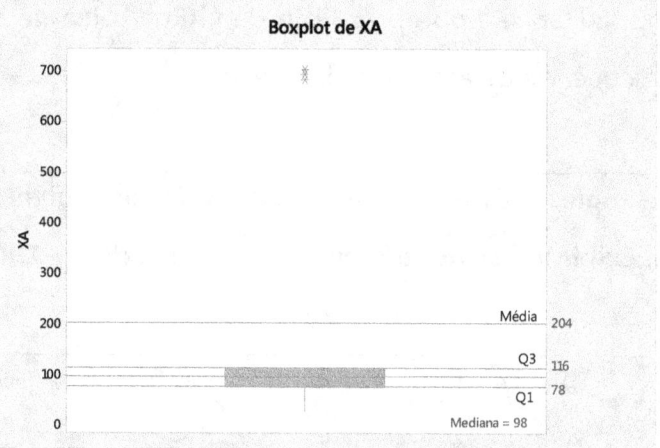

Figura 1-50 - Boxplot para os dados XA

Valores extremos geralmente decorrem de algum erro na coleta ou na interpretação dos dados, e devem ser investigados. Suponha-se que uma verificação dos formulários de coleta de dados mostrou que havia ocorrido um erro na transcrição dos valores; na realidade, 684 / 694 / 704 eram 68,4 / 69,4 / 70,4. Por conveniência, cria-se uma nova variável XAC (XA corrigida) e calculam-se as estatísticas básicas para esta variável, como:

Estatísticas Descritivas: XAC

Estatísticas

Variável	Contagem Total	Média	DesvPad	Mínimo	Q1	Mediana	Q3	Máximo	Amplitude	DIQ
XAC	15	79,08	28,53	30,00	68,40	80,00	104,00	116,00	86,00	35,60

Após a correção, a média caiu de 204 para 79,08 (uma redução de quase 125 unidades). A mediana, entretanto, passou de 98 para 80, ou seja, uma redução de apenas 18 unidades. De fato, comparada com a média, a mediana é menos afetada por valores extremos, o que explica seu uso na análise de situações nas quais uns poucos valores muito altos podem distorcer completamente o resultado. A Figura 1-51 mostra o boxplot da variável *XAC*, no mesmo formato da Figura 1-50.

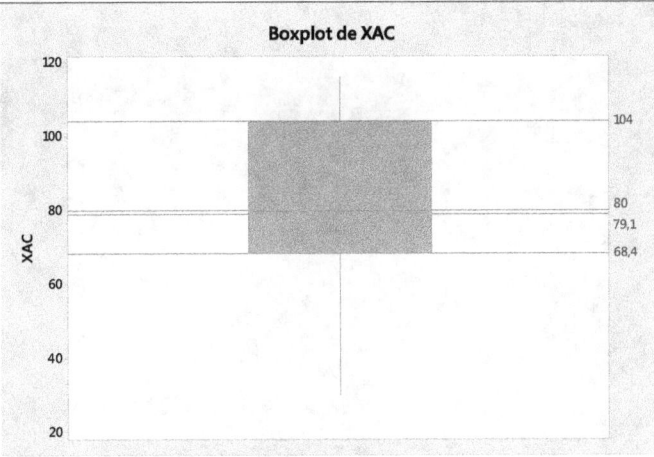

Figura 1-51 - Boxplot de XAC (sem outliers)

Para a série de dados *XB*, a média é 98 e, também neste caso, parece não fornecer muita informação sobre o conjunto dos dados. Observando a Tabela 1-9 conclui-se que há claramente na série *XB* uma separação dos dados em dois grupos de tamanhos aproximadamente iguais, um com valores abaixo e outro com valores acima da média. Conforme mencionado anteriormente este padrão é conhecido como bimodal. O boxplot da série de dados *XB* está ilustrado na Figura 1-52.

Comparando os dados da Tabela 1-9 e a Figura 1-50 com a Figura 1-52 é lícito perguntar por que a série *XA* não é encarada também como uma distribuição bimodal, ou por que a série *XB* não tem os valores mais altos (ou os mais baixos) considerados como outliers. Os histogramas das séries *XA* e *XB*, mostrados na Figura 1-53 podem fornecer uma resposta visual.

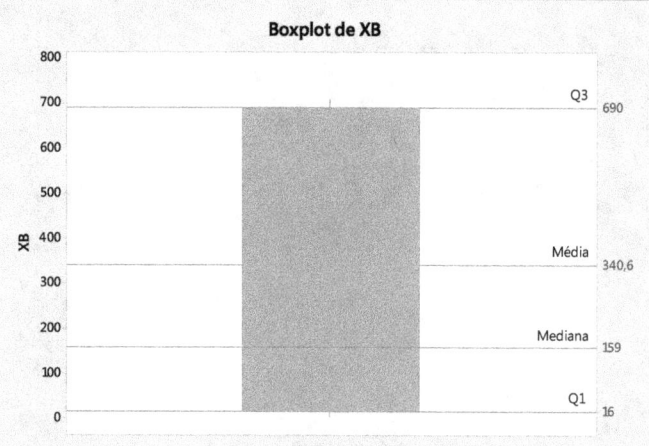

Figura 1-52 - Boxplot para os dados XB

No caso da série *XA*, a grande maioria dos valores (12 em 15) está concentrada abaixo da média. Já na série *XB*, há praticamente metade dos valores de cada lado da média. Como regra prática, o Minitab traça um boxplot como o da Figura 1-50 quando a quantidade de valores extremos representa até de 25% do total; caso contrário, traça um boxplot como o da Figura 1-52.

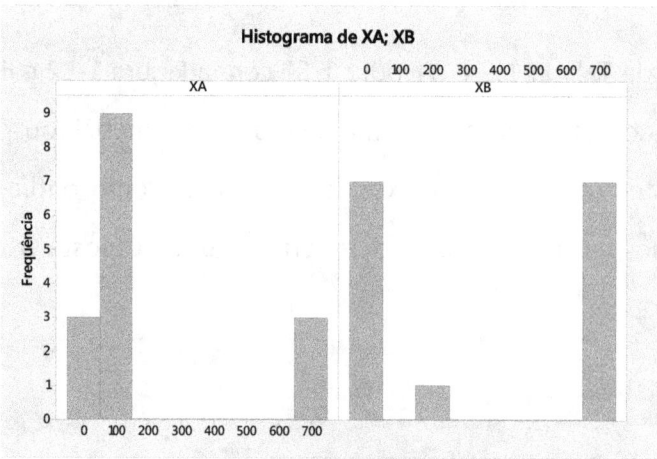

Figura 1-53 - Histogramas de XA e XB

Finalmente, para a série *XC*, os dados estão distribuídos de maneira aproximadamente simétrica em torno da média, conforme se depreende do boxplot mostrado na Figura 1-54.

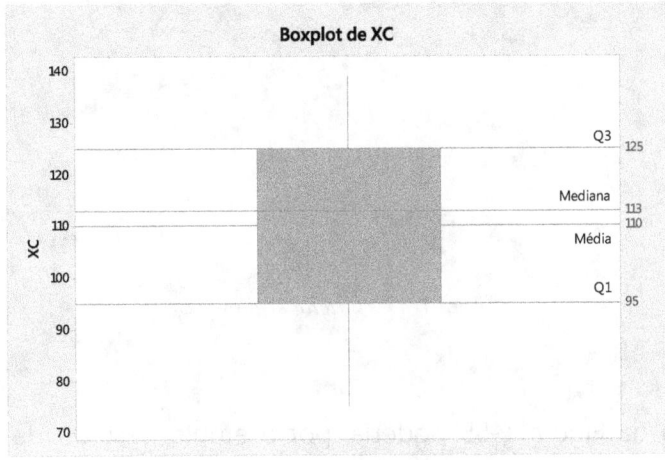

Figura 1-54 – Boxplot para os dados XC

1.9 Representação gráfica dos dados: gráfico de dispersão

1.9.1 O que é e para que serve um gráfico de dispersão

Trata-se de um gráfico que permite visualizar de que forma duas variáveis estão relacionadas. A Figura 1-55 mostra um gráfico de dispersão no qual a variável dependente *Y*, geralmente denominada resposta, foi plotada para diversos valores da variável independente *X*, que muitas vezes recebe o nome de fator.

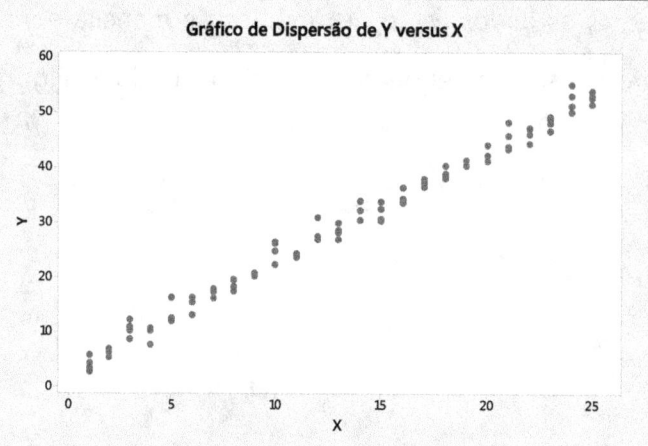

Figura 1-55 - Gráfico de dispersão

O gráfico de dispersão da Figura 1-55 poderia, por exemplo, resultar de medidas repetidas da resposta Y, para diversos valores de X. Medidas feitas para o mesmo valor de X resultam em valores ligeiramente diferentes para Y, o que reflete a variabilidade do processo. Esta variação poderia ser devida à variação efetiva da grandeza que está sendo medida, ou à variabilidade do processo de medição ou ainda, o que é mais provável, a uma combinação das duas coisas. De qualquer modo, parece haver uma relação linear entre o fator e a resposta. Em um capítulo posterior será visto como encontrar a equação que melhor expressa a relação entre X e Y. É claro que a esta altura já teríamos definido os critérios que permitem dizer que uma equação é melhor ou pior que outra.

A Figura 1-56 mostra algumas formas características para um diagrama de dispersão. Os gráficos sugerem que o relacionamento entre a resposta e o fator tem a forma (a é uma constante):

$y_1 = ax$

$y_2 = ax^n$

$y_3 = ax^{\frac{1}{n}}$

$$y_4 = \frac{a}{x}$$

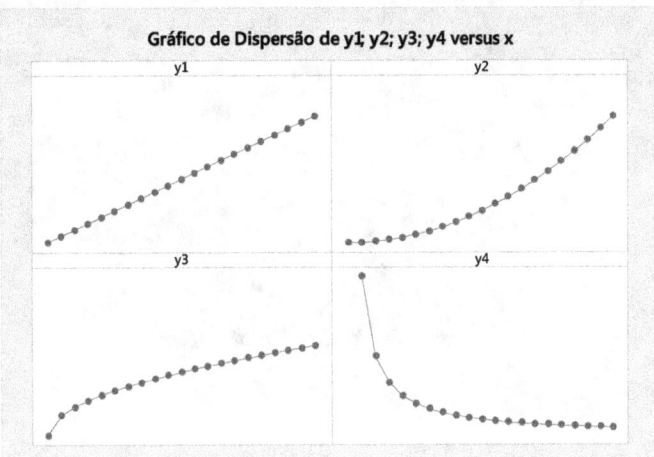

Figura 1-56 - Exemplos de gráficos de dispersão

Na prática, mesmo que a resposta e o fator tivessem o relacionamento suposto pelas expressões acima, dificilmente se obteriam gráficos tão claros como aqueles da Figura 1-56. Isto porque é possível que a resposta dependa de vários fatores, alguns dos quais podem ser desconhecidos e/ou não estarem sendo controlados. Assim, seria possível que os gráficos mostrassem algo como ilustrado na Figura 1-57.

Estatística Aplicada em Engenharia [com Minitab]: Volume 1

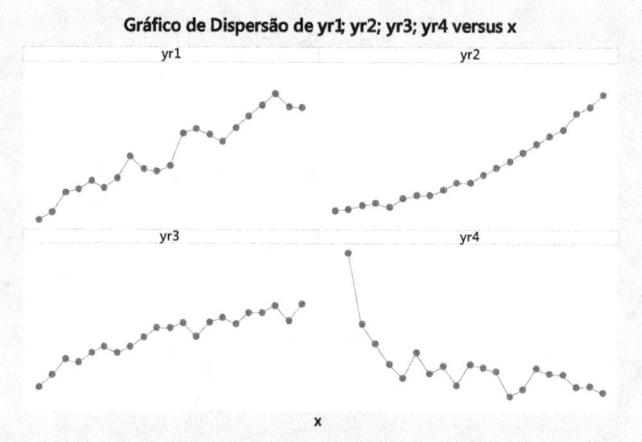

Figura 1-57 - Gráficos de dispersão com ruído

Os gráficos são afetados por uma espécie de "ruído", que mascara o relacionamento entre a resposta e o fator de interesse. No Capítulo 6 veremos o que se faz para reduzir a influência de fatores aleatórios no contexto de projetos de experimentos.

1.9.2 Gerando um gráfico de dispersão com o Minitab

O Minitab permite criar diversos tipos de gráficos de dispersão. Será visto através de um exemplo como fazer isso.

Exemplo 1.15: Criar um gráfico de dispersão para a variável y_a e outro para a variável y_b, que são ambas dependentes da variável x, conforme a Tabela 1-10.

n	x	y_a	y_b	n	x	y_a	y_b	n	x	y_a	y_b
0	0,000	0,000	1,000	20	3,927	-0,707	-0,707	40	7,854	1,000	0,000
1	0,196	0,195	0,981	21	4,123	-0,831	-0,556	41	8,050	0,981	-0,195
2	0,393	0,383	0,924	22	4,320	-0,924	-0,383	42	8,247	0,924	-0,383
3	0,589	0,556	0,831	23	4,516	-0,981	-0,195	43	8,443	0,831	-0,556
4	0,785	0,707	0,707	24	4,712	-1,000	-0,000	44	8,639	0,707	-0,707
5	0,982	0,831	0,556	25	4,909	-0,981	0,195	45	8,836	0,556	-0,831

6	1,178	0,924	0,383	26	5,105	-0,924	0,383	46	9,032	0,383	-0,924
7	1,374	0,981	0,195	27	5,301	-0,831	0,556	47	9,228	0,195	-0,981
8	1,571	1,000	0,000	28	5,498	-0,707	0,707	48	9,425	0,000	-1,000
9	1,767	0,981	-0,195	29	5,694	-0,556	0,831	49	9,621	-0,195	-0,981
10	1,963	0,924	-0,383	30	5,890	-0,383	0,924	50	9,817	-0,383	-0,924
11	2,160	0,831	-0,556	31	6,087	-0,195	0,981	51	10,014	-0,556	-0,831
12	2,356	0,707	-0,707	32	6,283	-0,000	1,000	52	10,210	-0,707	-0,707
13	2,553	0,556	-0,831	33	6,480	0,195	0,981	53	10,407	-0,831	-0,556
14	2,749	0,383	-0,924	34	6,676	0,383	0,924	54	10,603	-0,924	-0,383
15	2,945	0,195	-0,981	35	6,872	0,556	0,831	55	10,799	-0,981	-0,195
16	3,142	0,000	-1,000	36	7,069	0,707	0,707	56	10,996	-1,000	-0,000
17	3,338	-0,195	-0,981	37	7,265	0,831	0,556	57	11,192	-0,981	0,195
18	3,534	-0,383	-0,924	38	7,461	0,924	0,383	58	11,388	-0,924	0,383
19	3,731	-0,556	-0,831	39	7,658	0,981	0,195	59	11,585	-0,831	0,556

Tabela 1-10 - Dados para $y_a=f(x)$ e $y_b=f(x)$

Solução: Carregue os dados da Tabela 1-10. Execute a sequência de ações descrita a seguir.

Gráfico > **Gráfico de Dispersão** > *painel* **Gráficos de Dispersão** > *selecione* **Simples** > **OK** *Certifique-se de que a lista de variáveis na caixa* **Variáveis Y Variáveis X** *está vazia; se necessário limpe esta caixa e posicione o cursor na célula* **Variáveis Y** *da linha 1* > *painel* **Gráfico de dispersão: Simples** > *Selecione* **ya** *na caixa de seleção* > **Selecionar** > *selecione* **x** *na caixa de seleção* > **Selecionar** > *selecione* **yb** *na caixa de seleção* > **Selecionar** > *selecione* **x** *na caixa de seleção* > **Selecionar** > **OK**

Sequência de comandos 1-24 - Gráfico de dispersão

Imediatamente antes de clicar **OK**, o painel **Gráfico de Dispersão: Simples** do Minitab deve ser similar ao que é mostrado na Figura 1-58.

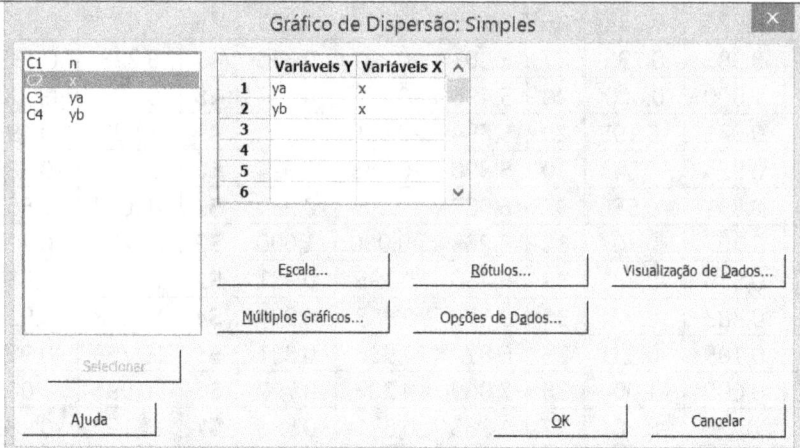

Figura 1-58 - Painel Gráfico de Dispersão: Simples

Após clicar **OK**, são gerados dois gráficos de dispersão, um para a variável y_a versus x e outro para a variável y_b versus x, conforme mostrado na Figura 1-59 e na Figura 1-60.

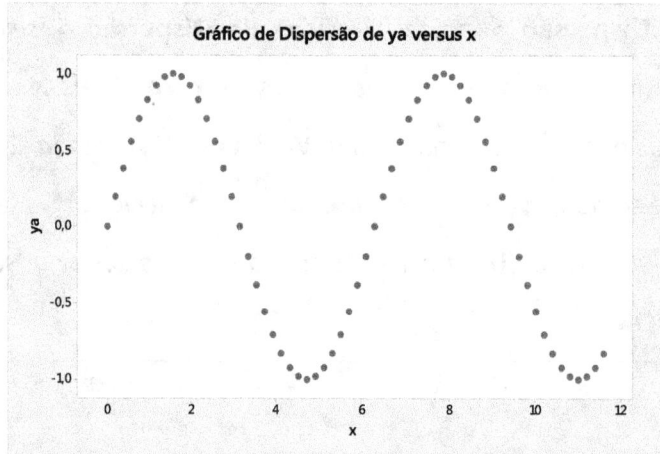

Figura 1-59 - Gráfico de dispersão de y_a versus x

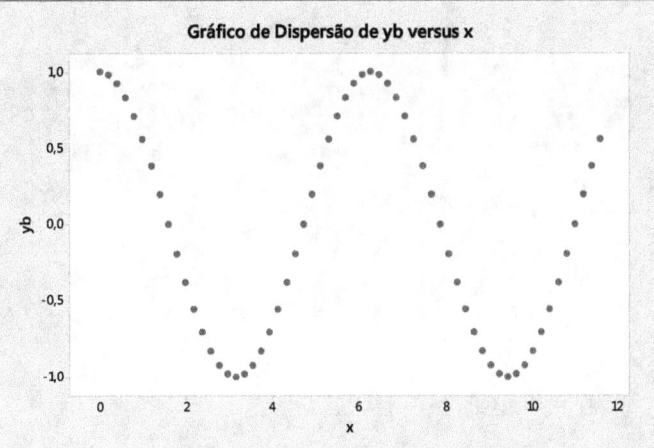

Figura 1-60 - Gráfico de dispersão y_b versus x

Por "default" são gerados gráficos separados para cada variável dependente. Usando a opção "Múltiplos Gráficos" é possível plotar as duas variáveis no mesmo painel (Figura 1-61) ou em painéis separados (Figura 1-62) do mesmo gráfico.

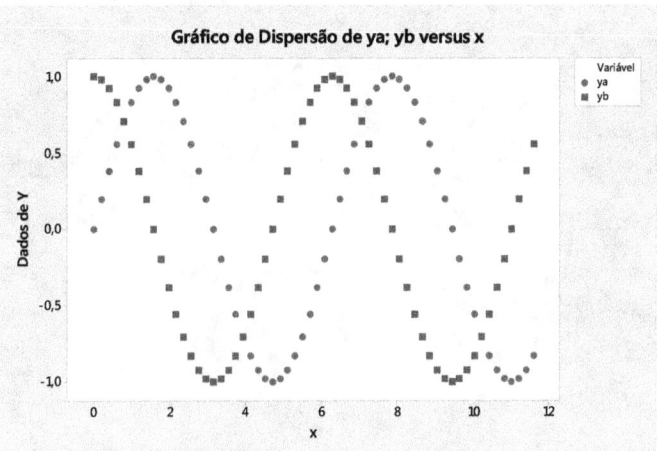

Figura 1-61 - Gráficos de dispersão de y_a e y_b versus x (superpostos)

Estatística Aplicada em Engenharia [com Minitab]: Volume 1

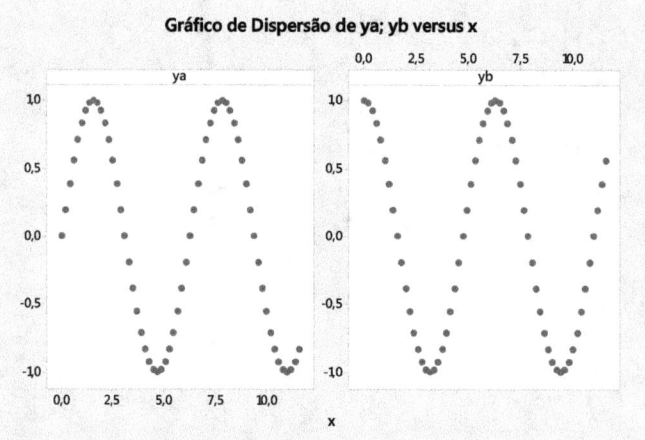

Figura 1-62 - Gráficos de dispersão de y_a e y_b versus x (painéis separados)

1.10 Exercícios propostos

Exercício 1-1: Questões para recapitulação:

Responda as perguntas seguintes, sempre no contexto da Estatística.

1. O que é uma população?
2. O que é uma amostra? O que é uma amostra aleatória?
3. O que é amostragem? Explique o que significa amostragem aleatória.
4. O que são variáveis aleatórias?
5. Conceitue os seguintes tipos de variáveis aleatórias: quantitativa, qualitativa, discreta, contínua, nominal, ordinal.
6. Classifique as seguintes variáveis aleatórias:
    i. quantidade de computadores pessoais vendidos por uma grande loja em 2018;
    ii. grau de satisfação dos clientes com a entrega do produto, em uma escala de 0 (muito insatisfeito) a 5 (muito satisfeito);
    iii. tempo de trânsito dos produtos, desde o armazém da loja até o cliente;
    iv. despesas com embalagem dos produtos embarcados (em R$);
    v. cidade de destino do produto.
7. Explique o que é a média aritmética de um conjunto de dados.
8. Explique o que é a mediana de um conjunto de dados.
9. Explique o que é variância e o que é desvio padrão.
10. Como se calculam a variância e o desvio padrão de uma população? E de uma amostra desta população?

11. Esboce os gráficos de uma distribuição assimétrica a esquerda, de uma distribuição assimétrica à direita, de uma distribuição bimodal e de uma distribuição "bem-comportada".

12. Explique o que é e para que serve um histograma e como construir um. Faça o mesmo com relação a um boxplot.

Exercício 1-2: ♦Demonstre que a média aritmética é o valor que reduz ao mínimo a soma dos desvios médios quadráticos de um conjunto de dados.

Exercício 1-3: Refira-se à Tabela 1-11. Determine para cada um dos conjuntos de dados VAR1, VAR2 e VAR3 as seguintes estatísticas básicas: média, desvio padrão, mínimo, primeiro quartil, mediana, terceiro quartil, máximo, intervalo interquartílico, amplitude de variação. Analise e comente estas estatísticas básicas para cada conjunto de dados.

VAR1	VAR2	VAR3	VAR1	VAR2	VAR3	VAR1	VAR2	VAR3	VAR1	VAR2	VAR3
n = 1 a 25			n = 26 a 50			n = 51 a 75			n = 76 a 100		
16,37	15,47	31,56	20,90	28,21	32,71	17,02	7,93	34,07	16,22	17,52	13,33
14,85	5,67	32,60	18,14	38,18	20,92	14,37	4,24	26,01	25,47	14,87	31,05
15,36	19,35	9,89	21,03	29,67	30,81	16,98	27,40	32,83	18,84	10,13	22,43
16,28	77,16	32,85	25,78	6,32	29,92	22,05	54,94	10,58	19,90	12,17	22,25
35,61	4,54	19,42	21,57	4,44	28,86	29,88	16,91	34,67	24,11	10,73	24,62
14,87	23,92	22,06	25,51	19,08	18,87	22,99	6,76	22,96	5,93	11,30	19,66
23,64	4,28	25,80	21,11	18,58	28,22	26,91	2,18	15,53	22,09	25,35	12,07
26,08	24,25	31,43	11,62	4,98	33,36	21,65	18,50	29,43	25,06	23,97	33,09
24,37	2,20	14,83	20,52	8,98	22,22	11,24	9,22	32,93	13,41	2,33	22,00
28,47	0,66	32,80	19,77	16,85	32,81	17,15	5,49	14,22	15,84	9,99	21,55
21,53	15,83	20,14	22,85	53,36	19,67	16,38	27,21	18,46	19,47	1,86	14,93
19,50	0,42	26,88	19,88	5,58	31,58	16,87	2,56	22,34	19,28	11,46	32,28
21,41	6,83	17,81	19,54	19,06	29,60	16,68	50,06	31,31	24,87	6,84	24,21
17,39	37,36	32,38	17,92	14,98	33,40	19,53	6,09	28,98	14,50	2,33	30,62
19,28	9,93	17,79	10,91	4,48	34,37	21,51	35,74	24,93	18,84	4,25	34,96
21,07	3,99	19,08	23,81	3,32	18,98	26,46	6,70	31,29	24,41	14,95	30,86

20,58	102,69	29,26	13,03	17,19	20,01	17,69	23,67	21,77	21,52	6,58	31,28
22,83	84,07	24,73	20,19	4,12	17,14	21,36	4,26	33,57	24,70	19,94	32,86
24,37	1,36	17,10	22,72	13,01	29,66	18,75	2,06	19,36	20,37	10,29	31,13
18,34	20,06	28,66	21,67	12,97	22,66	27,98	19,62	20,43	16,66	42,19	17,32
18,76	1,57	28,14	15,81	25,58	24,06	15,24	21,81	20,61	25,28	44,31	33,65
21,41	16,48	14,64	20,55	61,64	28,53	20,57	16,49	28,35	28,34	6,38	26,88
22,38	30,83	32,04	14,96	5,12	34,95	16,84	13,50	25,95	24,24	1,92	23,70
8,79	52,56	10,22	30,95	3,12	27,57	22,33	14,23	26,42	15,03	23,72	24,18
15,58	1,23	23,93	26,21	27,35	12,00	25,04	12,68	29,08	16,00	16,27	31,96

Tabela 1-11 – Dados para o Exercício 1-3

Exercício 1-4: Ainda usando os dados da Tabela 1-11 faça o seguinte:

a. Construa um histograma para VAR1 com exatamente 5 classes

b. Construa um histograma para VAR2 com exatamente 10 classes

c. Construa um histograma para VAR3 com exatamente 15 classes

d. Comente cada um dos histogramas;

e. Usando apenas a informação contida em cada um dos histogramas, calcule a média e o desvio padrão dos dados originais; compare com os resultados encontrados no **Exercício 1-3** e comente.

Exercício 1-5: A Tabela 1-12 contém dados do Censo de 2010 que mostram a população brasileira por faixa etária, por local de residência (rural ou urbano) e por sexo (masc. / fem.).

SEXO	LOCAL	FAIXA ETÁRIA	POP.	SEXO	LOCAL	FAIXA ETÁRIA	POP.
MASC	U	G01: 0 a 9 anos	11914655	FEM	U	G01: 0 a 9 anos	11521778
MASC	U	G02: 10 a 19 anos	14060159	FEM	U	G02: 10 a 19 anos	13935829
MASC	U	G03: 20 a 29 anos	14502695	FEM	U	G03: 20 a 29 anos	14976330
MASC	U	G04: 30 a 39 anos	12337375	FEM	U	G04: 30 a 39 anos	13249953
MASC	U	G05: 40 a 49 anos	10151304	FEM	U	G05: 40 a 49 anos	11217519
MASC	U	G05: 50 a 59 anos	7313210	FEM	U	G05: 50 a 59 anos	8420603
MASC	U	G06: 60 a 69 anos	4272680	FEM	U	G06: 60 a 69 anos	5242280
MASC	U	G07: 70 a 79 anos	2239237	FEM	U	G07: 70 a 79 anos	3076974
MASC	U	G08: 80 a 89 anos	797977	FEM	U	G08: 80 a 89 anos	1321011
MASC	U	G09: 90 a 99 anos	115325	FEM	U	G09: 90 a 99 anos	239144

MASC	U	G10: 100 + anos	5562	FEM	U	G10: 100 + anos	14204
MASC	R	G01: 0 a 9 anos	2726476	FEM	R	G01: 0 a 9 anos	2602624
MASC	R	G02: 10 a 19 anos	3224122	FEM	R	G02: 10 a 19 anos	2937523
MASC	R	G03: 20 a 29 anos	2588529	FEM	R	G03: 20 a 29 anos	2282052
MASC	R	G04: 30 a 39 anos	2146947	FEM	R	G04: 30 a 39 anos	1898816
MASC	R	G05: 40 a 49 anos	1861278	FEM	R	G05: 40 a 49 anos	1612615
MASC	R	G05: 50 a 59 anos	1424129	FEM	R	G05: 50 a 59 anos	1258681
MASC	R	G06: 60 a 69 anos	992420	FEM	R	G06: 60 a 69 anos	842550
MASC	R	G07: 70 a 79 anos	518652	FEM	R	G07: 70 a 79 anos	470220
MASC	R	G08: 80 a 89 anos	181405	FEM	R	G08: 80 a 89 anos	186062
MASC	R	G09: 90 a 99 anos	31168	FEM	R	G09: 90 a 99 anos	39256
MASC	R	G10: 100 + anos	1685	FEM	R	G10: 100 + anos	2785

Tabela 1-12 – Dados para o Exercício 1-5

Faça gráficos de barras que mostrem:

    a. a população total por faixa etária

    b. a população total por faixa etária por local de residência

    c. a população total por sexo por local de residência

    d. apenas a população rural por faixa etária

    e. apenas a população urbana por faixa etária por sexo

Exercício 1-6: Ainda usando os dados da Tabela 1-12, faça novamente os itens de (a) até (e) criando, porém, gráficos de barras empilhadas.

Exercício 1-7: Usando os dados da Tabela 1-11, trace boxplots para as variáveis VAR1, VAR2 e VAR3. Comente cada um dos boxplots.

Exercício 1-8: As variáveis Y, W e Z são respostas de um mesmo processo, cujo controle é feito através de um fator x. Foram feitas diversas medições das respostas Y, W e Z para valores de x variando entre 0 e 3 udm (unidades de medida). A Figura 1-63, a Figura 1-64 e a Figura 1-65 mostram o resultados destas medições. Observando os gráficos de dispersão para Y(x), W(x) e

Z(x), avalie que tipo de relacionamento parece existir entre as variáveis dependentes e o fator. Justifique sua resposta.

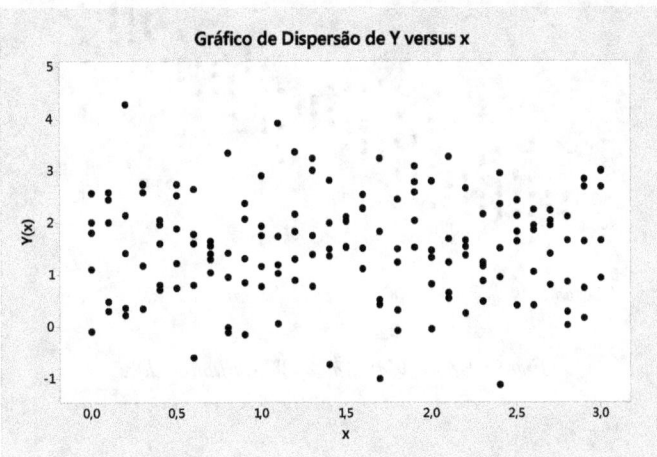

Figura 1-63 - Variação de Y em função de x

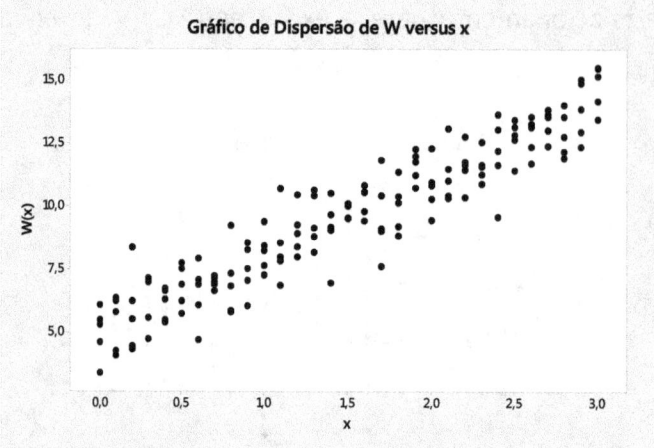

Figura 1-64 - Variação de W em função de x

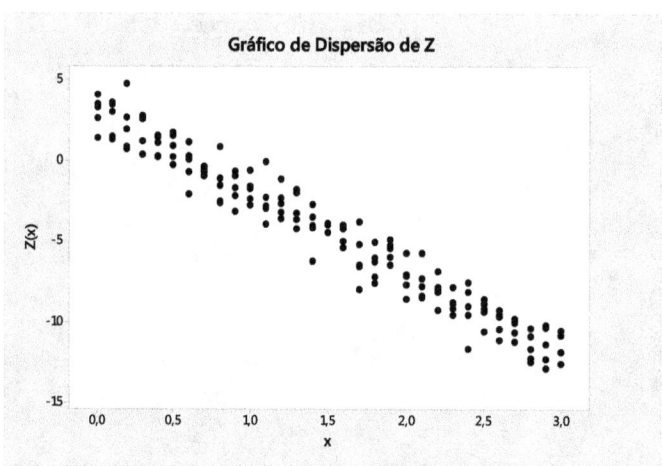

Figura 1-65 - Variação de Z em função de x

Exercício 1-9: Usando os dados da Tabela 1-13, faça boxplots para as variáveis A, B e C. Compare os gráficos e faça um comentário. Em seguida calcule as estatísticas básicas para A, B e C e veja se seu comentário inicial está correto.

Nº	A	B	C	Nº	A	B	C
1	47,34	50,98	60,96	26	50,91	44,91	72,09
2	39,30	35,75	66,89	27	42,81	52,62	63,13
3	44,22	48,19	62,88	28	55,83	57,33	57,76
4	61,16	72,60	87,64	29	51,08	68,78	85,42
5	52,96	64,93	67,50	30	57,40	29,61	35,55
6	62,43	42,47	39,98	31	49,28	44,93	44,08
7	49,97	47,67	63,01	32	40,76	47,50	32,63
8	55,91	60,21	35,24	33	48,83	43,48	65,60
9	44,59	47,09	37,25	34	56,99	52,79	43,69
10	64,14	54,97	58,47	35	47,38	55,78	31,97
11	47,02	74,49	67,79	36	47,22	61,92	64,77
12	47,81	37,38	34,43	37	56,04	50,21	82,32
13	43,90	50,64	30,01	38	50,52	67,51	50,39
14	49,13	59,24	32,80	39	44,51	48,30	63,65
15	50,57	24,07	40,37	40	44,50	48,91	35,46
16	47,99	50,61	62,00	41	56,25	53,09	48,07
17	47,70	51,58	49,40	42	47,87	33,78	18,92
18	48,89	34,54	56,24	43	46,03	36,56	37,32
19	49,71	53,24	30,72	44	42,16	39,22	46,20
20	54,65	38,55	51,44	45	48,72	40,10	60,30
21	49,18	61,62	53,96	46	46,85	72,17	18,99
22	49,79	48,08	40,28	47	54,87	45,11	39,17
23	42,67	49,58	84,33	48	48,92	38,66	67,92
24	48,33	57,78	50,86	49	49,18	32,00	51,10
25	50,74	50,52	65,71	50	49,58	60,04	47,60

Tabela 1-13 – Dados para o Exercício 1-9

Exercício 1-10: Usando os dados da Tabela 1-14, repita o processo descrito na questão anterior, para as variáveis D, E e F.

Nº	D	E	F	Nº	D	E	F
1	35,29	80,36	105,55	26	52,75	39,33	83,91
2	44,90	78,84	110,60	27	22,08	73,16	99,82
3	49,07	63,22	120,91	28	45,31	71,76	118,07
4	20,07	76,89	93,79	29	45,99	97,61	122,91
5	42,15	83,14	111,38	30	40,33	95,60	84,00
6	73,25	95,86	96,93	31	66,52	61,47	90,94
7	47,75	55,05	109,88	32	44,93	81,43	106,82
8	34,33	104,86	115,17	33	80,09	64,34	91,02
9	10,96	77,79	91,35	34	66,29	79,67	83,12
10	84,28	52,92	99,89	35	15,65	69,08	123,46
11	21,00	79,94	102,22	36	58,36	71,55	113,00
12	50,08	72,51	99,87	37	68,90	80,20	104,79
13	28,30	59,17	68,81	38	35,03	82,44	87,04
14	62,83	62,82	103,02	39	56,25	84,13	105,33
15	42,43	69,84	93,31	40	26,35	71,23	94,87
16	25,23	66,89	108,36	41	41,92	71,09	89,40
17	48,47	89,95	97,86	42	44,74	88,22	99,04
18	45,91	123,00	105,15	43	55,47	61,56	96,64
19	45,62	98,27	57,70	44	55,35	83,75	84,49
20	60,08	83,50	96,55	45	33,69	51,87	98,44
21	52,34	48,30	95,51	46	34,55	62,91	111,53
22	58,19	63,42	86,18	47	59,50	84,21	100,26
23	29,97	74,20	108,25	48	72,45	70,35	78,43
24	34,91	76,80	80,17	49	39,83	112,62	80,35
25	40,18	91,69	96,57	50	55,08	74,96	74,48

Tabela 1-14 - Dados para o Exercício 1-10

2 TEORIA DA PROBABILIDADE

"On voit, par cet Essai, que la théorie des probabilités n'est, au fond, que le bon sens réduit au calcul; elle fait apprécier avec exactitude ce que les esprits justes sentent par une sorte d'instinct, sans qu'ils puissent souvent s'en rendre compte."

Pierre Simon, Marquis de Laplace (1749-1827)

no livro "Théorie analytique des probabilités"

2.1 Probabilidade

A Teoria da Probabilidade é uma abordagem matemática utilizada no estudo de situações influenciadas pelo acaso. A **probabilidade** de ocorrência de um evento A, designada como P(A), é um número entre 0 e 1 que indica quão provável é a ocorrência do evento.

Por definição

$0 \leq P(A) \leq 1$

Quanto mais próximo de zero for P(A), menor será a possibilidade de ocorrência do evento; inversamente, P(A) mais próximo de 1 implica em dizer que o evento tem maior possibilidade de ocorrer. Um evento impossível tem probabilidade zero; a probabilidade igual a 1 indica que a ocorrência do evento é certa.

Um **experimento** pode ser definido como o processo de tomada de observações. Por exemplo, jogar uma moeda para cima e verificar se saiu cara ou coroa, retirar uma carta de um baralho e examinar o naipe, lançar um dado e verificar o número, testar um lote de máquinas para detectar problemas, são exemplos de experimentos.

Um **espaço amostral** é o conjunto de todos os resultados possíveis de um experimento. Por exemplo, o espaço amostral associado ao lançamento de um dado seria o conjunto {1; 2; 3; 4; 5; 6}. Nos parágrafos que se seguem será feita referência a este espaço amostral.

Vemos que o espaço amostral neste caso contém seis **eventos elementares**, e que outros eventos podem ser definidos como combinações dos eventos elementares. Por exemplo, os eventos A= {"sair um número par"} e B= {"sair um número maior que 4"} são combinações dos eventos elementares.

O **complemento** de um evento A, geralmente denotado como A', consiste nos resultados do espaço amostral que não fazem parte do evento. Por exemplo, se A = {"sair um número par"}, A'= {"sair um número ímpar"} seria o evento complementar.

Dois eventos são **mutuamente excludentes** se a ocorrência de um implica na não ocorrência do outro, ou seja, os dois eventos não podem ocorrer simultaneamente. Por exemplo, os eventos A= {"sair um número menor que três"} e B={ "sair um número maior que quatro"} são mutuamente excludentes.

Dois ou mais eventos são **coletivamente exaustivos** quando nenhum outro resultado é possível para o experimento considerado. Por exemplo, os eventos A= {"sair um número par"} e B= {"sair um número ímpar"} são coletivamente exaustivos.

É comum a utilização de diagramas de Venn para representar espaços amostrais e eventos, pois eles fornecem uma imagem clara da situação.

2.1.1 Definição clássica

A **definição clássica** da probabilidade supõe que um espaço amostral contenha n eventos elementares igualmente prováveis. A probabilidade de um evento A é a relação entre o número de resultados favoráveis (ou sucessos) s e o número total de resultados possíveis, n.

$$P(a) = \frac{s}{n}$$

É interessante observar que neste contexto o termo "sucesso" indica a ocorrência do evento esperado, que pode ser de natureza indesejável ou prejudicial, como, por exemplo, a falha de um componente, ou um acidente automobilístico.

A aplicação da definição clássica depende de que os eventos elementares sejam equiprováveis. Este é tipicamente o caso de jogos de azar, que foram o objeto inicial de estudo da Teoria da Probabilidade.

2.1.2 Definição empírica

Em geral, não se pode considerar todos os eventos do espaço amostral como equiprováveis. Por exemplo, a probabilidade de chuva em um determinado dia não pode ser calculada através da definição clássica.

A **definição empírica** da probabilidade está baseada na observação da frequência relativa de ocorrência de um evento. A probabilidade de um evento A é a relação entre o número observado de resultados favoráveis (ou sucessos) s e o número total de observações f. Intuitivamente, vê-se que à medida que o número de observações cresce, a frequência relativa de resultados favoráveis aproxima-se do valor real da probabilidade do evento A.

$$P(A) = \lim_{f \to \infty} \frac{s}{f}$$

2.1.3 Definição axiomática

A probabilidade pode também ser definida em termos puramente matemáticos, através de três postulados ou axiomas.

Axioma 1: Probabilidades são números reais, positivos ou zero.

$P(A) \geq 0$

para qualquer evento A.

Axioma 2: Todo espaço amostral S tem probabilidade 1.

$P(S) = 1$

para qualquer espaço amostral S.

Axioma 3: Se dois eventos são mutuamente exclusivos, a probabilidade de que um ou outro ocorra é igual à soma de suas probabilidades individuais.

$P(A \cup B) = P(A) + P(B)$

para quaisquer dois eventos mutuamente exclusivos.

A partir destes axiomas é possível (para os matemáticos!) deduzir todos os demais teoremas que permitem a aplicação da Teoria da Probabilidade na solução de problemas. Alguns destes teoremas são apresentados a seguir, sem demonstração.

A probabilidade de um evento A é um número real positivo menor ou igual a 1.

$P(A) \leq 1$

A probabilidade de Ø (conjunto vazio) é igual a zero.

$P(\emptyset) = 0$

A probabilidade de que um evento A ou seu complemento A' ocorram é igual a 1.

$P(A) + P(A') = 1$

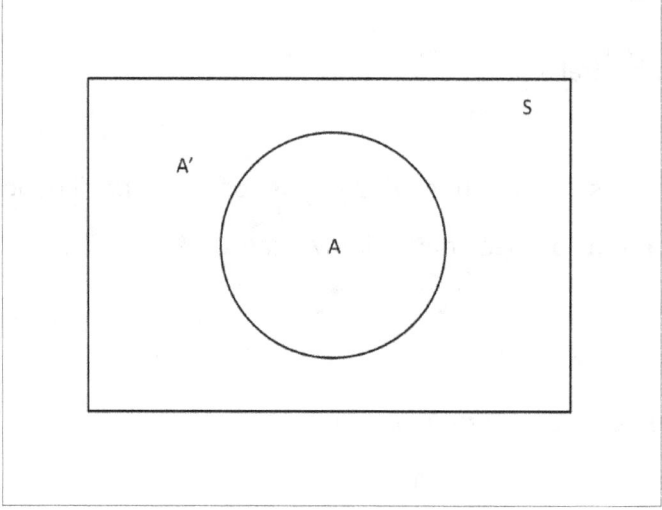

Figura 2-1 - Diagrama de Venn para P(A) U P'(A)

Um diagrama de Venn esclarece o significado desta expressão. No diagrama mostrado na Figura 2-1 o retângulo representa o espaço amostral S e sua área corresponde à probabilidade *P(S)=1*; o círculo representa um evento *(no caso, A)* do espaço amostral e sua área está associada à probabilidade do evento.

Se dois eventos não são mutuamente exclusivos, ou seja, estes eventos **podem** ocorrer simultaneamente, a probabilidade de que um ou outro irá ocorrer será dada pela fórmula

$P(A \cup B) = P(A) + P(B) - P(A \cap B)$

Novamente, um diagrama de Venn (Figura 2-2) esclarece o significado desta expressão.

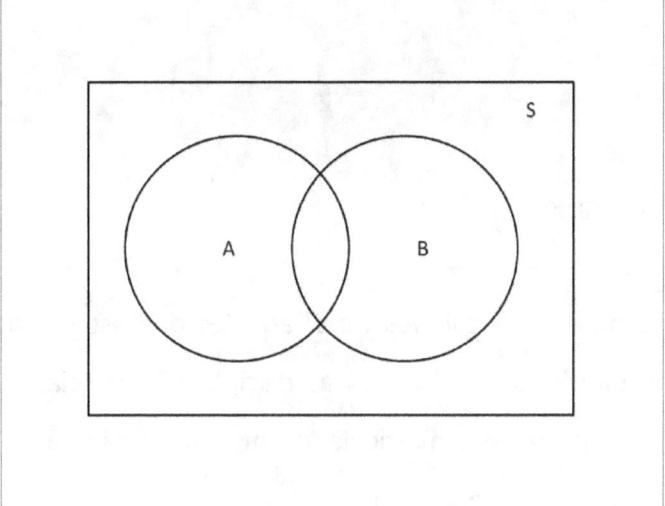

Figura 2-2 - Diagrama de Venn para eventos não mutuamente exclusivos

É imediato que a probabilidade de que os dois eventos ocorram é representada pela soma das áreas dos dois círculos menos a área da intercessão, que foi contada duas vezes ao somar a área dos círculos.

Exemplo 2-1: De um grupo de 200 estudantes, 80 estão matriculados em Francês, 110 em Inglês e 40 não estão matriculados nem em Inglês nem em Francês. Seleciona-se, ao acaso, um dos 200 estudantes. Qual a probabilidade de que o estudante selecionado esteja matriculado em (a) pelo menos uma dessas disciplinas (isto é, em Inglês ou em Francês) e (b) nas duas disciplinas?

Solução: Analisando a questão de acordo com as regras da probabilidade pode-se dizer que há dois eventos elementares no espaço amostral: (1) M = estudante matriculado, e; (2) NM = estudante não matriculado.

(a) Estes eventos são mutuamente exclusivos e coletivamente exaustivos, logo pode-se afirmar que:

$P(M) + P(NM) = 1$

$P(NM) = \dfrac{40}{200} = \dfrac{1}{5} = 0{,}2$

$P(M) = 1 - P(NM) = 1 - 0{,}20 = 0{,}80$

(b) O conjunto dos estudantes matriculados inclui aqueles que estão matriculados somente em inglês, ou somente em francês, ou em ambas as disciplinas. Ou seja, os eventos (1) I = estar matriculado em inglês, e; (2) F = estar matriculado em francês não são mutuamente exclusivos. Logo,

$(M) = P(I) \cup P(F) = P(I) + P(F) - P(I \cap F)$

$P(I \cap F) = P(I) + P(F) - P(M)$

$P(I \cap F) = \dfrac{110}{200} + \dfrac{80}{200} - \dfrac{160}{200} = \dfrac{30}{200} = 0{,}15$

Dois ou mais eventos são **independentes** se a ocorrência ou não ocorrência de um não influencia a ocorrência ou não ocorrência dos outros. Por exemplo, se lançarmos dois dados, é razoável supor que o resultado de um não influencia o resultado do outro. No caso de eventos independentes, a probabilidade de que ambos ocorram é dada por:

$P(A \cap B) = P(A) \times P(B)$

Se os eventos não são independentes, a probabilidade de que ambos ocorram será

$P(A \cap B) = P(A) \times P(B|A)$

onde *P(B|A)* é a probabilidade de que *B* ocorra, dado que *A* ocorreu.

2.1.4 Cálculo de probabilidades

Calcular a probabilidade de um determinado evento utilizando a definição clássica exige que sejam determinados o número de resultados possíveis e o número de resultados favoráveis para o evento de interesse, em geral aplicando a Análise Combinatória.

Na Análise Combinatória estudamos como elementos de um conjunto podem ser ordenados e selecionados segundo critérios definidos. Há combinações de elementos no qual a ordem é importante e combinações nas quais a ordem dos elementos não importa para o resultado; há também combinações onde pode haver repetição de elementos e combinações onde a repetição não é permitida.

Chamamos **permutação** à sequência ordenada de todos os elementos de um conjunto. Seja um conjunto com n elementos distintos. Quando vamos colocar os n elementos em sequência, o primeiro elemento pode ser escolhido de n maneiras, o segundo de $(n-1)$ maneiras e assim sucessivamente. O número de permutações (sequências) possíveis dos n elementos do conjunto é:

$$P_n = n \times (n-1) \ldots \times 2 \times 1 = n!$$

onde $n!$ é lido como *fatorial de* n.

Se houver elementos repetidos, o número de permutações do conjunto se reduz, porque algumas são indistinguíveis. Por exemplo, se há, digamos, dois elementos idênticos E_1 e E_2, o número de permutações do conjunto se reduz à metade, pois as permutações que contém *(E_1, E_2)* são indistinguíveis das que contém *(E_2, E_1)*. Se há três elementos idênticos *(E_1, E_2, E_3)*, o número de permutações dos conjunto se reduz a um sexto, pois $(E_1, E_2, E_3) = (E_1, E_3, E_2) = (E_2, E_1, E_3) = (E_2, E_3, E_1) = (E_3, E_1, E_2) = (E_3, E_2, E_1)$ são todos indistinguíveis. De modo geral, cada r elementos idênticos reduzem o número de permutações $r!$ vezes. O número de permutações de n elementos dos quais $r_1, r_2, ..., r_i$ são idênticos é dado por:

$$P_{n(r_1 r_2 ... r_i)} = \frac{n!}{r_1! \times r_2! \times ... \times r_i!}$$

Exemplo 2-2 – Um grupo de 12 amigos combina encontrar-se no estádio para assistir um jogo. Eles compram ingressos para assentos contíguos na mesma fila e distribuem estes ingressos entre eles de maneira aleatória. José gostaria de sentar-se ao lado de Maria. Qual a probabilidade que isto ocorra, por uma circunstância totalmente fortuita?

Solução: Considere que os assentos estão numerados de 1 a 12. O assento #1 pode ser ocupado por qualquer um dos 12 integrantes do grupo; o assento #2 pode ser ocupado por qualquer um dos 11 restantes; o assento #3 poder ser ocupado por qualquer um dos 10 restantes, e assim sucessivamente, até o assento #12. Há, portanto $12 \times 11 \times 10 \times .... \times 2 \times 1 = 12!$ maneiras de as 12 pessoas ocuparem os assentos. Como José e Maria devem estar próximos, verifica-se que há 11 grupos de dois assentos adjacentes que eles podem ocupar: 1–2; 2-3; 3-4; 4-5; 5-6; 6-7; 7-8; 8-9; 9-10; 10-11; 11-12. Em cada grupo há duas possibilidades: de ocupação: José – Maria ou Maria – José. Quando José e Maria se sentam lado a lado, os outros 10 assentos podem ser preenchidos de 10! Portanto, a probabilidade de que José e Maria se sentem lado a lado, considerando somente o acaso é

$$p(JM) = \frac{2 \times 11 \times 10!}{12!} = \frac{2 \times 11 \times 10!}{12 \times 11 \times 10!} = \frac{1}{6} = 0{,}1667 \; ou \; 16{,}67\%$$

Exemplo 2-3: Um computador prepara uma lista de todas as permutações distinguíveis das palavras "PERNAMBUCO" e "RONDÔNIA". Selecionando ao acaso um dos elementos desta lista, qual a probabilidade de que a sequência sorteada contenha a letra "D"?

Solução: O número de permutações da palavra "PERNAMBUCO" (10 letras, nenhuma repetida) é

$$P_1 = 10! = 3628800$$

O número de permutações distinguíveis da palavra "RONDÔNIA" (8 letras; 2 x "O"; 2 x "N") é

$$P_2 = \frac{8!}{2! \times 2!} = \frac{40320}{4} = 10080$$

Somente as permutações da palavra "RONDÔNIA" contém a letra "D", logo a probabilidade de que uma sequência escolhida aleatoriamente contenha a letra "D" é

$$p(D) = \frac{10080}{3628800 + 10080} = \frac{10080}{3638880} = 0,00277 \; ou \; 0,277\%$$

Denominamos **arranjos** às sequências de k elementos extraídos de um conjunto de n elementos ($n \geq k$), nas quais a ordem é importante. O número de arranjos de n elementos distintos, tomados k a k é calculado pela fórmula:

$$A_{n,k} = n(n-1)(n-2)...(n-k+1) = \frac{n!}{(n-k)!}$$

Quando há elementos repetidos $r_1, r_2, ..., r_i$ vezes no conjunto, o número acima tem que ser reduzido, pois certo número de arranjos se torna indistinguível. Para cada elemento que é repetido *r* vezes, o número de arranjos se reduz *r!* vezes. Portanto:

$$A_{n,k(r_1, r_2, ..., r_i)} = \frac{n!}{r_1! r_2! ... r_i! (n-k)!}$$

Exemplo 2-4: Um computador prepara uma lista de todas as sequências de 5 letras que podem ser formadas com as letras distintas da palavra "RAPIDAMENTE"? A seguir a máquina seleciona aleatoriamente uma sequência da lista. Qual a chance de que a palavra "PARTE" seja selecionada?

Solução: A palavra "RAPIDAMENTE" tem 9 letras distintas (R, A, P, I, D, M, E, N, T). Na formação de uma palavra de 5 letras, a primeira letra pode ser escolhida de 9 maneiras, a segunda letra de 8 maneiras, a terceira letra de 7 maneiras e assim por diante. Portanto, é necessário encontrar o número de arranjos que se pode obter a partir de $n = 9$ elementos tomados 5 a 5, que é

$$A_{9,5} = \frac{n!}{(n-k)!} = \frac{9!}{4!} = \frac{9 \times 8 \times 7 \times 6 \times 5 \times 4!}{4!} = 15120$$

A palavra "PARTE" é uma destas 15120 sequências que podem ser formadas, logo a probabilidade de que ela seja sorteada é

$$p(\text{PARTE}) = \frac{1}{15120} = 0{,}00006614$$

Exemplo 2-5: O computador prepara agora uma lista de todas as sequências distintas de 8 letras que podem ser extraídas da palavra "RAPIDAMENTE". A seguir a máquina seleciona aleatoriamente uma sequência da lista. Qual a possibilidade de que seja sorteada a palavra "MEDITAR"?

Solução: A palavra "'RAPIDAMENTE" possui 11 letras, havendo a repetição da letra A duas vezes e da letra E, também duas vezes; a palavra "MEDITAR" possui 7 letras. O número de arranjos distinguíveis com 7 elementos que pode ser formado a partir da palavra "RAPIDAMENTE" é:

$$A_{11,7(2,2)} = \frac{11!}{2!2!(11-7)!} = \frac{39916800}{2 \times 2 \times 4!} = 415800$$

Logo, a chance de que seja sorteada a palavra "MEDITAR" da lista que o computador preparou é de apenas:

$$p(MEDITAR) = \frac{1}{415800} = 2,4050 \times 10^{-6}$$

Denominamos **combinações** às sequências de k elementos extraídos de um conjunto de n elementos $(n \geq k)$, nas quais a ordem não é importante. O número de combinações de n elementos distintos, tomados k a k é calculado pela fórmula:

$$C_{n,k} = \frac{n(n-1)(n-2)...(n-k+1)}{k!} = \frac{n!}{k!(n-k)!}$$

Não é difícil entender o significado da expressão acima. Basta considerar que há $A_{n,k}$ maneiras de se escolher k elementos de um conjunto de n elementos. Estes k elementos se apresentam em $k!$ sequências distintas, mas já que a ordem não é relevante, dividimos o número de arranjos pelo número de permutações para determinar o número de combinações.

A expressão $C_{n,k}$ é conhecida como **coeficiente binomial**, pois representa os coeficientes do binômio de Newton. Temos

$$(a+b)^n = \sum_{i=0}^{n} \binom{n}{i} a^{n-i} b^i = \binom{n}{0} a^n + \binom{n}{1} a^{n-1} b + \binom{n}{2} a^{n-2} b^2 + \ldots + \binom{n}{n-1} ab^{n-1} + \binom{n}{n} b^n$$

onde

$$\binom{n}{0} = 1; \binom{n}{1} = n; \binom{n}{2} = \frac{n(n-1)}{2!}; etc.$$

Exemplo 2-6: Retirando aleatoriamente 5 cartas de um baralho comum, qual a probabilidade de ocorrência dos seguintes eventos: (a) uma das cartas seja um Rei de Copas; (b) uma das cartas seja um Rei; (c) haja pelo menos um par de Reis; (d) haja exatamente um par de Reis.

Solução: Aplicando os conceitos da Análise Combinatória, sabe-se que o número de combinações de 52 elementos tomados 5 a 5 é de:

$$C_{52,5} = \binom{52}{5} = \frac{52 \times 51 \times 50 \times 49 \times 48}{5!} = \frac{52 \times 51 \times 50 \times 49 \times 48}{120} = 2598960$$

Se uma das cartas é um Rei de copas, o número de maneiras como as outras 4 cartas podem ser escolhidas entre as 51 restantes é:

$$C_{51,4} = \binom{51}{4} = \frac{51 \times 50 \times 49 \times 48}{4!} = \frac{51 \times 50 \times 49 \times 48}{24} = 249900$$

Há 249900 sucessos (um Rei de Copas é sorteado) em 2598960 resultados possíveis, ou seja a probabilidade de que (a) o Rei de Copas seja sorteado é

$$P(K\ de\ Copas) = \frac{s}{n} = \frac{249900}{2598960} = 0{,}0962$$

Uma outra maneira de ver a situação, equivalente a primeira, é considerar que retirando o Rei de Copas sobram 51 cartas; o número de combinações destas cartas, tomadas 5 a 5 é:

$$C_{51,4} = \binom{51}{5} = \frac{51 \times 50 \times 49 \times 48 \times 47}{5!} = \frac{51 \times 50 \times 49 \times 48 \times 47}{120} = 2349060$$

Há, portanto 2349060 maneiras de combinar as cartas sem incluir o Rei de copas, de um total de 2598960 maneiras de escolher as cartas (ver o item anterior). A (a) probabilidade de escolher as cartas incluindo o Rei de copas é:

$$P(K\ de\ copas) = \frac{2598960 - 2349060}{2598960} = \frac{249900}{2598960} = 0{,}0962$$

Separando os quatro Reis, o número de maneiras de escolher 5 cartas entre as 48 restantes é de

$$C_{48,5} = \binom{48}{5} = \frac{48 \times 47 \times 46 \times 45 \times 44}{5!} = \frac{48 \times 47 \times 46 \times 45 \times 44}{120} = 1712304$$

Portanto, há 1712304 (de um total de 2598960) maneiras de escolher 5 cartas de modo que nenhuma delas seja um Rei. Logo, a (b) probabilidade de que ao menos uma das cartas seja um Rei é

$$P(K \neq 0) = \frac{s}{n} = \frac{2598960 - 1712304}{2598960} = \frac{886656}{2598960} = 0{,}3412$$

Separando os quatro Reis, o número de maneiras de escolher quatro cartas entre as 48 restantes é

$$C_{48,4} = \binom{48}{4} = \frac{48 \times 47 \times 46 \times 45}{4!} = \frac{48 \times 47 \times 4645}{24} = 194580$$

Como a quinta carta pode ser qualquer um dos Reis, segue-se que o número de combinações de cinco cartas em que há exatamente um Rei é de 4 x 194580 = 778320. Logo, o número de combinações de cinco cartas nas quais há pelo menos um par de Reis é igual ao número total de combinações menos número de combinações onde há um ou nenhum Rei. A (c) probabilidade de que haja ao menos um par de Reis é:

$$P(K \geq 2) = \frac{s}{n} = \frac{C_{52,5} - (C_{48,5} + 4 \times C_{48,4})}{C_{52,5}} =$$
$$= \frac{2598960 - (1712304 + 4 \times 194580)}{2598960} = \frac{108336}{2598960} =$$
$$= 0,0417$$

Generalizando o raciocínio do item anterior, pode-se concluir que

$$n = C_{48,5} + 4 \times C_{48,4} + 6 \times C_{48,3} + 4 \times C_{48,2} + C_{48,1} =$$
$$= 1712304 + 4 \times 194580 + 6 \times 17296 + 4 \times 1128 + 48 =$$
$$= 1712304 + 778320 + 103776 + 4512 + 48 = 2598960$$

onde os termos representam o número de combinações de 5 cartas contendo 0, 1, 2, 3 ou 4 Reis.

Portanto, a probabilidade de exatamente um par de Reis é:

$$P(K=2) = \frac{s}{n} = \frac{6 \times C_{48,3}}{C_{52,5}} = \frac{103776}{2598960} = 0,0399$$

2.1.5 Diagrama de árvore

Se não é possível aplicar a Análise Combinatória, outras abordagens devem ser buscadas. Uma das possibilidades é listar todos os resultados, usando, por exemplo um diagrama de árvore, similar àquele que aparece na Figura 2-3.

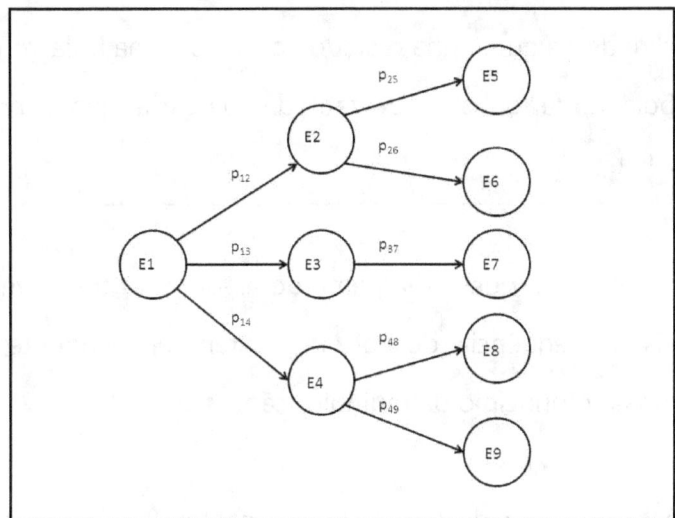

Figura 2-3 - Diagrama de árvore

Um diagrama de árvore descreve uma sequência de eventos em um espaço amostral; os eventos são representados por círculos e as sequências possíveis são indicadas pelas linhas que conectam os eventos. O diagrama se inicia com um evento raiz e vai avançando por diversos níveis; ao lado de cada linha registra-se a probabilidade de que aquela sequência de eventos ocorra. Para se conhecer a probabilidade de que determinada sequência de eventos ocorra, basta multiplicar as probabilidades associadas à sequência desejada; para determinar a probabilidade de ocorrência de um evento específico é preciso somar as probabilidades de todas as sequências que levam ao evento.

> **Exemplo 2-7:** Uma centena de bolas coloridas foi colocada em cada uma de três urnas, da seguinte maneira: Urna #1= 50 amarelas (Y, de yellow), 30 verdes (G, de green), 20 azuis (B, de blue); Urna #2 = 40 amarelas, 30 vermelhas, 30 azuis; Urna #3 = 10 amarelas, 50 verdes, 40 azuis. Uma bola é retirada da Urna #1, sem que se veja sua cor, e colocada em uma caixa; em seguida, repete-se o processo para a Urna #2 e, finalmente, para a Urna #3. (a) Qual o melhor palpite quanto ao conteúdo da caixa após os três sorteios? (b) Admitindo que uma bola azul foi retirada da caixa, qual a probabilidade de que tenha restado ao menos uma bola verde? (c) Admitindo que uma bola azul e uma bola verde tenham sido retiradas da caixa, qual a probabilidade de que a bola restante seja vermelha?

Solução: O enunciado deixa claro que o diagrama de árvore terá três níveis, que correspondem aos resultados possíveis da sequência de sorteios; é também evidente que os eventos são independentes, aplicando-se o princípio da multiplicação.

No primeiro nível está o resultado da Urna #1, que contempla três possibilidades: uma bola amarela (Y) é sorteada, ou uma verde (G) é sorteada, ou uma azul (B) é sorteada. É claro que a probabilidade é P(Y) = 0,50, pois há 50 bolas amarelas entre as 100 bolas que estão na Urna #1; analogamente, P(G) = 0,30 e P(B) = 0,20. No segundo nível está o resultado do sorteio da Urna #2. São três possibilidades – bola amarela (Y), ou vermelha (R), ou azul (B) – para cada um dos resultados do primeiro nível, o que significa nove ramos no segundo nível. O resultado do sorteio da Urna #3 identifica o terceiro nível da árvore. Novamente, há três possíveis resultados, para cada um dos resultados do nível anterior, dando origem a 27 terminações.

A Figura 2-4 mostra a árvore construída a partir do resultado Y do primeiro nível; a probabilidade de cada evento aparece próxima da linha que leva até ele e no terceiro nível mostra-se a sequência de eventos (YYY, YYG, YYB, ... etc.) que leva a cada terminação e a probabilidade a ela associada.

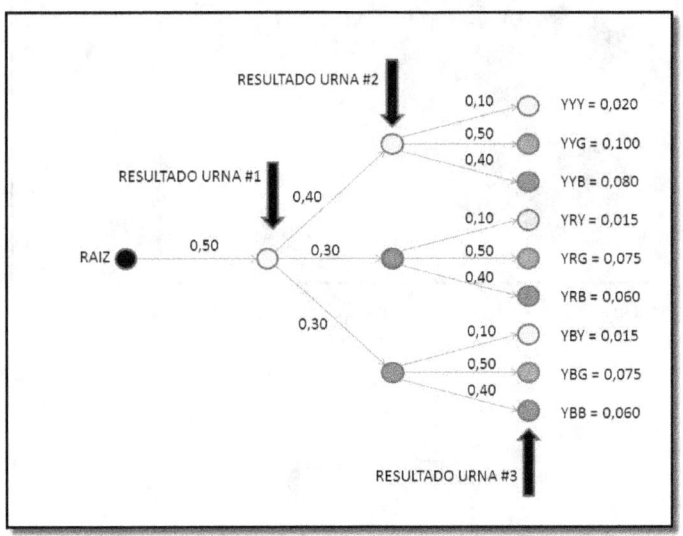

Figura 2-4 - Árvore de probabilidades para os sorteios (parte 1)

Por exemplo, P(Y) = 0,50 [Urna #1] / P(B) = 0,30 [Urna #2] / P(Y) = 0,10 [Urna #3] . Portanto a sequência YBY tem probabilidade P(YBY) = 0,50 x 0,30 x 0,10 = 0,015. A Figura 2-5 e a Figura 2-6 mostram os demais ramos da árvore e completam a informação sobre probabilidades.

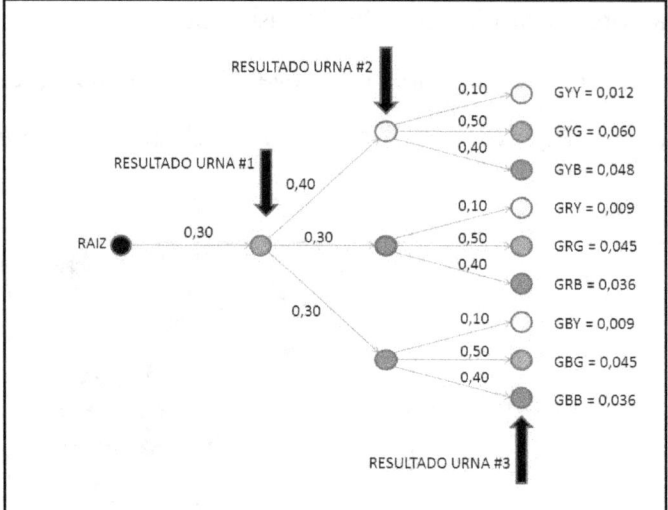

Figura 2-5 - Árvore de probabilidades para os sorteios (parte 2)

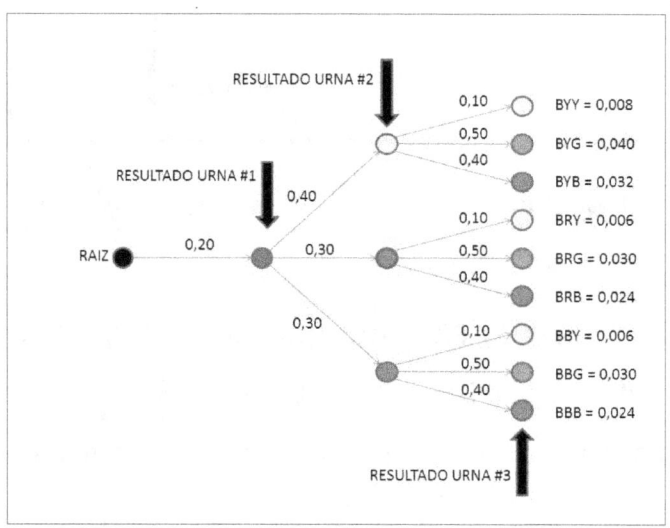

Figura 2-6 - Árvore de probabilidades para os sorteios (parte 3)

A Tabela 2-1 sumariza a informação apresentada nos três diagramas e mostra o conteúdo da caixa onde foram guardadas as bolas sorteadas.

RSLT	P(RSLT)	CONTEÚDO DA CAIXA				RSLT	P(RSLT)	CONTEÚDO DA CAIXA				RSLT	P(RSLT)	CONTEÚDO DA CAIXA			
		Y	G	B	R			Y	G	B	R			Y	G	B	R
YYY	0,020	3	0	0	0	GYY	0,012	2	1	0	0	BYY	0,008	2	0	1	0
YYG	0,100	2	1	0	0	GYG	0,060	1	2	0	0	BYG	0,040	1	1	1	0
YYB	0,080	2	0	1	0	GYB	0,048	1	1	1	0	BYB	0,032	1	0	2	0
YRY	0,015	2	0	0	1	GRY	0,009	1	1	0	1	BRY	0,006	1	0	1	1
YRG	0,075	1	1	0	1	GRG	0,045	0	2	0	1	BRG	0,030	0	1	1	1
YRB	0,060	1	0	1	1	GRB	0,036	0	1	1	1	BRB	0,024	0	0	2	1
YBY	0,015	2	0	1	0	GBY	0,009	1	1	1	0	BBY	0,006	1	0	2	0
YBG	0,075	1	1	1	0	GBG	0,045	0	2	1	0	BBG	0,030	0	1	2	0
YBB	0,060	1	0	2	0	GBB	0,036	0	1	2	0	BBB	0,024	0	0	3	0

Tabela 2-1 - Sumário da informação fornecida pelo diagrama de árvore

A Tabela 2-1 permite responder com facilidade as questões colocadas no enunciado do exemplo. O primeiro quesito é determinar o melhor palpite para o conteúdo da caixa. Verificando a tabela vê-se que o resultado mais provável é haver na caixa uma bola amarela, uma verde e uma azul; isto é o resultado das sequências YGB, GYB, GBY e BYG, cujas probabilidades somam 0,172.

O segundo quesito envolve o cálculo de uma probabilidade condicional, ou seja, a probabilidade de um evento dado que outro evento já ocorreu. Ao verificar que uma das bolas sorteadas é azul, imediatamente ficam excluídas as sequências que não tem pelo menos uma letra B em seu nome: YYY, YYG, YRY, YRG, GYY, GYG, GRY, GRG. Estas sequências somam uma probabilidade de 0,336; logo, as sequências que incluem ao menos uma bola azul representam uma probabilidade de 0,664. Algumas destas sequências incluem uma ou duas bolas verdes; são elas: YBG, GYB, GRB, GBY, GBG, GBB, BYG, BRG, BBG, cujas probabilidades somam 0,349. Portanto, a probabilidade de que haja ao menos uma bola verde na caixa, **dado que se sabe haver uma azul**, é P(G)\B = 0,349/0,664 = 0,526.

O terceiro quesito envolve também uma probabilidade condicional. Sabendo que há uma bola azul e uma verde na caixa, pergunta-se a probabilidade de que a terceira seja vermelha. O conhecimento do que já ocorreu limita a sequência seguida a uma daquelas listadas no parágrafo anterior. Destas, somente GRB e BRG, cujas probabilidades somam 0,066, resultam na bola vermelha. Assim, a probabilidade de que haja uma bola vermelha na caixa, **dado que se sabe haver uma azul e outra verde**, é P(R) \ (B \ G) = 0,066/0,349 = 0,189.

Conforme será visto posteriormente, a utilização de modelos padronizados torna desnecessário calcular as probabilidades de cada evento do espaço amostral, como foi feito neste exemplo. Para tais modelos, esta informação está disponível em tabelas ou, em muitos casos, nas funções estatísticas do Minitab.

2.2 Distribuições de probabilidade

2.2.1 Variáveis aleatórias

De maneira formal, se E é um experimento que possui um espaço amostral S, e X uma função que associa um número real $X(e)$ a cada resultado e de S, então $X(e)$ é denominada **variável aleatória**.

Considere uma moeda, que tem duas faces que chamaremos de cara (H, de head) e coroa (T, de tail). Por exemplo, em três lançamentos sucessivos da moeda os resultados possíveis são: TTT,

TTH, THT, HTT, HHT, HTH, THH E HHH. A função $X = \{$"*número de caras obtido em três jogadas*"$\}$ associa os números reais 0, 1, 2 e 3 aos eventos do espaço amostral da seguinte forma:

- 0 ⇔ ao resultado TTT
- 1 ⇔ aos resultados TTH, THT, HTT
- 2 ⇔ aos resultados HHT, HTH, THH
- 3 ⇔ ao resultado HHH

Pode-se dizer que uma variável aleatória (abreviada por v. a.) tem valores numéricos determinados por fatores de acaso e, em geral, o interesse é encontrar as probabilidades associadas a estes valores. Neste exemplo é fácil concluir que

$$P[X(e) = 0] = \frac{1}{8}$$

$$P[X(e) = 1] = \frac{3}{8}$$

$$P[X(e) = 2] = \frac{3}{8}$$

$$P[X(e) = 3] = \frac{1}{8}$$

É comum chamar de v. a. a própria função que associa os números reais aos eventos de S. Assim, podemos dizer que $X = \{$"*número de caras obtido em três jogadas*"$\}$ é uma v. a. que assume os valores 0, 1, 2 e 3 com probabilidades 1/8, 3/8, 3/8 e 1/8.

Uma v. a. é considerada discreta quando toma valores que podem ser contados; a v. a. é contínua quando pode tomar qualquer valor em um dado intervalo.

Alguns exemplos de v. a. discretas são:

a) número de caras em três jogadas de uma moeda;

b) número de itens defeituosos em um lote de peças;

c) número de veículos que passam pelo pedágio em uma rodovia;

d) número de pessoas que sofrem um infarto no decorrer de um ano;

e) número de chamadas recebidas em um "call center" durante um dia.

Alguns exemplos de v. a. contínuas são:

a) diâmetro de um eixo produzido por um torno;

b) tempo de espera em uma fila de banco;

c) peso dos pães fornecidos por uma padaria;

d) volume contido em uma caixa de leite;

e) altura dos alunos de uma escola.

2.2.2 Valor esperado de uma variável aleatória

Se uma v. a. X toma os valores $x_1, x_2, ..., x_n$ com probabilidades $p_1, p_2, ..., p_n$, então seu valor esperado $E(X)$ é dado por:

$$E(X) = p_1 x_1 + p_2 x_2 + ... + p_n x_n = \sum_{i=1}^{n} p_i x_i$$

O valor esperado representa a média da distribuição. Por definição, a variância é a média dos desvios quadráticos em relação à média, logo

$$E(X - \mu)^2 = p_1(x_1 - \mu)^2 + p_2(x_2 - \mu)^2 + ... + p_n(x_n - \mu)^2 = \sum_{i=1}^{n} p_i (x_i - \mu)^2$$

Exemplo 2-8: Qual o valor esperado da variável aleatória $x = \{número\ obtido\ no\ lançamento\ de\ um\ dado\ não\ viciado\}$? Qual o desvio padrão da v.a?

Solução: No lançamento de um dado os eventos do espaço amostral são

$$x_1 = 1, x_2 = 2, x_3 = 3, x_4 = 4, x_5 = 5, x_6 = 6$$

Se o dado é não viciado, todos os eventos têm a mesma probabilidade

$$p_1 = p_2 = p_3 = p_4 = p_5 = p_6 = \frac{1}{6}$$

Portanto:

$$E(x) = \sum_{i=1}^{6} p_i x_i = \frac{1}{6} \times (1 + 2 + 3 + 4 + 5 + 6) = \frac{1}{6} \times 21 = 3,5$$

É claro que nenhum lançamento do dado irá produzir o valor 3,5. O valor esperado representa uma média de longo prazo, ou seja, se um dado for lançado centenas de vezes, a média de todos os valores obtidos será provavelmente um valor próximo de 3,5.

Vimos que a variância, em termos de valor esperado, é dada por

$$E(X - \mu)^2 = \sigma^2 = p_1(x_1 - \mu)^2 + p_2(x_2 - \mu)^2 + \ldots + p_n(x_n - \mu)^2$$

$$\sum_{i=1}^{n} p_i(x_i - \mu)^2 = \frac{1}{6}[(1 - 3,5)^2 + (2 - 3,5)^2 + \ldots + (3 - 3,5)^2] = 2,9166$$

Portanto

$\sigma = 1,71$

2.2.3 Distribuições discretas

Uma distribuição de probabilidade é uma correspondência que atribui probabilidades aos valores de uma variável aleatória. As distribuições de probabilidades podem ser discretas ou contínuas, de acordo com a natureza da v. a. que representam.

Por exemplo, a distribuição de probabilidade para os resultados possíveis do lançamento de um dado é uma distribuição de probabilidade discreta onde a v. a. X somente pode assumir os valores de 1 a 6, com as probabilidades mostradas na Tabela 2-2.

RESULTADO	1	2	3	4	5	6
PROBABILIDADE	1/6	1/6	1/6	1/6	1/6	1/6

Tabela 2-2 - Exemplo de distribuição de probabilidade

A representação gráfica desta distribuição de probabilidade discreta é mostrada na Figura 2-7. A distribuição recebe o nome de **uniforme**, pois todos os valores da v. a. tem a mesma probabilidade de ocorrência, no caso, 1/6.

Observando a Figura 2-7 parece apropriado encarar uma distribuição de probabilidades como uma distribuição de frequências relativas para os resultados de um espaço amostral; a distribuição mostra a proporção das vezes em que uma v. a. tende a assumir cada um dos diversos valores.

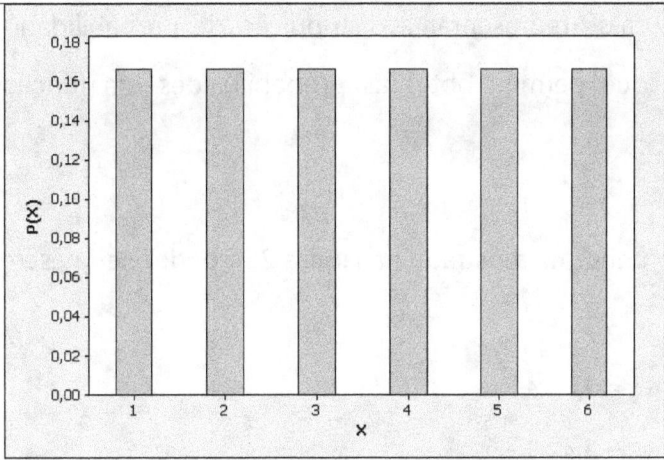
Figura 2-7 - Distribuição uniforme de probabilidades

É interessante observar que se está adotando um **modelo probabilístico** (distribuição uniforme) para descrever a realidade do lançamento de um dado. A suposição implícita é de que o dado seja não viciado, pois a adoção do modelo requer que todos os resultados sejam igualmente prováveis.

Muitas técnicas utilizadas na Estatística estão baseadas na aplicação de modelos probabilísticos. Um modelo nada mais é do que uma versão simplificada da realidade, tendo porém a capacidade de descrever de maneira aproximada a situação em estudo e de permitir predições válidas sobre eventos futuros.

A aplicação deste ou daquele modelo supõe o atendimento de certas condições sob as quais o modelo é válido e esta é muitas vezes a razão pela qual se faz necessária uma análise preliminar dos dados (histograma, existência de valores extremos etc.) para decidir qual modelo deve ser utilizado.

Quando possível, procura-se representar a distribuição de probabilidade sob a forma de uma expressão matemática que permita obter as probabilidades em função do valor da variável aleatória.

No caso da distribuição uniforme mostrada na Figura 2-7, poder-se-ia escrever:

$f(x) = \dfrac{1}{6}$ \qquad para $x = 1,2,3,4,5,6$

$f(x) = 0$ \qquad para $x \neq 1,2,3,4,5,6$

onde $f(1)$ denota a probabilidades de obter o resultado 1, $f(2)$ a probabilidade de obter o resultado 2, e assim por diante.

Como os valores da distribuição representam probabilidades, duas regras se aplicam sempre:

1. os valores de uma distribuição de probabilidade são números reais no intervalo de 0 a 1, ou seja, se $f(x)$ é uma distribuição de probabilidade, então

   $f(x) \leq 1$ \qquad $\forall\, x$

2. a soma de todos os valores de uma distribuição de probabilidade é igual a 1, ou seja, se $f(x)$ é uma distribuição de probabilidade e $x_1, x_2, ..., x_n$ são todos os valores possíveis da variável aleatória, então

$$\sum_{i=1}^{n} f(x_i) = 1$$

Exemplo 2-9: A função descrita a seguir pode ser considerada uma distribuição de probabilidade? Justifique sua resposta. A variável aleatória x somente pode assumir valores inteiros não negativos.

$f(x) = 0$	para $x < 1$	$f(x) = \dfrac{x}{(x+1)^2}$	para $1 \leq x \leq 5$
$f(x) = \dfrac{1}{x^2}$	para $x = 6$	$f(x) = \dfrac{x^2}{(x-2)^2(x-3)^2(x-4)^2}$	para $x = 7$
$f(x) = 0$	para $x \geq 8$		

Solução: Os valores associados aos diversos valores da variável aleatória $x = 0, 1, 2, 3, ...$ são os seguintes

$f(0) = 0$

$f(1) = \dfrac{1}{4} = 0{,}2500$

$f(2) = \dfrac{2}{9} = 0{,}2222$

$f(3) = \dfrac{3}{16} = 0{,}1875$

$f(4) = \dfrac{4}{25} = 0{,}1600$

$f(5) = \dfrac{5}{36} = 0{,}1388$

$f(6) = \dfrac{1}{36} = 0{,}02777$

$f(7) = \dfrac{7^2}{5^2 \times 4^2 \times 3^2} = \dfrac{49}{25 \times 16 \times 9} = \dfrac{49}{3600} = 0{,}01361$

Escrevendo os valores de $f(x)$ em forma de frações com um denominador comum, podemos evidenciar facilmente que a função satisfaz as duas condições estabelecidas para que possa representar uma distribuição de probabilidade: todos os valores que assume são não negativos, maiores ou iguais a zero, e menores ou iguais a um; e sua soma é exatamente igual a 1.

$p(0) = 0;$

$p(1) = \dfrac{900}{3600};$

$p(2) = \dfrac{800}{3600};$

$p(3) = \dfrac{675}{3600};$

$p(4) = \dfrac{576}{3600};$

$p(5) = \dfrac{500}{3600};$

$p(6) = \dfrac{100}{3600};$

$p(7) = \dfrac{49}{3600};$

$p(x \geq 8) = 0$

Portanto, para todo $x \in I$

$$0 \leq p(x) \leq 1 \quad \forall x \qquad \sum_{x=0}^{\infty} p(x) = \dfrac{900 + 800 + 675 + 576 + 500 + 100 + 49}{3600} = \dfrac{3600}{3600} = 1$$

A função $f(x)$ poderia ser uma distribuição de probabilidade. Entretanto, dado que $f(x)$ provavelmente não serve como descrição aproximada de uma situação real, não há interesse em estudar com mais profundidade esta função.

O valor esperado da v. a. X que tem uma determinada distribuição de probabilidade representa a média da distribuição. O conceito de variância pode também ser estendido para uma v. a. que possui uma determinada distribuição de probabilidade. Disto resulta que a média e a variância de uma v. a. X que pode assumir os valores $x_1, x_2, ..., x_n$ com probabilidades $p_1, p_2, ..., p_n$ são dadas por:

$$\mu = E(X) = \sum_{i=1}^{n} p_i x_i$$

$$\sigma_X^2 = \sum_{i=1}^{n} [x_i - E(X)]^2 p_i$$

Vale a pena enfatizar este ponto, em virtude de sua importância. As distribuições de probabilidade são modelos utilizados para descrever situações que envolvem resultados gerados pelo acaso. A validade da aplicação de uma determinada distribuição de probabilidade para resolver um problema depende do grau de aproximação entre a situação real e o conjunto de condições admitidas na distribuição de probabilidade. Frequentemente, um pequeno número de modelos é suficiente para resolver uma vasta gama de problemas.

Além da distribuição uniforme discreta, usada para ilustrar o conceito de modelos, duas outras distribuições discretas que encontram grande aplicação na Engenharia, em especial na melhoria e no controle da processos, são apresentadas a seguir.

2.2.4 Distribuição binomial

As distribuições discretas (ou descontínuas) de probabilidades envolvem v. a. relativas a dados que podem ser contados. Uma distribuição discreta que possui grande aplicação, pois descreve adequadamente muitas situações reais, é a distribuição binomial.

A distribuição binomial se aplica em situações onde os resultados de uma v. a. podem ser agrupados em **duas categorias**, como, por exemplo, defeituoso / não defeituoso, verdadeiro / falso, aprovado / reprovado; ocorre / não ocorre etc., que são **mutuamente exclusivas** e

coletivamente exaustivas, de forma que nenhum outro resultado é possível. É também comum usar-se os termos sucesso e falha para designar estas duas categorias.

Como os resultados sucesso e falha são mutuamente excludentes e coletivamente exaustivos:

$$P(sucesso) + P(falha) = 1$$

e, portanto, conhecendo-se uma das probabilidades a outra fica automaticamente determinada.

As hipóteses da distribuição de probabilidade binomial são as seguintes:
1. há n provas ou observações idênticas;
2. cada prova tem dois, e somente dois, resultados possíveis, que são mutuamente excludentes e coletivamente exaustivos;
3. as probabilidades de sucesso p e de falha $(1-p)$ permanecem constantes em todas as observações, e;
4. os resultados das observações são independentes.

Estas condições são frequentes na prática. A condição (1) é característica de qualquer atividade de realização do produto minimamente estruturada, onde há processos e procedimentos de operação definidos. A condição (2) é quase sempre verdadeira no caso de testes e inspeções executadas quando da realização de produtos. A condição (3) é também frequente na prática e decorre de um processo de realização do produto sob controle estatístico, como se verá em capítulo posterior. Finalmente, a condição (4) é também típica de muitos processos de realização do produto, principalmente quando se trata de componentes e sistemas cuja produção é seriada. É claro que em uma produção seriada um problema no processo pode causar defeitos em diversos produtos, mas é pouco provável que um produto, por si mesmo, cause um problema em outro produto.

Em um cenário deste tipo é comum que a probabilidade de obter x sucessos em n observações seja dada por:

$$P(X = x) = \binom{n}{x} p^x (1-p)^{n-x} \qquad 0 \leq x \leq n$$

sendo o coeficiente binomial

$$\binom{n}{x} = \frac{n(n-1)(n-2)....(n-x+1)}{x!} = \frac{n!}{x!(n-x)!}$$

e p a probabilidade de sucesso para cada observação (constante).

Neste caso, a variável aleatória x (número de sucessos em n observações) tem uma distribuição de probabilidade binomial, muitas vezes designada como $B(n; p)$. A distribuição recebe este nome porque para $x = 0, 1, 2, ..., n$, os valores de $f(x)$ correspondem aos termos sucessivos do binômio de Newton para $[(1-p) + p]^n$.

A média de uma distribuição binomial pode ser calculada diretamente da definição, pois

$$E(X) = \sum_{x=0}^{n} x p(x) = \sum_{x=0}^{n} x \binom{n}{x} p^x (1-p)^{n-x} = \sum_{x=0}^{n} x \frac{n!}{x!(n-x)!} p^x (1-p)^{n-x}$$

Observe que para x=0 o termo correspondente do somatório é nulo, de modo que podemos iniciar a soma com x=1. Podemos também colocar em evidência o produto np, obtendo

$$E(X) = \sum_{x=1}^{n} \frac{n!}{(x-1)!(n-x)!} p^x (1-p)^{n-x} = np \sum_{x=1}^{n} \frac{(n-1)!}{(x-1)!(n-x)!} p^{x-1} (1-p)^{n-x}$$

Fazendo $y = x - 1$, logo $x = y + 1$ e $n - x = n - 1 - y$

$$E(X) = np \sum_{y=0}^{n-1} \frac{(n-1)!}{y!(n-1-y)!} p^y (1-p)^{n-1-y}$$

Finalmente, fazendo $n - 1 = m$

$$E(X) = np \sum_{y=0}^{m} \frac{m!}{y!(m-y)!} p^y (1-p)^{m-y}$$

Observe que o somatório representa a soma de todos os termos de uma distribuição binomial com m tentativas e probabilidade de sucesso p. Ora, esta soma é igual a um e, portanto, a média de uma distribuição binomial $B(n; p)$ é:

$$E(X) = \mu_x = np$$

De maneira análoga, pode-se demonstrar que a variância de uma distribuição binomial $B(n; p)$ é:

$$V(X) = \sigma_x^2 = np(1-p)$$

e, portanto, o desvio padrão é

$\sigma_x = \sqrt{np(1-p)}$

Dividindo as expressões da média e do desvio padrão da v. a. x por n obtemos a média e o desvio padrão da probabilidade de sucessos p, conforme abaixo:

$\mu_p = p$

$\sigma_p = \sqrt{p(1-p)}$

que são muito usadas na prática.

2.2.5 Analisando a distribuição binomial com o Minitab

As probabilidades binomiais podem ser calculadas diretamente através da fórmula, porém é muito mais simples fazer isto usando o Minitab. O Minitab permite, entre outras coisas, o cálculo das probabilidades binomiais, a geração de números aleatórios a partir de uma distribuição binomial especificada, e a determinação de uma distribuição binomial que se ajusta a um conjunto de dados.

Para calcular as probabilidades binomiais, deve-se conhecer o número de tentativas, o número de sucessos e a probabilidade de sucesso.

Exemplo 2-10: Crie uma tabela de probabilidades binomiais em função do número de sucessos x (variável aleatória independente) para dez tentativas $(n = 10)$ e diversos valores de probabilidade de sucesso p (0,01; 0,25; 0,50; 0,75; 0,99). Crie gráficos de barras para os diversos valores de p e comente.

Solução: Abra uma nova planilha. Nomeie C1 como x e preencha com os valores desejados da v. a. x (número de sucessos em $n = 10$ tentativas). As colunas C2, C3 etc. correspondem aos diferentes valores de p; chame-as, por exemplo, "p=0,01", "p=0,25" etc. A sequência de comandos é a seguinte:

Calc > **Distribuições de probabilidade** > **Binomial** > painel **Distribuição Binomial** > ative o botão de opção **Probabilidade** > digite 10 em **Número de ensaios** > digite 0,01 em **Probabilidade do evento** > ative o botão de opção **Coluna de entrada** > selecione *x* para **Coluna de entrada** > selecione *p=0,01* para **Armazenamento opcional** > **Selecionar** > **OK**

Sequência de comandos 2-1 - Probabilidades binomiais

Para montar a tabela completa, repita o processo (use CTRL+E para mostrar o painel **Distribuição Binomial** já preenchido) alterando a **Probabilidade do Evento** e a coluna de **Armazenamento Opcional** a cada passo. O resultado é mostrado na Figura 2-8. Observe que no painel **Distribuição Binomial** é possível selecionar uma entre três alternativas: **probabilidade**, **probabilidade acumulada** e **probabilidade acumulada inversa**.

Considerando que a distribuição binomial é discreta, definida para valores inteiros não negativos da variável aleatória, a primeira opção (probabilidade) fornece a probabilidade de x sucessos em n tentativas. A segunda opção fornece a probabilidade de termos x ou menos sucessos em n tentativas. A terceira opção retorna o menor valor de x para o qual a probabilidade acumulada é igual ou maior que um valor especificado. Como exercício, o leitor é estimulado a criar tabelas para outros valores de n e p.

♦	C1 x	C2 p=0,01	C3 p=0,25	C4 p=0,50	C5 p=0,75	C6 p=0,99
1	0	0,904382	0,056314	0,000977	0,000001	0,000000
2	1	0,091352	0,187712	0,009766	0,000029	0,000000
3	2	0,004152	0,281568	0,043945	0,000386	0,000000
4	3	0,000112	0,250282	0,117188	0,003090	0,000000
5	4	0,000002	0,145998	0,205078	0,016222	0,000000
6	5	0,000000	0,058399	0,246094	0,058399	0,000000
7	6	0,000000	0,016222	0,205078	0,145998	0,000002
8	7	0,000000	0,003090	0,117188	0,250282	0,000112
9	8	0,000000	0,000386	0,043945	0,281568	0,004152
10	9	0,000000	0,000029	0,009766	0,187712	0,091352
11	10	0,000000	0,000001	0,000977	0,056314	0,904382

Figura 2-8 - Probabilidades binomiais B(10;0,01) / B(10;0,25), B(10;050) etc.

Alguns comentários sobre a tabela, observando a Figura 2-9. Mantendo constante o número de tentativas, é intuitivo que para pequenos valores de p (pouca probabilidade de sucesso) a distribuição é assimétrica à direita, pois espera-se um número reduzido de sucessos ($x = 0, x = 1, etc.$). À medida que p aumenta, valores maiores para o número de sucessos x adquirem alguma probabilidade e a distribuição vai se tornando simétrica, atingindo a simetria em $p = 0,5$. Para valores de $p \geq 0,5$, a probabilidade de um número maior de sucessos, mais próximo de número de tentativas, cresce e a distribuição se torna assimétrica à esquerda.

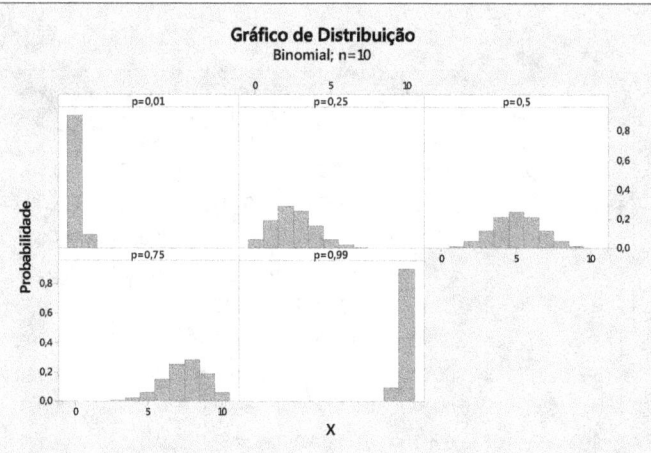

Figura 2-9 - Distribuição para diverso valores de p

Exemplo 2.11: Um fornecedor de monitores de vídeo afirma que seu processo de manufatura garante que 99,95% dos aparelhos serão instalados sem qualquer defeito. Um grande banco adquire um lote de 1000 monitores deste fornecedor, os quais serão instalados em agências distribuídas pelo país. Admitindo que a afirmação do fornecedor seja verdadeira: a) qual a probabilidade de que os 1000 monitores sejam instalados sem que ocorra sequer um problema de instalação? b) qual a probabilidade de que apenas um dos 1000 aparelhos apresente problemas na instalação? c) qual a probabilidade de que três ou mais unidades apresentem problemas na instalação?

Solução: Esta situação pode ser modelada adequadamente pela distribuição binomial pois a v. a. "falha na instalação" tem somente dois valores possíveis (falha / não falha), que são mutuamente exclusivos e coletivamente exaustivos. A suposição de que a probabilidade de falha $p = 0,0005$ é constante para todo o lote e que as falhas são independentes é razoável, admitindo-se que o fornecedor possua um processo estável de produção.

Portanto, as probabilidades de que ocorram *0, 1, 2, ..., 1000* falhas na instalação podem ser calculadas utilizando as fórmulas da distribuição binomial. A probabilidade de que os 1000 monitores sejam instalados sem problemas corresponde à situação de 0 sucessos (aqui "sucesso" seria a ocorrência de uma falha!) em 1000 tentativas. Para determinar esta probabilidade usando o Minitab execute esta sequência de comandos:

Calc > **Distribuições de probabilidade** > **Binomial** > *painel* **Distribuição Binomial** > *ative o botão de opção* **Probabilidade** > *digite 1000 em* **Número de ensaios** > *digite 0,0005 em* **Probabilidade do evento** > *ative o botão de opção* **Constante de entrada** > *digite 0 para* **Constante de Entrada** > **OK**

Sequência de comandos 2-2 - Probabilidades binomiais

Função Densidade de Probabilidade
Binomial com n = 1000 e p = 0,0005

x	P(X = x)
0	0,606455

ou seja, aproximadamente 61% (resposta do quesito a).

Para calcular a probabilidade de que apenas um monitor falhe na instalação, repita a sequência de comandos anterior (use CTRL+E), digitando 1 em Constante de entrada. O resultado, que responde ao quesito b, é

Função Densidade de Probabilidade
Binomial com n = 1000 e p = 0,0005

x	P(X = x)
1	0,303379

A probabilidade de que três ou mais monitores apresentem problemas é o complemento da probabilidade de que *0, 1 ou 2* aparelhos apresentem problemas. Simbolicamente,

$$P(x \geq 3) = 1 - P(x \leq 2) = 1 - \sum_{x=0}^{2} P(X = x)$$

onde o somatório representa a probabilidade acumulada de $B(1000; 0,0005)$ de $x = 0$ até $x = 2$.

Pode-se calcular individualmente as probabilidades $P(x = 0)$ até $P(x = 2)$, porém é mais simples calcular diretamente a probabilidade acumulada de 0 até 2. Para isto, mostre novamente o painel anterior (CTRL+E), selecione **Probabilidade Acumulada** e digite 2 na caixa de texto **Constante de entrada**.

Função Distribuição Acumulada
Binomial com n = 1000 e p = 0,0005

x	P(X ≤ x)
2	0,985641

Portanto, a probabilidade de que ocorram 3 ou mais falhas na instalação dos 1000 monitores é de (1 - 0,9856) = 0,0144 (1,44%), que é a resposta do quesito c. A Figura 2-10 mostra as probabilidades e as probabilidades acumuladas da distribuição $B(1000; 0,0005)$ para $x = 0$ até $x = 10$, e serve para ilustrar dois pontos de interesse.

	C1	C2	C3
	x	P(X=x)	P(X<=x)
1	0	0,606455	0,60645
2	1	0,303379	0,90983
3	2	0,075807	0,98564
4	3	0,012616	0,99826
5	4	0,001573	0,99983
6	5	0,000157	0,99999
7	6	0,000013	1,00000
8	7	0,000001	1,00000
9	8	0,000000	1,00000
10	9	0,000000	1,00000
11	10	0,000000	1,00000

Figura 2-10 - Probabilidades e probabilidades acumuladas para B(1000;0,0005)

Em primeiro lugar, se a taxa de falhas na instalação é de 0,05% seria esperado que falhassem 0,5 (?!) monitores entre os 1000; conforme observado anteriormente, 0,5 é a média de longo prazo. Ou seja, se fossem instalados muitos lotes de 1000 unidades ao longo do tempo provavelmente a média de defeitos na instalação seria próxima de 0,5.

O segundo ponto é que, embora a afirmativa do fabricante sobre taxa de falhas média de instalação possa ser perfeitamente verdadeira, em qualquer lote específico há uma probabilidade de que mais do que 0,05% dos monitores falhem.

A questão é saber até onde eventuais desvios em relação ao valor esperado podem ser atribuídos ao acaso e em que ponto se passa a duvidar da afirmativa do fornecedor. Esta questão é muito relevante e será abordada em detalhes em outro capítulo. Uma dica interessante pode ser observada neste momento: a tabela mostra que em um lote de 1000 monitores é quase impossível que 5 ou mais unidades falhem...

2.2.6 Gráficos de distribuições de probabilidade com o Minitab

O Minitab permite criar gráficos de distribuições de probabilidade de maneira fácil e versátil, e esta funcionalidade do software é aqui discutida com mais detalhes. A apresentação das funcionalidades do Minitab na criação de gráficos de distribuições de probabilidade será feita através de exemplos.

Exemplo 2-11: Traçar o gráfico da distribuição binomial $B(50;0,15)$.

Solução: A sequência de comandos é, por exemplo, a seguinte:

Gráfico > **Gráfico de Distribuição de Probabilidade** > *painel* **Gráfico de Distribuição de Probabilidade** > *selecione* **Visualizar Único** > **OK** > *painel* **Gráfico de Distribuição de Probabilidade: Visualização Única** > *selecione* **Binomial** *para* **Distribuição** *na lista suspensa* > *digite 50 em* **Número de ensaios** > *digite 0,15 em* **Probabilidade do evento** > **OK**

Sequência de comandos 2-3 - Gráficos de distribuições de probabilidade: Binomial

Observe que na lista suspensa o usuário pode escolher uma entre nada menos que 24 distribuições de probabilidade que o Minitab permite grafar. A distribuição binomial $B(50;0,15)$ é mostrada na Figura 2-11.

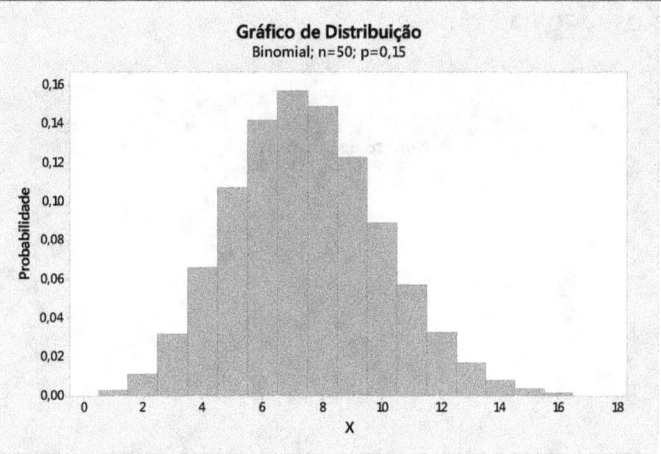

Figura 2-11 - Distribuição binomial B(50; 0,15)

Exemplo 2-12: Verifique através dos gráficos das distribuições o efeito do valor de p na distribuição das probabilidades binomiais, considerando o número de tentativas $n = 50$ e cinco valores distintos para a probabilidade de sucesso $p = \{0,10; 0,30; 0,50; 0,70; 0,90\}$.

Solução: A sequência de comandos é, por exemplo, a seguinte:

Gráfico > **Gráfico de Distribuição de Probabilidade** > *painel* **Gráfico de Distribuição de Probabilidade** > *selecione* **Variar Parâmetros** > **OK** > *painel* **Gráfico de Distribuição de Probabilidade: Parâmetros Variados** > *selecione* **Binomial** *para* **Distribuição** *na lista suspensa* > *digite 50 em* **Números de ensaios** > *digite 0,10 0,30 0,50 0,70 0,90 em* **Probabilidades de eventos** > **Múltiplos Gráficos** > *painel* **Gráfico de Distribuição de Probabilidade: Múltiplos Gráficos** > *ative o botão de opção* **Em painéis separados do mesmo gráfico** *no grupo* **Exibir Distribuições** > **OK** > *painel* **Gráfico de Distribuição de Probabilidade: Parâmetros Variados** >**OK**

Sequência de comandos 2-4 - Gráficos de distribuições de probabilidade: variação de parâmetros

O gráfico resultante é mostrado na Figura 2-12.

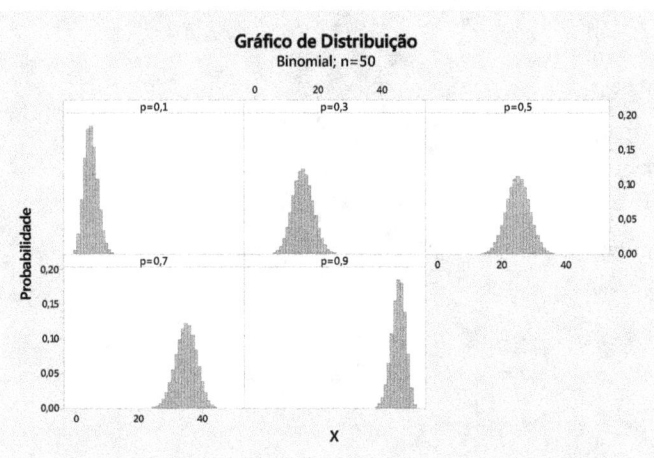

Figura 2-12 - Gráficos de várias distribuições binomiais

Neste momento não é necessário que você conheça as distribuições que serão mencionadas, pois o que interessa agora são apenas os gráficos; muitas destas distribuições serão estudadas no decorrer do texto.

Exemplo 2-13: Faça um gráfico mostrando como a distribuição binomial $B(50;0,5)$ pode ser aproximada por uma distribuição normal.

Solução: Consultando o tópico **Distribuição binomial**, calcula-se a média e o desvio padrão para a distribuição binomial $B(50;0,5)$:

$$\mu_x = np = 50 \times 0,5 = 25$$
$$\sigma_x = \sqrt{np(1-p)} = \sqrt{50 \times 0,5 \times (1-0,5)} = \sqrt{12,5} = 3,5355$$

Conforme se verá mais à frente, a distribuição normal é caracterizada por sua média e pelo desvio padrão, assim o que se quer fazer é comparar a distribuição binomial $B(n;p)$ com a distribuição normal $N(\mu;\sigma)$. E o Minitab permite que esta comparação seja feita com muita facilidade.

A sequência de comandos é, por exemplo, a seguinte:

Gráfico > **Gráfico de Distribuição de Probabilidade** > *painel* **Gráfico de Distribuição de Probabilidade** > *selecione* **Duas distribuições** > **OK** > *painel* **Gráfico de Distribuição de Probabilidade: Duas distribuições** > *selecione* **Binomial** *para* **Distribuição 1** *na lista suspensa* > *digite 50 em* **Número de ensaios** > *digite 0,50 em* **Probabilidade do evento** > *selecione* **Normal** *para* **Distribuição 2** *na lista suspensa* > *digite 25 em* **Média** > *3,5355 em* **Desvio padrão** > **Múltiplos Gráficos** > *painel* **Gráfico de Distribuição de Probabilidade: Múltiplos Gráficos** > *ative o botão de opção* **Sobrepostas no mesmo gráfico** *no grupo* **Exibir Distribuições** > **OK** > *painel* **Gráfico de Distribuição de Probabilidade: Duas distribuições** >**OK**

Sequência de comandos 2-5 - Gráficos de distribuições de probabilidade: duas distribuições

O gráfico resultante, mostrado na Figura 2-13, corrobora a validade da aproximação pretendida.

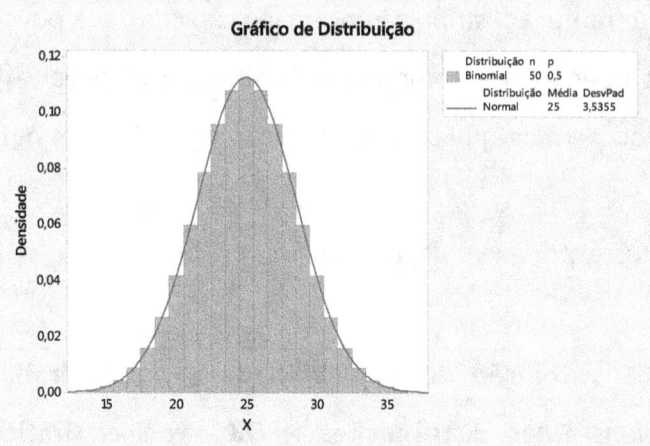

Figura 2-13 - Aproximação normal da distribuição binomial

Exemplo 2-14: Determinar graficamente o ponto de uma distribuição $F(5;10)$ que deixa uma probabilidade de 0,1 a sua esquerda.

Solução: É possível ainda visualizar probabilidades nos gráficos de qualquer distribuição. Para tanto, execute neste caso a sequência de comandos listada a seguir:

Gráfico > **Gráfico de Distribuição de Probabilidade** > *painel* **Gráfico de Distribuição de Probabilidade** > *selecione* **Visualizar Probabilidades** > **OK** > *painel* **Gráfico de Distribuição de Probabilidade: Visualização de Probabilidades** > *selecione* **F** *para* **Distribuição** *na lista suspensa* > *digite 5 em* **gl do numerador** > *digite 10 em* **gl do denominador** > *selecione a aba* **Área sombreada** > *ative o botão de opção* **Probabilidade** *no grupo* **Definir área sombreada por** > *selecione* **Lateral esquerda** > *digite 0,10 em* **Probabilidade** > **OK**

Sequência de comandos 2-6 - Gráficos de distribuições de probabilidade: visualizar probabilidades

Será criado o gráfico mostrado na Figura 2-14, indicando que o valor de x desejado é de 0,3033. É claro que este valor pode também ser encontrado usando a sequência **Calc > Distribuições de Probabilidade**. Fica ao leitor o encargo de fazer isto...

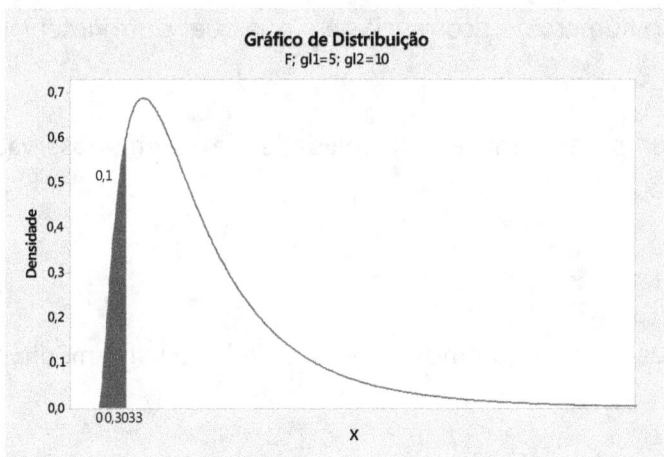

Figura 2-14 - Distribuição F(5;10) mostrando valor de x correspondente a p(X=x)≤ 0,10

2.2.7 Distribuição de Poisson

Uma outra distribuição de probabilidade discreta que encontra aplicação na indústria é a distribuição de Poisson, estudada pelo matemático francês Simeon-Denis Poisson (1781-1840). Esta distribuição é usada para descrever as probabilidades do número de ocorrências num campo ou intervalo contínuo, geralmente tempo ou espaço.

Exemplos de v. a. que *podem* ter como modelo a distribuição de Poisson incluem: número de defeitos por cm^2 numa bobina de tecido, número de defeitos de solda por placa de circuito impresso com componentes eletrônicos, número de chamadas por minuto recebidas em uma grande central telefônica, número de carros que passam por um posto de pedágio a cada hora, número de cheques sem fundo recebidos por um banco a cada dia etc.

As hipóteses da distribuição de Poisson são as seguintes:

1. a probabilidade de ocorrência é a mesma em todo o campo de observação;
2. o número de ocorrências em qualquer intervalo (cm², sistemas, minutos, horas, dias etc.) é independente do número de ocorrências em qualquer outro intervalo.

Quando estas hipóteses se aplicam, a probabilidade de serem observadas x ocorrências por intervalo é dada por:

$$f(x) = \frac{\lambda^x e^{-\lambda}}{x!} \qquad 0 \leq x$$

onde e (= 2,718...) é a base dos logaritmos neperianos e λ é o valor médio esperado.

Teoricamente, o número de ocorrências pode assumir qualquer valor entre zero e infinito, porém na prática as probabilidades decrescem muito rapidamente à medida que x aumenta, pois o denominador é o fatorial de x.

A média da distribuição é:

$$E(X) = \sum_{x=0}^{\infty} x \frac{\lambda^x e^{-\lambda}}{x!} = \lambda \sum_{x=1}^{\infty} \frac{\lambda^{x-1} e^{-\lambda}}{(x-1)!}$$

Fazendo $y = x - 1; x = y + 1$, temos

$$E(X) = \lambda \sum_{y=0}^{\infty} \frac{\lambda^y e^{-\lambda}}{y!} = \lambda$$

Observe que o somatório representa a soma de todos os termos de uma distribuição de Poisson. Ora, esta soma é igual a um e, portanto, a média de uma distribuição de Poisson é:

$E(X) = \mu_x = \lambda$

De maneira análoga, pode-se demonstrar que a variância de uma distribuição de Poisson é:

$V(X) = \sigma_x^2 = \lambda$

e, portanto, o desvio padrão é

$\sigma_x = \sqrt{\lambda}$

2.2.8 Analisando a distribuição de Poisson com o Minitab

As probabilidades de Poisson podem ser calculadas diretamente através da fórmula, porém é preferível fazê-lo usando o Minitab. O Minitab permite, entre outras coisas, o cálculo das probabilidades de Poisson, a geração de números aleatórios a partir de uma distribuição de Poisson especificada, e a determinação de uma distribuição de Poisson que se ajusta a um conjunto de dados.

Para calcular as probabilidades de Poisson, basta conhecer λ, a média de ocorrências por unidade de medida (m, m², m³, hora, minuto, segundo etc.) o que, em geral, se consegue definir com base em informações históricas.

Estatística Aplicada em Engenharia [com Minitab]: Volume 1

> **Exemplo 2-15:** Gerar uma tabela de probabilidades de Poisson em função do número de ocorrências x (variável aleatória independente), variando entre 0 e 10 ocorrências e diversos valores de $\lambda = \{0,25; 0,50; 0,75; 1,00\}$.

Solução: Abra uma nova planilha, designe a primeira coluna como x e estabeleça outras colunas para diversos valores de λ.. Use a sequência de comandos **Calc > Distribuições de probabilidade > Poisson** de maneira análoga ao que foi feito no **Exemplo 2-10** do tópico **Analisando a distribuição binomial com o Minitab**.

O resultado é mostrado na Figura 2-15. Como exercício, o leitor é estimulado a criar tabelas para outros valores de λ.

	C1	C2	C3	C4	C5
	x	lambda=0,25	lambda=0,50	lambda=0,75	lambda=1,00
1	0	0,778801	0,606531	0,472367	0,367879
2	1	0,194700	0,303265	0,354275	0,367879
3	2	0,024338	0,075816	0,132853	0,183940
4	3	0,002028	0,012636	0,033213	0,061313
5	4	0,000127	0,001580	0,006227	0,015328
6	5	0,000006	0,000158	0,000934	0,003066
7	6	0,000000	0,000013	0,000117	0,000511
8	7	0,000000	0,000001	0,000013	0,000073
9	8	0,000000	0,000000	0,000001	0,000009
10	9	0,000000	0,000000	0,000000	0,000001
11	10	0,000000	0,000000	0,000000	0,000000

Figura 2-15 - Distribuição de Poisson para $\lambda=\{0,25; 0,50; 0;75; 1,00\}$

A Figura 2-16 mostra o gráfico da distribuição de Poisson para diferentes valores de λ, a saber, 1, 5, 10 e 20. A interpretação do gráfico é clara: para pequenos valores de λ as probabilidades se concentram nos valores menores de x, dado que λ é o número de ocorrências por unidade de medição. À medida que o valor de λ aumenta, as probabilidades se distribuem pelos diversos valores de x e o gráfico vai se tornando simétrico em relação à média.

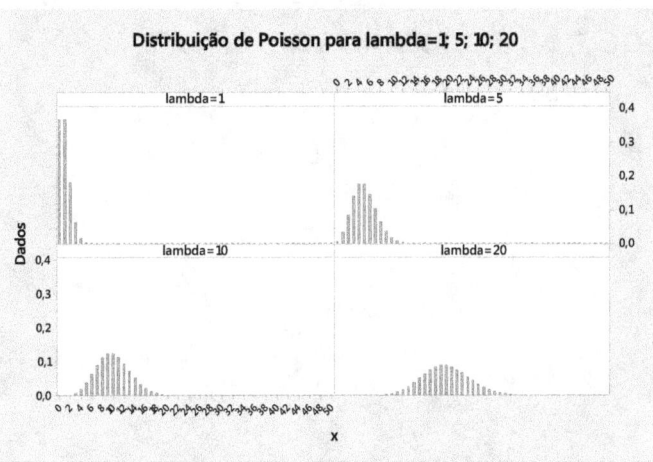

Figura 2-16 - Distribuição de Poisson

Exemplo 2-16: A inspeção visual de grande número de placas de circuito impresso montadas com componentes eletrônicos mostrou que a ocorrência de defeitos pode ser adequadamente modelada por uma distribuição de Poisson com média 1,75. Selecionando duas placas ao acaso:
a) qual a probabilidade de que as duas não apresentem defeito?
b) qual a probabilidade de que o total de defeitos somados das duas placas seja menor ou igual a dois?

Solução: A suposição de que a ocorrência dos defeitos é independente parece razoável, admitindo-se que o processo de produção seja estável; o mesmo pode ser dito quanto à constância da taxa de defeitos.

Usando o Minitab para calcular a probabilidade de que ocorram 0, ou 1, ou 2 defeitos em uma placa, encontra-se através da sequência de comandos já conhecida o resultado

Função Densidade de Probabilidade
Poisson com média = 1,75

x	P(X = x)
0	0,173774
1	0,304104
2	0,266091
3	0,155220
4	0,067909

A probabilidade de que uma placa não apresente defeito $(x = 0)$ é 0,1738 (17,38%). Como os eventos são independentes, a probabilidade de que a primeira placa e a segunda não apresentem defeito é igual ao produto das probabilidades individuais, ou seja, 0,1738 x 0,1738 = 0,03020 (3,02%).

A probabilidade de que a soma dos defeitos das duas placas seja menor ou igual a dois pode ser calculada a partir do raciocínio descrito a seguir. Ao examinar a primeira placa selecionada, podem ser encontrados $0, 1, 2 ...., n$ defeitos. Porém, para que o total de defeitos das duas placas seja menor ou igual a dois, é necessário que a primeira placa apresente $x_1 = 0, 1\ ou\ 2$ defeitos.

Se a primeira placa apresenta $x_1 = 0$ defeito, a segunda poderá apresentar $x_2 = 0, 1\ ou\ 2$ defeitos; se a primeira placa apresenta $x_1 = 1$ defeito, a segunda poderá apresentar $x_2 = 0\ ou\ 1$ defeito; finalmente, se a primeira placa apresenta $x_1 = 2$ defeitos, a segunda poderá apresentar $x_2 = 0$ defeito.

Esta lógica fica mais clara quando se usa um diagrama de árvore, conforme mostrado na Figura 2-17; observe que o diagrama é parcial e mostra somente os ramos que levam ao resultado favorável de dois ou menos defeitos no total.

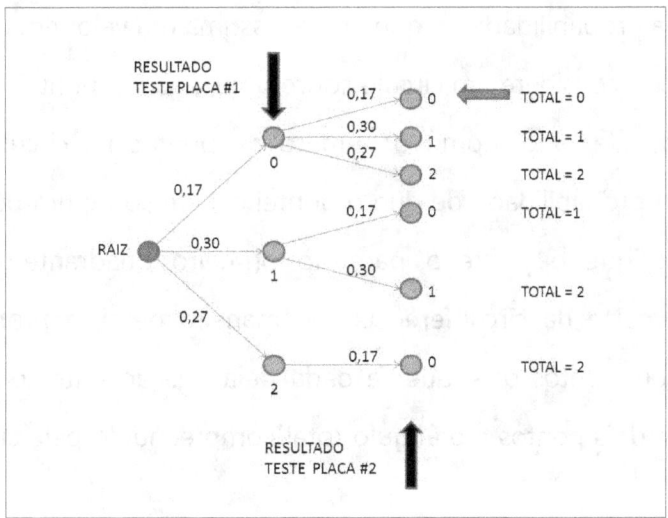

Figura 2-17 - Diagrama de árvore dos defeitos das placas eletrônicas

Em conclusão, a probabilidade de que as duas placas apresentem, no total, dois ou menos defeitos, será:

$$p(TOTAL \leq 2) = p(0) \times [p(0) + p(1) + p(2)] + \\ p(1) \times [p(0) + p(1)] + p(2) \times p(0) = 0,3208$$

2.2.9 Distribuições contínuas

As variáveis aleatórias contínuas, por definição, podem assumir qualquer valor em um dado intervalo, o que equivale a dizer que o número de valores possíveis é infinito. Na prática o número de valores mensuráveis está sujeito a limitações inerentes aos processos e aparelhos de medição, e para efeito de raciocínio podemos considerar uma v. a. contínua como o caso limite de uma v. a. discreta quando a quantidade de valores possíveis tende a infinito. À medida que o número de valores possíveis aumenta, a probabilidade associada a cada valor específico diminui. No limite, deixa de ter sentido falar sobre a probabilidade associada a um valor, e é preciso abordar o problema em termos da probabilidade de que a v. a. assuma um valor em um **intervalo** definido. Para ilustrar esse conceito considere um círculo sobre o qual há um ponteiro, que gira e para após um intervalo de tempo aleatório. Como o número de pontos na circunferência do círculo é infinito, segue-se que a probabilidade de que o ponteiro pare sobre um ponto específico é zero. Já a probabilidade de que o ponteiro pare no primeiro quadrante é de 25%, pois este compreende a quarta parte da circunferência. De maneira geral, a probabilidade de que o ponteiro pare entre dois pontos quaisquer é dada pela relação entre o ângulo (em radianos) subentendido por estes dois pontos e o ângulo total compreendido pela circunferência, que é 2π (=6,2832) radianos.

A probabilidade de que o ponteiro pare entre dois pontos que subentendem os ângulos a e b é então:

$$P(a \leq x \leq b) = \frac{(b-a)}{2\pi}$$

A probabilidade de que o ponteiro pare em algum ponto do círculo (espaço amostral) é:

$$P(0 \leq x \leq 2\pi) = 1$$

Considerando que $(b-a)/2p$ representa a área de um retângulo de base $(b-a)$ e altura $1/2\pi$ (=0,1592) é fácil verificar que a **área** entre os pontos a e b sob a função

$$f(x) = \frac{1}{2\pi} \qquad 0 \leq x \leq 2\pi$$
$$f(x) = 0 \qquad x < 0 \text{ e } x > 2\pi$$

corresponde ao valor de $P(a \leq x \leq b)$.

A Figura 2-18 mostra claramente este fato e ilustra uma distribuição contínua de probabilidades, neste caso a distribuição uniforme descrita pelas equações acima e que modela adequadamente a situação do ponteiro.

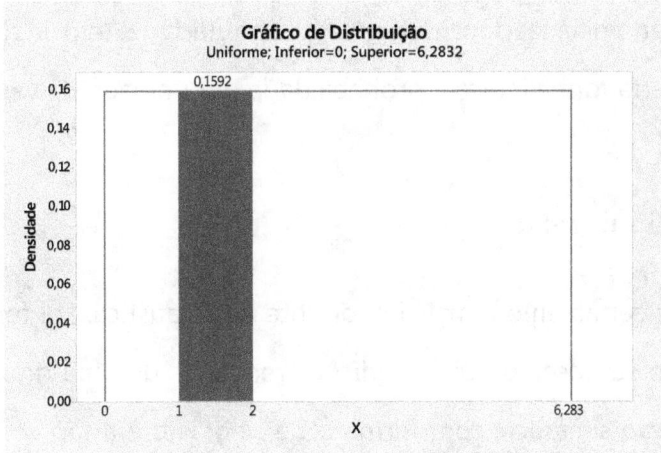

Figura 2-18 - Exemplo de distribuição contínua de probabilidades

Conforme se vê pela figura, a probabilidade de que o ponteiro pare entre $a = 1$ radiano e $b = 2$ radianos é dada pela área sombreada, que é um retângulo cuja base vale (2-1) = 1 radiano e cuja altura vale $1/(2\pi)$ por radiano (= radiano^{-1}), que resulta no número adimensional $1/(2\pi) = 0,1592$.

Uma distribuição contínua de probabilidades é, pois, uma função $f(x)$ de uma variável aleatória. A função $f(x)$ satisfaz as condições:

a) os valores de $f(x)$ são não negativos

$$f(x) \geq 0 \qquad \forall\ x$$

b) a área total compreendida sob $f(x)$ é igual a 1, o que se expressa matematicamente por:

$$\int_{-\infty}^{+\infty} f(x)dx = 1$$

A função $f(x)$ é denominada **densidade de probabilidade** (em inglês, probability density function), pois de certa forma indica a probabilidade por unidade de variação da v. a.

2.2.10 Distribuição normal

A distribuição normal é certamente a mais importante na Estatística. Foi formulada originalmente no século XVIII, quando se observou que medições repetidas de uma grandeza tendiam a variar segundo uma distribuição simétrica, com formato de sino. Isto era tão comum que passou a ser conhecido como a distribuição normal do erro.

Em 1733 o matemático francês DeMoivre (1667-1754) apresentou a fórmula matemática da distribuição normal, deduzindo-a como um caso limite da distribuição binomial. Devido a um erro histórico, a distribuição normal tem sido atribuída a Karl F. Gauss (1777-1855), que se referiu a ela pela primeira vez em 1809, e o termo distribuição de Gauss ou gaussiana é frequentemente utilizado.

A função densidade de probabilidade conhecida como distribuição normal é descrita por

$$f(x) = \frac{1}{\sigma\sqrt{2\pi}} e^{-\frac{1}{2}\left[\frac{(x-\mu)}{\sigma}\right]^2}$$

onde μ é a média e σ o desvio padrão. Sendo $f(x)$ uma função densidade de probabilidade, segue-se que

$$\int_{-\infty}^{+\infty} f(x) = \int_{-\infty}^{+\infty} \frac{1}{\sigma\sqrt{2\pi}} e^{-\frac{1}{2}\left[\frac{(x-\mu)}{\sigma}\right]^2} dx = 1$$

e que a probabilidade de que a variável aleatória x assuma um valor no intervalo $[a;b]$ é igual à área sob a curva naquele intervalo:

$$p(a \leq x \leq b) = \int_{a}^{b} \frac{1}{\sigma\sqrt{2\pi}} e^{-\frac{1}{2}\left[\frac{(x-\mu)}{\sigma}\right]^2} dx$$

A fórmula evidencia que a distribuição normal fica perfeitamente definida pelos parâmetros μ e σ. Assim, é comum usar-se a notação *N(μ; σ)* para indicar uma distribuição normal. A Figura 2-19 mostra várias distribuições normais, com diferentes médias e desvios padrão.

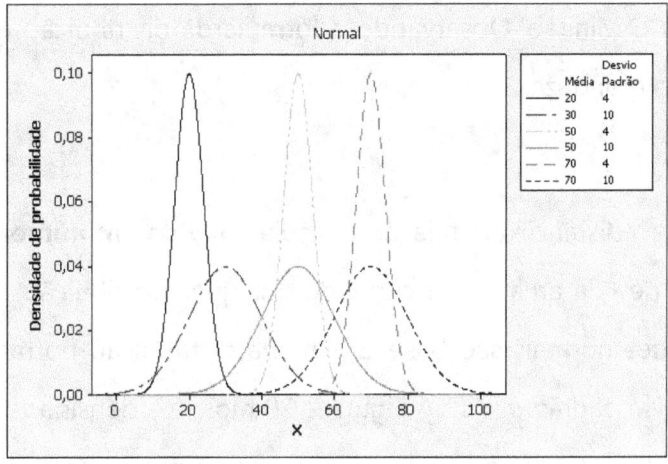

Figura 2-19 - Distribuições normais com diferentes parâmetros (μ,σ)

A Figura 2-19 mostra que a distribuição normal tem a forma de um sino, atinge o valor máximo quando x é igual à média e é perfeitamente simétrica em relação a esta. Vê-se também que, quanto menor o desvio padrão σ tanto mais fechada é a distribuição e maior o valor máximo alcançado. Intuitivamente, percebe-se que isto é uma consequência do fato de que a área total sob a curva é sempre igual a 1, pois se trata de uma função densidade de probabilidade. Logo uma distribuição mais "estreita" tem que ser mais "alta" para manter a área igual a 1. Distribuições normais com o mesmo desvio padrão como, por exemplo, $N(20;4)$ e $N(50;4)$ tem o mesmo formato; o valor da média determina onde ocorre o valor máximo.

A distribuição normal tem ampla aplicação na prática, pois descreve de maneira adequada as distribuições de frequência observadas em muitos fenômenos naturais. Por exemplo, diversas variáveis biométricas, tais como peso e altura, seguem a distribuição normal. A distribuição de frequências das médias de amostras extraídas de uma população também segue a distribuição normal, o que é de fundamental importância para a inferência estatística. Assim, é frequente a necessidade de calcular as probabilidades normais, o que pode ser feito utilizando tabelas, planilhas de cálculo ou o Minitab. Observando a fórmula da distribuição normal, vê-se que $f(x)$ varia em função de uma grandeza

$$z = \frac{(x-\mu)}{\sigma}$$

que nada mais é do que a distância em relação à média, **medida em número de desvios padrão**. Para um mesmo valor de z, a área sob a curva de qualquer distribuição normal é a mesma. As tabelas de probabilidades normais são baseadas numa distribuição normal padronizada, $N(0;1)$, com média $\mu = 0$ e desvio padrão $\sigma = 1$. A Figura 2-20 mostra a densidade de probabilidade para a distribuição normal $N(0;1)$. Observe que, na distribuição normal padrão $N(0;1)$, x e z são iguais.

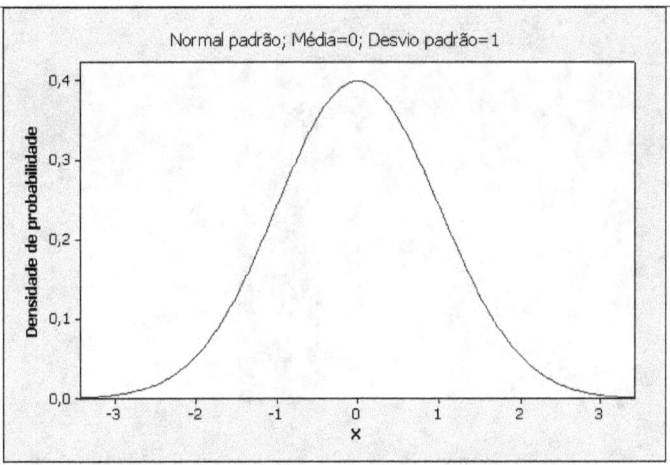

Figura 2-20 - Distribuição normal padrão N(0; 1)

Embora a distribuição normal se estenda teoricamente de -∞ a +∞, a probabilidade de ocorrência de valores distantes, digamos, 3,5 ou mais desvios padrão em relação à média é praticamente nula.

Devido à simetria, 50% dos valores estão abaixo da média e 50% estão acima; além disto, a probabilidade entre a média e $+z$ desvios padrão é a mesma que entre a média e $-z$ desvios padrão.

Alguns valores de z e as probabilidades associadas são frequentemente utilizados na prática. É comum, embora não obrigatório, que os praticantes da arte memorizem estes valores. Na discussão que segue usaremos a expressão "tanto por cento dos valores" para indicar a probabilidade de que a v. a. z assuma um valor no intervalo indicado.

a) 34,1% dos valores entre μ e μ+σ (Figura 2-21); 34,1% dos valores entre μ e μ-σ (Figura 2-22); portanto, 68,2% dos valores entre -1 e +1 desvios padrão em torno da média (Figura 2-23).

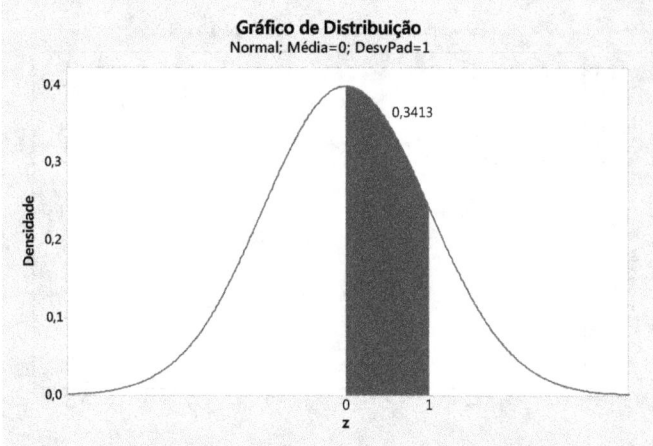

Figura 2-21 - $p(0 \leq z \leq +1) = 0{,}3413$

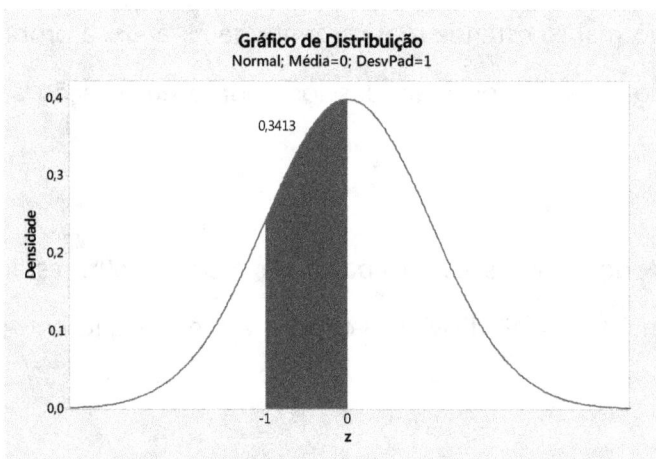

Figura 2-22 - $p(-1 \leq z \leq 0) = 0{,}3413$

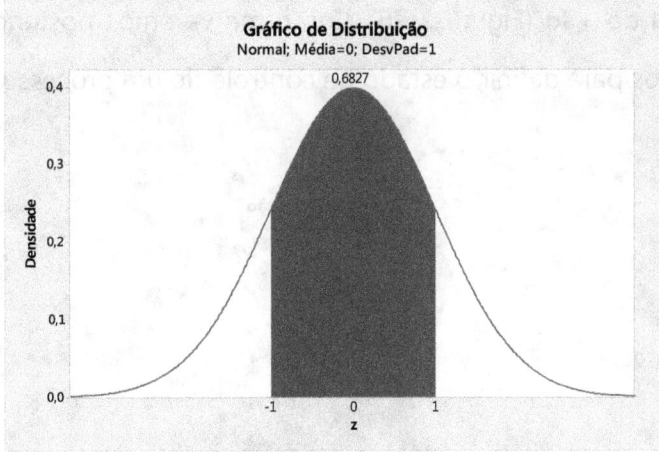

Figura 2-23 - p(-1 ≤ z ≤ +1) = 0,6827

b) Cerca de 95,45% dos valores entre -2 e +2 desvios padrão em torno da média (Figura 2-24).

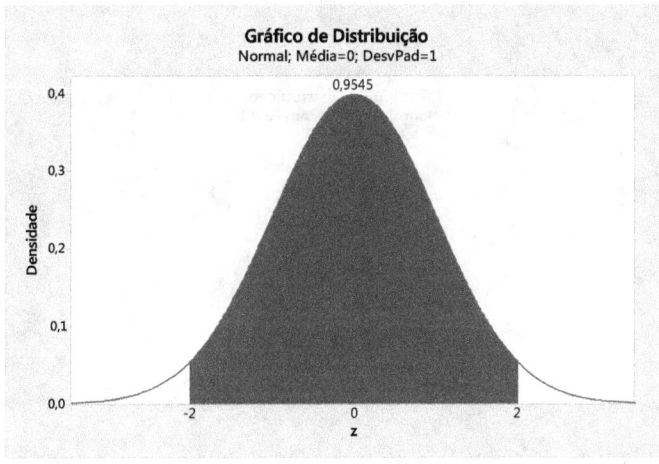

Figura 2-24 - p(-2 ≤ z ≤ +2) = 0,9545

c) cerca de 99,73% dos valores entre -3 e +3 desvios padrão em torno da média (Figura 2-25); isto significa que apenas 0,27% dos valores estão fora destes limites, sendo 0,135% abaixo de

-3σ e 0,135% acima de +3σ (Figura 2-26). Conforme veremos posteriormente, os limites de ±3σ são muito usados para definir o estado de controle de um processo.

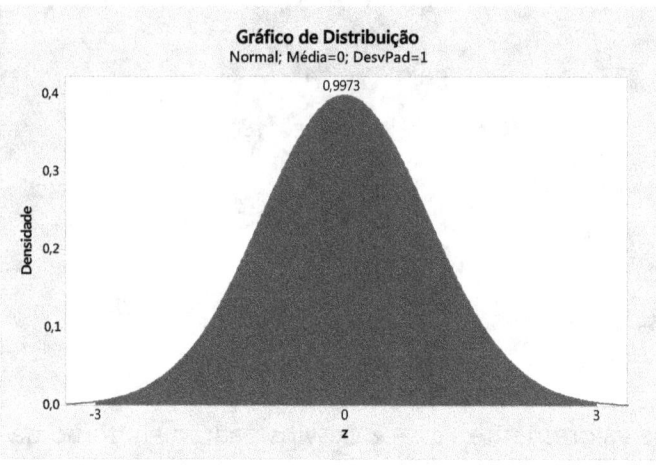

Figura 2-25 - p(-3 ≤ z ≤ +3) = 0,9973

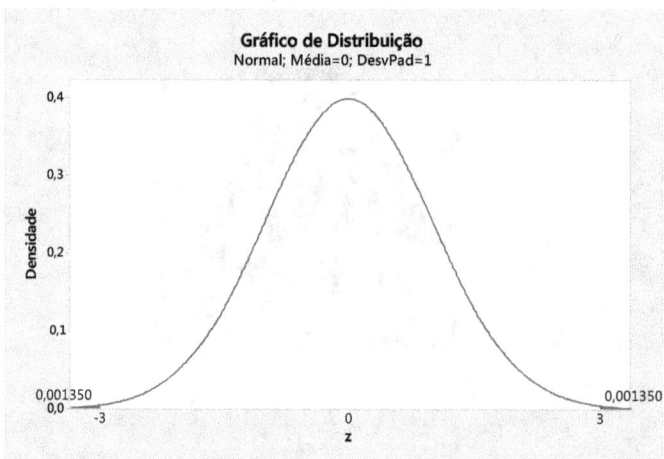

Figura 2-26 - p(z ≤ -3) = 0,00135; p(z ≥ +3) = 0,00135

d) Cerca de 95% dos valores entre -1,96 e +1,96 desvios padrão da média. Aproximadamente 2,5% abaixo de -1,96σ e 2,5% acima de +1,96σ em relação à média (Figura 2-27).

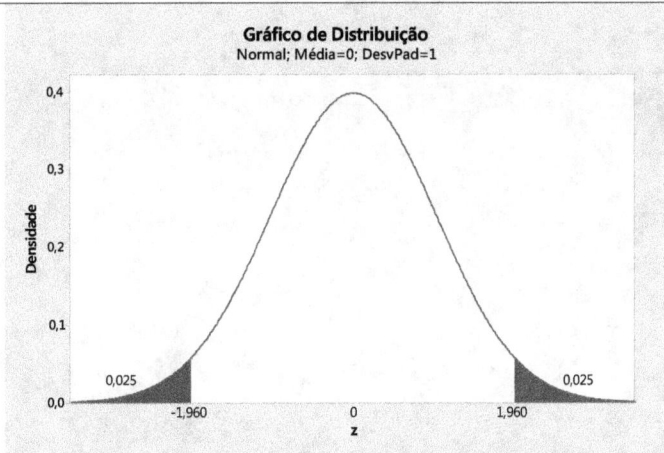

Figura 2-27 - $p(z \leq -1{,}96) = 0{,}025; p(z \geq +1{,}96) = 0{,}025$

e) Cerca de 95% dos valores acima de -1,645 desvios padrão da média (Figura 2-28); por simetria, cerca de 95% abaixo de +1,645 desvios padrão em relação à média (Figura 2-29).

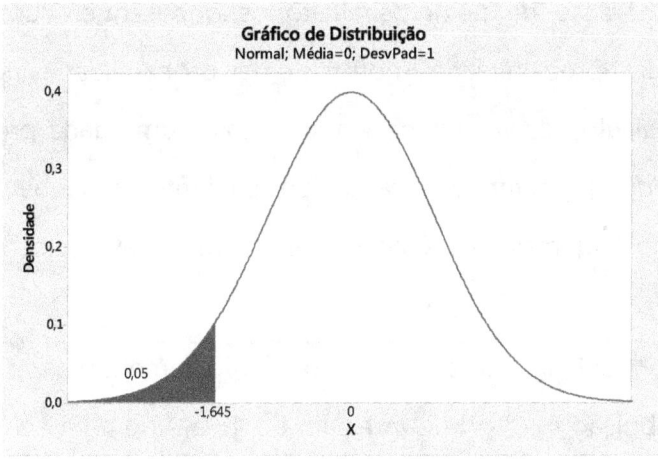

Figura 2-28 - $p(z \leq -1{,}645) = 0{,}05$

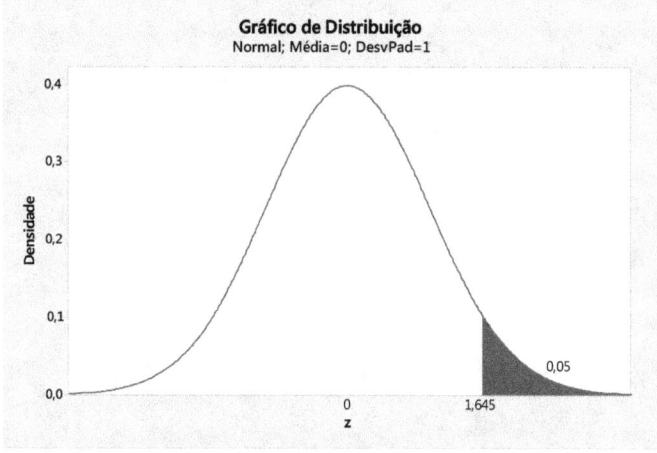

Figura 2-29 - p(z ≥ +1,645) = 0,05

2.2.11 Analisando a distribuição normal com o Minitab

O Minitab permite executar variadas análises relacionadas com a distribuição normal. Entre estas podem ser citadas a geração de números aleatórios que seguem uma distribuição normal especificada, o cálculo das probabilidades normais e das probabilidades normais acumuladas em um dado intervalo, o cálculo dos valores de z associados a uma dada probabilidade normal, os testes de normalidade, que permitem verificar se um conjunto de dados segue uma distribuição normal, e outros. Vejamos algumas destas facilidades através de exemplos.

Exemplo 2-17: Um engenheiro necessita levantar rapidamente as probabilidades normais associadas a uma distribuição $N(50;10)$ no intervalo de 48 a 49 em passos de 0,25. (a) Ele dispõe do Minitab instalado em seu laptop. Como deverá proceder? (b) Ele verifica que o laptop está sem a bateria, mas encontra na pasta uma tabela de probabilidades normais. Como deverá proceder?

Solução: No caso (a), provavelmente a solução mais rápida é abrir uma planilha no Minitab, nomear a coluna C1 como x, digitar 48 na linha 1 da coluna C1 (célula 1), digitar 48,25 na linha 2 da coluna C1 (célula 2), selecionar as duas células, posicionar o cursor no canto inferior direito da célula 2, pressionar o botão esquerdo do mouse e arrastar o cursor. O Minitab vai preenchendo as células e incrementando os valores. A seguir calcula-se a probabilidade acumulada até cada ponto. A sequência de comandos é a seguinte:

Calc > **Distribuições de probabilidade** > **Normal** > *painel* **Distribuição Normal** > *Ative o botão de opção* **Probabilidade acumulada** > *digite 50 em* **Média** > *digite 10 em* **Desvio padrão** > *ative o botão de opção* **Coluna de entrada** > *selecione* ***x*** > **OK**

Sequência de comandos 2-7 - Distribuições de probabilidade: probabilidade normal acumulada

Função Distribuição Acumulada
Normal com média = 50 e desvio padrão = 10

x	P(X ≤ x)
48,00	0,420740
48,25	0,430540
48,50	0,440382
48,75	0,450262
49,00	0,460172

No caso (b) o engenheiro veria que a tabela fornece as probabilidades acumuladas para uma distribuição normal padrão $N(0; 1)$. Para usar a tabela ele precisaria converter os valores de x em valores de z (distância até a média em desvios padrão). Assim,

$$z = \frac{x - \mu}{\sigma} \Rightarrow para\ x = 48\ \ z = \frac{48 - 50}{10} = -0,2;$$

$$para\ x = 48,25\ \ z = -0,175; etc.$$

Consultando a tabela para os valores de z calculados, o engenheiro provavelmente veria algo similar ao resultado abaixo. É que muitas tabelas apresentam somente a probabilidade para valores positivos de z, a partir da média μ = 0. Portanto, para determinar a probabilidade acumulada até $z = -0,200$ usando esta tabela o engenheiro deveria fazer este cálculo:

$P(-\infty < z < -0,200) = ?$ *valor procurado*

$P(0 < z < 0,200) = 0,079260$ *valor tabelado*

$P(-0,200 < z < 0) = 0,079260$ *simetria*

$P(-\infty < z < -0,200) + P(-0,200 < z < 0) = 0,50$ *simetria*

logo

$P(-\infty < z < -0,200) = 0,500 - P(-0,200 < z < 0) = 0,500000 - 0,079260 = 0,420740$

Exemplo 2-18: O processo de teste de um produto requer a medição do fluxo de óleo lubrificante que circula por determinada parte da máquina. Analisando centenas de medidas, um engenheiro verificou que a distribuição dos valores observados poderia ser bem aproximada por uma distribuição normal com média 50,0 cm³/s e desvio padrão de 0,8 cm³/s. Com base nestes dados, determinar a probabilidade de que uma leitura a) esteja entre 50,5 e 51,5 cm³/s; b) seja inferior a 49,0 cm³/s; c) seja superior a 52,0 cm³/s, e; d) determine os valores, simétricos em relação à média, entre os quais se espera estejam 50%, 75%, 90%, 95% e 99% dos valores medidos.

Solução: O Minitab permite resolver este exemplo com extraordinária facilidade. Para obter a resposta do item (a), a sequência de comandos é:

Gráfico > **Gráfico de distribuição de probabilidade** > *painel* **Gráficos de distribuição de probabilidade** > *selecione* **Visualizar probabilidade** > **OK** >*painel* **Gráficos de distribuição de probabilidade: Visualização de probabilidades** > *selecione* **Normal** *em* **Distribuição** > *digite 50* *em* **Média** > *digite 0,8 em* **Desvio padrão** > *selecione* **Área Sombreada** > *ative o botão de opção* **Valor de X** *no grupo* **Definir a área sombreada por:** > *selecione* **Meio** > *digite 50,5 em* **Valor 1 de X** > *digite 51,5 em* **Valor 2 de X** > **OK**

Sequência de comandos 2-8 - Gráficos de distribuições de probabilidade: visualizar (por valor x)

Portanto, a probabilidade de obter um valor entre 50,5 e 51,5 cm³/s na medição do fluxo é de 0,2356 ou 23,56%; veja a Figura 2-30.

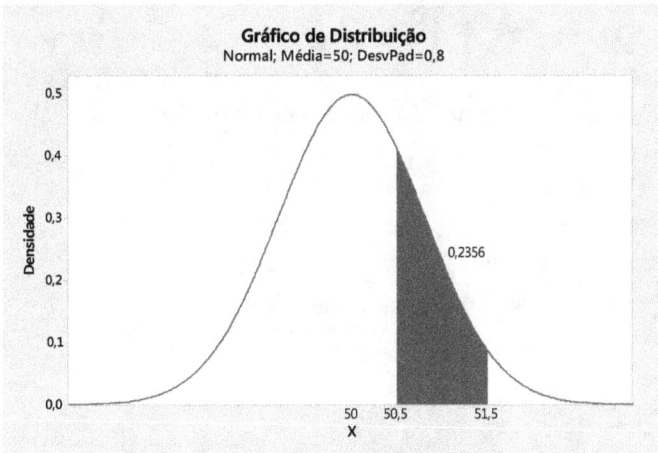

Figura 2-30 - p(50,5 ≤ x ≤ 51,5) = 0,2356

O quesito (b) é resolvido de forma análoga; nas opções de sombreamento escolhe-se **Lateral esquerda**, $x = 49,0$; resulta a probabilidade de 0,1056 ou 10,56%; ver **Erro! Fonte de referência não encontrada.**. No quesito (c) escolhe-se **Lateral direita**, $x = 52,0$; resulta a probabilidade de de 0,0062 ou 0,62%; ver Figura 2-32.

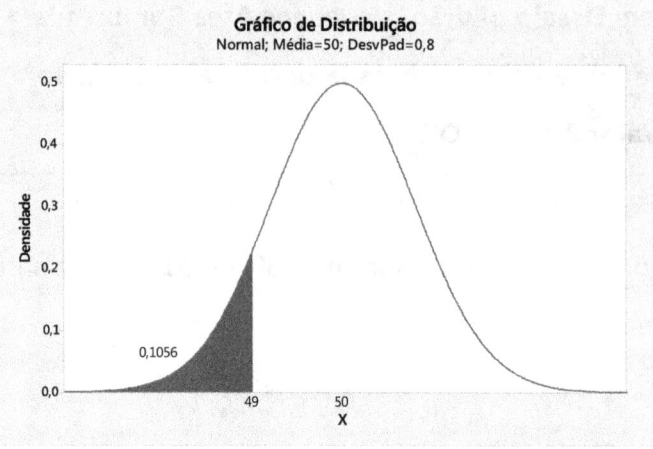
Figura 2-31 - p(x ≤ 49,0) = 0,1056

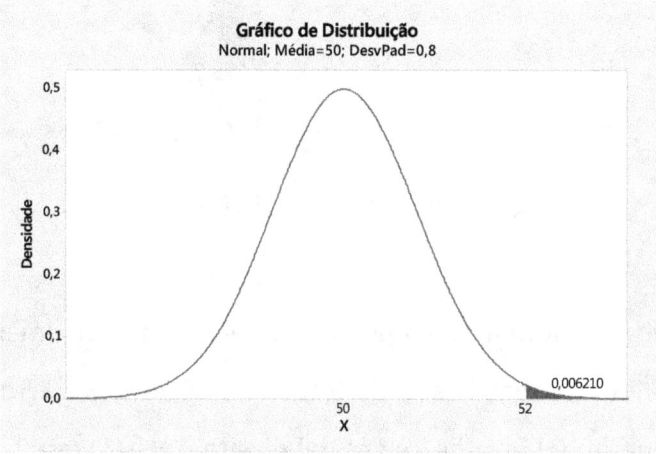
Figura 2-32 - p(x ≥ 52,0) = 0,00621

Outra maneira, um pouco mais trabalhosa, de resolver o problema é discutida a seguir. Vale a pena fazê-lo porque ilustra de forma mais clara os conceitos envolvidos. Para tanto, suponha que temos em mãos apenas uma tabela de probabilidades normais acumuladas na qual z é mostrado com duas casas decimais e somente para valores positivos. A Tabela 2-3 mostra o que poderia ser um trecho do documento mencionado.

0,60	0,2257	0,61	0,2291	0,62	0,2324	0,63	0,2357	0,64	0,2389
0,65	0,2422	0,66	0,2454	0,67	0,2486	0,68	0,2517	0,69	0,2549

Tabela 2-3 - Parte da tabela de probabilidades normais

Vamos resolver novamente o item (a), que requer o cálculo da probabilidade de que o resultado da medição do fluxo esteja entre 50,5 e 51,5 cm³/s. Temos:

$$z_1 = \frac{x_1 - \mu}{\sigma} = \frac{50,5 - 50,0}{0,8} = \frac{0,5}{0,8} = 0,625 \cong 0,63 \Rightarrow p(\mu \leq z \leq z_1) = 0,2357$$

$$z_2 = \frac{x_2 - \mu}{\sigma} = \frac{51,5 - 50,0}{0,8} = \frac{1,5}{0,8} = 1,9375 \cong 1,94 \Rightarrow p(\mu \leq z \leq z_2) = 0,4738$$

$$p(x_1 \leq x \leq x_2) = p(\mu \leq z \leq z_2) - p(\mu \leq z \leq z_1) = 0,2381$$

que concorda de maneira aproximada com a resposta obtida anteriormente.

Vamos considerar agora o quesito (d), que trata claramente do caso bilateral. Chamamos $(1 - \alpha)$ a probabilidade entre x_1 e x_2 (50%, 75%, 90%, 95% e 99%, de acordo com o enunciado).

A probabilidade nas duas caudas é α e em cada cauda $\alpha/2$. Seguimos a mesma sequência de comandos no Minitab, selecionando porém **Probabilidade** em **Definir a área sombreada por:** e digitando o valor de α em **Probabilidade**. Os resultados são mostrados na Figura 2-33 até a Figura 2-37.

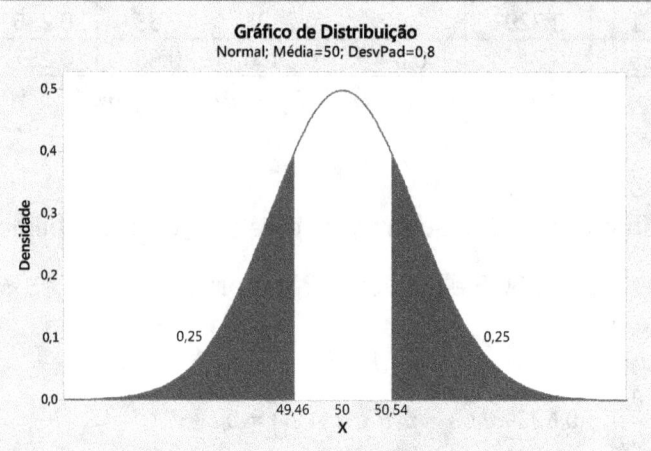

Figura 2-33 - $p(49,46 \leq x \leq 50,54) = 0,50$

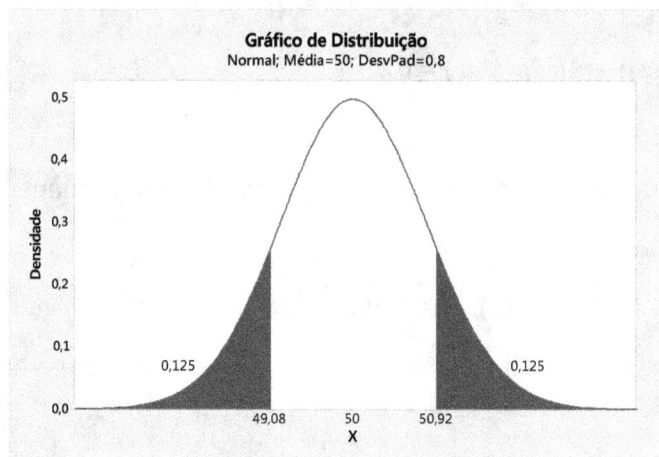

Figura 2-34 - $p(49,08 \leq x \leq 50,92) = 0,75$

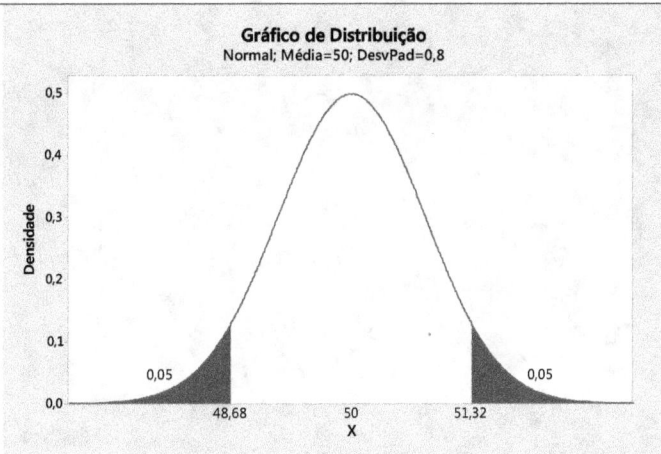

Figura 2-35 - p(48,68 ≤ x ≤ 51,32) = 0,90

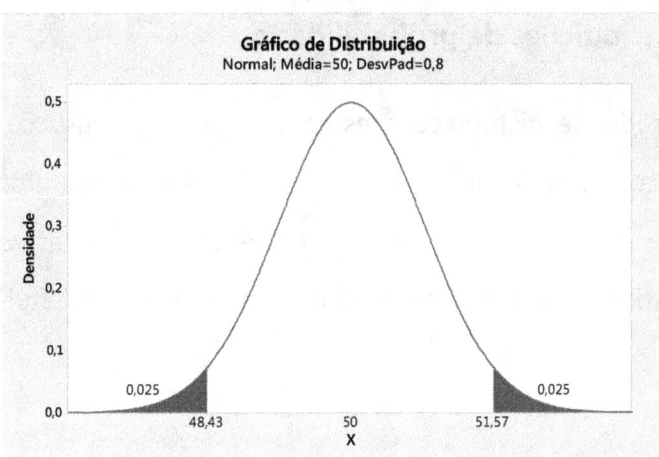

Figura 2-36 - p(48,43 ≤ x ≤ 51,57) = 0,95

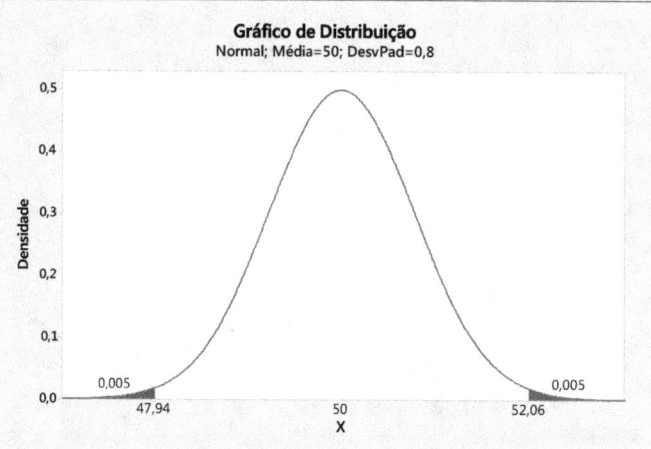

Figura 2-37 - $p(47,94 \leq x \leq 52,06) = 0,99$

2.2.12 Outras distribuições de probabilidade

Há uma grande variedade de distribuições estudadas pelos estatísticos, cada uma das quais aplicável sob um certo conjunto de hipóteses ou restrições. Neste capítulo foram abordadas com maior detalhe apenas as distribuições binomial e de Poisson (discretas) e a distribuição normal (contínua). Outras distribuições serão estudadas nos próximos capítulos, conforme se fizer necessário.

O Minitab permite trabalhar com muitas outras distribuições, tais como hipergeométrica e binomial negativa (discretas), ou exponencial, log-normal, beta, gama e Weibull (contínuas), entre outras. A Tabela 2-4 lista algumas distribuições de probabilidade mais usadas.

Distribuição	Tipo	Aplicações
Binomial	Discreta	Aplicável na definição da probabilidade de r ocorrências em n tentativas de um evento que possua uma probabilidade constante de ocorrência em cada tentativa
Hipergeométrica	Discreta	Aplicada em situações com dois ou mais resultados, onde a probabilidade de sucesso varia de uma prova

Distribuição	Tipo	Aplicações
		para outra. Aplica-se aos processos de amostragem sem reposição onde o tamanho da amostra é relativamente grande em relação ao da população.
Multinomial	Discreta	Usada em situações onde há mais de dois resultados mutuamente excludentes. Exige-se que as provas sejam independentes, com probabilidade constante.
Poisson	Discreta	Similar a Binomial, mas particularmente aplicável quando existe uma grande oportunidade de ocorrência do evento, mas uma baixa probabilidade em cada tentativa.
Chi-quadrado	Contínua	Usada na inferência estatística para determinar se uma distribuição observada pode ser adequadamente aproximada por um modelo teórico.
Exponencial	Contínua	Aplicável quando a maioria das ocorrências irá ocorrer depois da média e a probabilidade de ocorrência antes da média é pequena.
F	Contínua	Utilizada na análise da variância para determinar se a razão entre duas variâncias reflete uma diferença real na média de duas populações.
Normal	Contínua	Aplicável quando existe uma concentração homogeneamente distribuída de observações ao redor da média da amostra. A variação das observações é normalmente o resultado de inúmeras pequenas causas.
t	Contínua	Aplicável nos processos de estimação quando o desvio padrão da população é desconhecido e o tamanho da amostra menor do que 30 elementos. Similar à distribuição normal, com maior área nas caudas.
Weibull	Contínua	Aplicável para uma grande diversidade de padrões de variação, incluindo a normal e a exponencial.

Tabela 2-4 - Exemplos de distribuições de probabilidade mais comuns

O Minitab lista as seguintes distribuições, quando se executa a sequência **Calc>Distribuições de probabilidade**: Beta, Binomial, Binomial negativa, Cauchy, Discreta, Exponencial, F, Gama,

Geométrica, Hipergeométrica, Inteira, Laplace, Logística, Loglogística, Lognormal, Maior valor extremo, Menor valor extremo, Normal, Poisson, Qui-quadrado, t, Triangular, Weibull.

Quando neste livro houver referência à probabilidade de determinado valor (ou intervalos de valores) saiba o leitor que isto foi feito usando esta funcionalidade do Minitab. É por isso que este livro não contém extensas tabelas de valores para qualquer distribuição, como era usual no passado recente em livros sobre estatística. Neste e em outros capítulos, quando se fizer menção a dados tabelados, as tabelas podem ser facilmente encontradas na internet.

2.2.13 Modelos e simulação

A simulação é uma ferramenta de grande utilidade na Estatística. Em muitas situações é difícil, ou impossível, descrever analiticamente o resultado de um evento que depende de uma série de variáveis aleatórias. Em outras palavras, não se consegue determinar uma fórmula para a função $f(X, Y, Z,...)$ que permita calcular o valor da função $f(X = x, Y = y, Z = z,...)$, onde $X, Y, Z,...$ são variáveis aleatórias.

Uma simulação envolve em geral os seguintes passos:
a) estabelecer os resultados que se deseja simular e relacioná-los às variáveis aleatórias, que serão as entradas;
b) determinar os modelos probabilísticos que descrevem estas variáveis, utilizando distribuições apropriadas, tais como normal, binomial, uniforme etc.;
c) atribuir valores aleatórios a cada entrada, de acordo com a respectiva distribuição de probabilidade;
d) calcular e registrar o resultado; repetir o processo grande número de vezes (frequentemente, centenas ou milhares) observando o resultado de interesse.

Este processo é conhecido como simulação de Monte Carlo, e permite determinar como uma variável dependente varia em função das variáveis aleatórias independentes. Através de simulações deste tipo é possível tratar situações que envolvem a incerteza, sem necessidade de calcular as probabilidades. Um exemplo simples permite entender melhor o processo.

Exemplo 2-19: Simular o lançamento de um dado grande número de vezes.

Solução: Mapeando o processo contra os passos listados, pode-se dizer que:

(1) o resultado que se deseja modelar é a distribuição de probabilidade da v. a. X (número mostrado na face superior do dado), que pode assumir qualquer um dos valores $x = \{1, 2, 3, 4, 5, 6\}$ com igual probabilidade;

(2) esta v. a. pode ser modelada por uma distribuição uniforme discreta que associa aos números inteiros de 1 até 6 a variável X com a probabilidade 1/6;

(3) números inteiros de 1 a 6 com a mesma probabilidade podem ser gerados, por exemplo, usando esta sequência de comandos do Minitab:

> **Calc** > **Dados aleatórios** > **Inteira** > *digite 1000 em* **Número de linhas a serem geradas** > *digite* **C1** *em* **Armazenar em coluna(s):** > *digite* 1 *em* **Valor mínimo** > *digite* 6 *em* **Valor máximo** > **OK**

(4) 1000 valores aleatórios de 1 a 6 serão armazenados na coluna C1.

O resultado de uma simulação de 1000 lançamentos de um dado realizada como descrito acima teve o resultado mostrado na Figura 2-38, que **parece** reproduzir o que poderia acontecer em um experimento usando um dado real. Na realidade há testes estatísticos que permitem verificar com rigor se a diferença entre os valores esperado e observado de uma v. a. é razoável.

Figura 2-38 - Resultado da simulação de 1000 lançamentos de um dado

---

Exemplo 2-20: Uma centena de bolas coloridas foi colocada em cada uma de três urnas, da seguinte maneira: Urna #1= 50 amarelas, 30 verdes, 20 azuis; Urna #2 = 40 amarelas, 30 vermelhas, 30 azuis; Urna #3 = 10 amarelas, 50 verdes, 40 azuis. Uma bola é retirada da Urna #1, sem que se veja sua cor, e colocada em uma caixa; em seguida é feito o mesmo para a Urna #2 e, finalmente, para a Urna #3. Determinar por simulação as probabilidades de todos os resultados possíveis e comparar com os valores calculados no **Exemplo 2-7**.

Solução: Conforme já mencionado, é claro que a utilidade do modelo está diretamente relacionada com seu grau de aproximação com a realidade. Há programas que permitem construir modelos de grande complexidade e realizar simulações, determinando o efeito das variáveis independentes sobre o resultado. Não faz parte dos objetivos deste texto explicar a utilização de qualquer destes softwares. Assim, apresenta-se apenas uma curta descrição da sistemática utilizada para simular o experimento descrito.

Esta simulação foi realizada usando uma pequena macro do Excel escrita em Visual Basic for Applications. Cada urna é representada por uma string de 100 caracteres (Y, G, B, R) correspondendo às bolinhas. A função RANDBETWEEN gera um número aleatório entre 1 e 100, inclusive, para apontar um caractere da string e simular o sorteio. Os resultados são acumulados e contados no final.

A Tabela 2-5 mostra o resultado de uma simulação com 1.000.000 (um milhão) de sorteios das três bolinhas. Para cada uma das 27 sequências possíveis mostra-se:

1. **p(x)** é a probabilidade teórica de cada resultado, calculada no Exemplo 2-7 (ver Figura 2-4, Figura 2-5 e Figura 2-6);
2. **Expect** contém a frequência absoluta esperada para cada resultado após 1000000 de sorteios das três urnas;
3. **Real** contém a frequência absoluta efetivamente observada;
4. **Dif** mostra a diferença entre os valores esperado e observado, em porcentagem

$$Dif = \frac{Real - Expect}{Expect} \times 100$$

Rslt	p(x)	Expect	Real	Dif	Rslt	p(x)	Expect	Real	Dif
BBB	0,024	24000	23915	-0,35%	GRY	0,009	9000	9142	1,58%
BBG	0,030	30000	30241	0,80%	GYB	0,048	48000	47954	-0,10%
BBY	0,006	6000	6039	0,65%	GYG	0,060	60000	60533	0,89%
BRB	0,024	24000	23739	-1,09%	GYY	0,012	12000	11938	-0,52%
BRG	0,030	30000	29895	-0,35%	YBB	0,060	60000	59807	-0,32%
BRY	0,006	6000	6064	1,07%	YBG	0,075	75000	74616	-0,51%
BYB	0,032	32000	32079	0,25%	YBY	0,015	15000	14913	-0,58%
BYG	0,040	40000	40345	0,86%	YRB	0,060	60000	60152	0,25%
BYY	0,008	8000	7877	-1,54%	YRG	0,075	75000	74294	-0,94%
GBB	0,036	36000	35833	-0,46%	YRY	0,015	15000	14882	-0,79%
GBG	0,045	45000	44556	-0,99%	YYB	0,080	80000	80619	0,77%

GBY	0,009	9000	8869	-1,46%	YYG	0,100	100000	100565	0,57%
GRB	0,036	36000	36012	0,03%	YYY	0,020	20000	20161	0,81%
GRG	0,045	45000	44960	-0,09%					

Tabela 2-5 - Probabilidades teóricas e resultados de simulação

Muitas, se não a maioria, das situações de negócios se realiza em um cenário no qual há fatores incertos e a aplicação de modelos probabilísticos pode ser muito útil no processo de tomada de decisões.

2.3 Exercícios propostos

Exercício 2-1: Questões para recapitulação

1. Explique com suas palavras três definições de probabilidade: clássica, frequentista e axiomática.
2. Defina permutações, arranjos e combinações; apresente as fórmulas para cálculo.
3. Descreva o que é e como é construído um diagrama de árvore.
4. O que vem a ser o valor esperado de uma variável aleatória?
5. O que é uma distribuição de probabilidade? Quais são as características essenciais de uma distribuição de probabilidades?
6. Explique como são atribuídos valores a uma variável aleatória a partir de uma distribuição de probabilidade.
7. Discorra brevemente sobre a distribuição binomial (condições de aplicação, cálculo das probabilidades binomiais).
8. Discorra brevemente sobre a distribuição de Poisson (condições de aplicação, cálculo das probabilidades de Poisson)
9. Quais são as características principais da distribuição normal?
10. Como são calculadas as probabilidades normais?

Exercício 2-2: O anagrama é um jogo de palavras que utiliza a transposição ou rearranjo de letras de uma palavra ou frase, com o intuito de formar outras palavras com ou sem sentido.

a) Quantos anagramas podem ser formados com a palavra APRENDIZ
b) Destes anagramas, quantos começam com as letras PR?
c) Quantos anagramas podem ser formados com a palavra artesanato?
d) Destes anagramas, quantos começam com E e terminam com S?

Estatística Aplicada em Engenharia [com Minitab]: Volume 1

Exercício 2-3: Na reunião de condomínio de um prédio de apartamentos comparecem 15 condôminos. Eles decidem escolher uma comissão de três pessoas que irá apresentar diversos questionamentos à Administradora do Condomínio.

a) De quantas maneiras esta comissão pode ser formada?

b) De quantas maneiras poderá ser escolhida se o condômino José avisa que não aceita estar na mesma comissão que o condômino Pedro.

Exercício 2-4: Um lote de 50 peças contém 5 peças não conformes. Duas peças escolhidas ao acaso são retiradas deste lote. Determine a probabilidade de que ambas sejam não conformes.

> Para as questões 2-5, 2-6, 2-7 e 2-8 use como referência o fluxograma apresentado na Figura 2-39. Estude atentamente o fluxograma e certifique-se de que consegue relacioná-lo ao enunciado dos problemas.

Exercício 2-5: Um estudante, dispondo de bastante tempo livre, separa $n_1 = 19$ cartas pretas (naipes de espadas e paus) e $n_2 = 1$ (uma) carta vermelha (naipe de ouros), de um baralho comum. A seguir, embaralha muito bem o maço de 20 cartas e retira uma ao acaso. O estudante verifica se a carta é vermelha ou preta, anota o resultado e repõe a carta no maço. Ele repete este experimento $k = 1, 2, 3, …, 1000$ vezes e faz a contagem de quantas vezes sorteou uma carta vermelha. Qual a sua melhor estimativa para o valor de V_1 (= número de vezes em que uma carta vermelha foi sorteada)? Justifique sua resposta tomando como base o que você aprendeu sobre a Teoria das Probabilidades.

Exercício 2-6: ♦Usando uma linguagem de programação que você conheça, tente simular o experimento descrito no Exercício 2-5 e compare os resultados calculado e observado. Comente eventuais diferenças.

Exercício 2-7: ♦Depois de completar o experimento descrito no Exercício 2-5, o estudante verificou que ainda tinha muito tempo livre, e resolveu continuar com sua experiência. Ele retirou uma carta preta do maço e acrescentou mais uma carta de ouros. Ou seja, continuou com o maço de 20 cartas, porém agora com $n_1 = 18$ cartas pretas e $n_2 = 2$ (duas) cartas vermelhas. Em seguida, embaralhou bem o maço, retirou uma das 20 cartas, anotou sua cor e a colocou de volta no maço. Este sorteio de uma carta foi repetido $k = 1, 2, 3, ...1000$ vezes, das quais V2 repetições mostraram uma carta vermelha. Após as mil repetições, o estudante retirou uma carta preta e colocou mais uma carta de ouros no maço, que ficou com $n_1 = 17$ cartas pretas e $n_2 = 3$ (três) cartas vermelhas. Em seguida repetiu $k = 1, 2, 3, ..., 1000$ vezes o processo de extração de uma carta, verificação da cor e anotação do resultado. Esta sequência de ações continuou até que as 13 cartas de ouros estivessem no maço de 20 cartas. Pede-se: a) faça um gráfico de barras mostrando os valores esperados para V1, V2, ..., V13 (número de cartas vermelhas sorteadas em cada rodada de 1000 observações); b) Determine a probabilidade de que uma carta vermelha seja sorteada, considerando o experimento como um todo.

Exercício 2-8: ♦Usando uma linguagem de programação que você conheça, tente simular o experimento descrito no Exercício 2-7 e compare os resultados calculado e observado. Comente eventuais diferenças. Dica: Aproveite o trabalho feito no Exercício 2-6.

Figura 2-39 - Fluxograma (referência para exercícios 2-5, 2-6, 2-7 e 2-8)

Exercício 2-9: Qual a distribuição apropriada para descrever o resultado de uma amostragem de 10 itens, retirados de forma aleatória de um processo que gera 5% de itens não conformes? Quais são as premissas que você supõe verdadeiras para justificar sua resposta.

Exercício 2-10: ♦Demonstre que a variância de uma distribuição binomial B(n;p) é dada por

$$\sigma^2 = np(1-p)$$

Exercício 2-11: ♦Demonstre que a variância de uma distribuição de Poisson com média λ é

$$\sigma^2 = \lambda$$

Exercício 2-12: Em um lote de 1000 peças, verificou-se a existência de 950 itens conformes. Um exame das peças não conformes feitas no laboratório 1 evidenciou a existência de 30 peças com o defeito A. Em seguida, as mesmas peças foram enviadas para testes no laboratório 2, que encontrou 40 peças com o defeito B. Que se pode concluir destes dados?

Exercício 2-13: Suponha que a saída de determinado processo de manufatura contém 5% de itens com defeito. Se tomarmos uma amostra aleatória de tamanho $n = 10$, responda:
   a) qual a probabilidade de encontrarmos na amostra exatamente 1 item com defeito?
   b) qual a probabilidade de encontrarmos na amostra 3 ou mais itens com defeito?
   c) qual a probabilidade de encontrarmos na amostra mais de 1 e menos de 4 defeitos

Exercício 2-14: Após uma inspeção por amostragem, um grande lote de peças é rejeitado pelo cliente e devolvido ao fornecedor. O fornecedor verifica todos os itens e constata que 20% delas estavam com defeito. Qual a probabilidade de que este lote tivesse sido aceito, sabendo-se que a inspeção realizada pelo cliente consiste em selecionar aleatoriamente 10 itens e aceitar o lote se nenhum deles estiver com defeito?

Exercício 2-15: Um grande número de análises mostra que o diâmetro de um eixo produzido na linha de manufatura segue uma distribuição normal com média 100 mm e desvio padrão de 0,1 mm. Após deixarem a área de fabricação, 100% dos eixos passam por um equipamento ajustado para aceitar peças cujo diâmetro esteja entre 99,75 e 100,25 mm e rejeitar as demais. A partir desta informação responda as questões abaixo:
   a) na situação descrita, qual a porcentagem de eixos rejeitada?
   b) um problema nos equipamentos da linha de manufatura faz com que o diâmetro dos eixos passe a seguir uma distribuição normal com média 100,1 mm e desvio padrão 0,1 mm. Nesta situação, qual a porcentagem de eixos rejeitada?:

c) outro problema nos equipamentos de linha de manufatura faz com que o diâmetro dos eixos passe a seguir uma distribuição normal com média 100,0 mm e desvio-padrão 0,2 mm. Nesta nova situação, qual a porcentagem de eixos rejeitada?

d) finalmente, um terceiro problema faz com que o diâmetro dos eixos passe a seguir uma distribuição normal com média 99,90 mm e desvio-padrão 0,15 mm. Na nova situação, qual a porcentagem de eixos rejeitada?

Exercício 2-16: Uma pessoa de olhos vendados retira duas bolas, uma de cada vez, sem reposição, de uma caixa. Sabendo que havia originalmente na caixa 45 bolas vermelhas e 5 bolas azuis, qual a probabilidade de que as duas bolas retiradas sejam da mesma cor?

Exercício 2-17: Determinar os valores de -z e +z para os quais a área sob a curva entre –z e +z para uma distribuição normal é igual a

a) 0,40

b) 0,60

c) 0,80

Exercício 2-18: Determine a área sob a curva de uma distribuição normal limitada pelos seguintes valores de z_1 e z_2:

a) $z_1=+0,7$ e $z_2=+1,3$

b) $z_1=-0,3$ e $z_2=-0,8$

c) $z_1=-0,7$ e $z_2=+1,3$

Exercício 2-19: ♦Faça uma simulação de 12000 lançamentos de um dado não balanceado e comente o resultado. Fica a critério do leitor definir quão desbalanceado é o dado.

Exercício 2-20: ♦Trinta alunos de Engenharia assistiram a uma palestra sobre Qualidade no auditório da faculdade. Havia 32 pessoas presentes no auditório (alunos / professor da disciplina e o palestrante). Com base nesta informação, você concorda ou discorda da afirmativa a seguir feita pelo palestrante: *"A probabilidade de que haja duas pessoas neste auditório que fazem aniversário na mesma data (dia/mês) é maior que a probabilidade de que não haja."* Justifique sua concordância ou discordância.

3 ESTIMAÇÃO E TESTES DE HIPÓTESES

A Inferência Estatística tem como objetivo tirar conclusões sobre uma população a partir da análise de amostras retiradas desta população. Trata-se de uma importante ferramenta, aplicável às mais diversas áreas do conhecimento. Encontra uso, por exemplo, em campos tão diversos como a medicina e a sociologia, a política e o planejamento de estoques em uma cadeia de supermercados.

Abrange um conjunto de métodos e técnicas, fundamentadas em bases rigorosamente científicas, cujo uso leva comprovadamente a previsões válidas sobre a ocorrência de eventos regidos pelo acaso, conhecendo-se de antemão as probabilidades de erro e de acerto das previsões.

Porém, a correta aplicação da inferência estatística requer certos cuidados. O primeiro deles é que as análises devem ser estritamente baseadas em dados e fatos, e que a coleta destes dados seja feita de maneira correta e não visando satisfazer interesses velados do pesquisador.

A foto do ex-presidente norte-americano Harry S. Truman ilustra de maneira absolutamente clara o que pode ocorrer quando se faz uma inferência baseada em amostras que não representam a população como um todo, ou não se leva em consideração a margem de erro inerente ao processo.

Esta foto é muito famosa e tem toda uma história, um contexto que a explica. Harry S. Truman foi o trigésimo presidente dos Estados Unidos. Ele foi eleito vice presidente em 1944, na chapa do lendário Franklyn Delano Roosevelt. FDR como costumava ser chamado, foi eleito pela primeira vez em 1932 e faleceu em 1945, logo no início de seu quarto mandato. Foi sucedido pelo vice-presidente, o qual completou o mandato 1945-48 e reelegeu-se em 1948.

Figura 3-1 - Riscos da inferência estatística (malfeita)

Na foto, Harry S. Truman, presidente-eleito dos Estados Unidos, exibe sorridente a manchete do Chicago Daily Tribune que, baseado no resultado de pesquisas de intenção de voto, anuncia a vitória de seu oponente. (03/11/1948)

3.1 Distribuições amostrais

Repetindo a definição, a Inferência Estatística tem como objetivo tirar conclusões sobre uma população a partir da análise de amostras retiradas desta população. Para que isto possa ser feito é preciso entender como as estatísticas amostrais estão relacionadas com os parâmetros populacionais correspondentes.

Algumas considerações iniciais, cuja validade é quase intuitiva, devem ser feitas:

a) as amostras devem ser representativas da população em estudo, o que na maioria das aplicações na indústria significa amostras aleatórias;

b) quanto maior o tamanho da amostra, tanto mais provável que uma estatística amostral se aproxime do parâmetro populacional correspondente (no limite, uma amostra com tamanho igual ao da população, ou seja, censo);

c) quanto maior o número de amostras, mais informações estão sendo obtidas sobre a população, ou seja, um parâmetro populacional calculado com base em várias amostras provavelmente é mais próximo do verdadeiro valor do que quando calculado com base em uma única amostra;

d) cada amostra individual apresentará um valor diferente para a estatística amostral, ou seja, há uma variabilidade inerente ao processo de amostragem e, portanto, uma margem de incerteza na estimação dos parâmetros populacionais a partir de amostras.

Felizmente, no caso da amostragem aleatória, é possível demonstrar matematicamente que a variabilidade amostral pode ser descrita por distribuições de probabilidade tais como a normal e a binomial, e a incerteza pode ser quantificada de maneira adequada.

A distribuição de probabilidades que descreve como a estatística amostral é afetada pela variabilidade inerente ao processo de amostragem se denomina distribuição amostral.

Para ilustrar este ponto, a Tabela 3-1 mostra os valores médios obtidos em 100 repetições da simulação do lançamento de um dado 100 vezes, o que equivale a extrair 100 amostras de tamanho 100 de uma população infinita com distribuição uniforme com $\mu = 3,50$ e $\sigma = 1,708$. Lembre-se que estes dois valores foram calculados no capítulo anterior, quando estudamos o conceito de valor esperado.

A Figura 3-2 mostra o histograma correspondente. Observe que a média das 100 médias amostrais é 3,49 e que seu desvio padrão é 0,17.

Médias do resultado de 100 lançamentos de um dado									
3,83	3,56	3,71	3,26	3,38	3,60	3,42	3,46	3,44	3,54
3,64	3,62	3,39	3,09	3,67	3,54	3,52	3,61	3,47	3,61
3,51	3,47	3,48	3,75	3,39	3,35	3,39	3,60	3,22	3,44
3,39	3,12	3,52	3,18	3,55	3,59	3,42	3,60	3,26	3,48
3,53	3,35	3,51	3,65	3,73	3,54	3,70	3,73	3,64	3,36
3,26	3,25	3,72	3,14	3,31	3,66	3,30	3,38	3,49	3,47
3,39	3,75	3,25	3,35	3,23	3,38	3,30	3,46	3,28	3,44
3,64	3,49	3,33	3,64	3,45	3,68	3,53	3,66	3,39	3,49
3,59	3,30	3,45	3,51	3,66	3,37	3,40	3,68	3,39	3,64
3,72	3,34	3,42	3,43	3,31	3,86	3,61	3,49	3,75	3,31

Tabela 3-1 - Médias de 100 lançamentos de um dado; experimento repetido 100 vezes

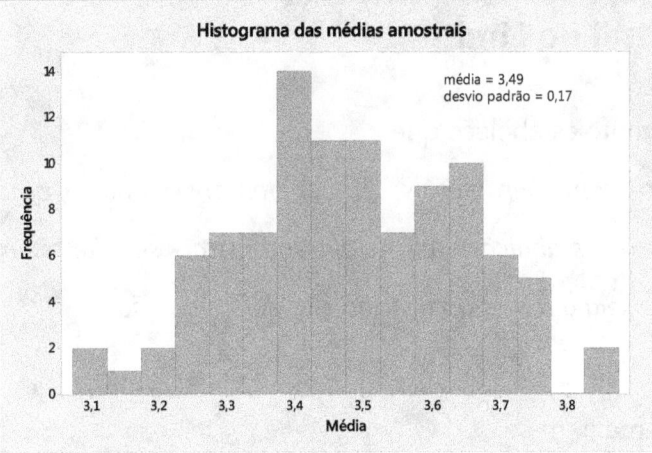

Figura 3-2 - Histograma das médias amostrais

Observando o histograma, vê-se que a distribuição das médias amostrais *lembra* uma distribuição normal; novamente, há testes estatísticos que permitem determinar se um conjunto de dados está normalmente distribuído.

Ao mesmo tempo, observa-se que a média desta distribuição é 3,49, bastante próximo do valor teórico $\mu = 3,500$ e que $\sigma = 0,17$, aproximadamente 10 vezes menor que o desvio padrão da população, onde a população é o conjunto de todos os lançamentos possíveis de um dado. E é interessante observar que 10 é a raiz quadrada do tamanho da amostra $n = 100$.

Estes resultados são válidos de maneira geral para amostras aleatórias de tamanho suficientemente grande, qualquer que seja a distribuição de probabilidades da população amostrada, o que constitui a base da inferência estatística. Por "tamanho suficientemente grande" entende-se comumente amostras de 30 ou mais elementos.

3.2 Teorema Central do Limite

O Teorema Central do Limite estabelece que:

Se de uma população com parâmetros (μ; σ) forem retiradas amostras de tamanho n suficientemente grande, a distribuição das médias amostrais será aproximadamente normal $N(\mu, \sigma/\sqrt{n})$, qualquer que seja a forma da distribuição da população.

Expresso matematicamente, tem-se

$$\mu_{\bar{x}} = \mu$$

$$\sigma_{\bar{x}} = \frac{\sigma}{\sqrt{n}}$$

onde $\mu_{\bar{x}}$ e $\sigma_{\bar{x}}$ são, respectivamente, a média e o desvio padrão da distribuição das **médias amostrais**.

3.3 Estimação

3.3.1 Como funciona a estimação

O Teorema Central do Limite é o fundamento teórico que permite estimar os parâmetros da população através de amostras aleatórias e avaliar a margem de erro envolvida na estimativa. Seja o problema de estimar a média de uma população. Quando dela se extrai uma amostra aleatória suficientemente grande, é de se supor que, de acordo com o TCL, a média amostral seja aproximadamente igual à da população.

Por outro lado, seria surpreendente se a média da amostra fosse **exatamente** igual à da população, pois há sempre alguma variabilidade no processo de amostragem. Como a distribuição das médias amostrais é normal, com desvio padrão determinado, pode-se estimar a probabilidade de que o verdadeiro valor do parâmetro esteja compreendido em um intervalo definido.

A Figura 3-3 permite visualizar a lógica da estimação. Imagine-se que a curva normal representa a distribuição das médias amostrais calculada a partir de **todas** as amostras de tamanho n que podem ser extraídas da população. É claro que a média desta distribuição é exatamente igual à média (desconhecida) da população. Quando se retira uma amostra qualquer de tamanho n da população, a média desta amostra tem ~68% de probabilidade de estar no intervalo entre $\mu - \sigma_{\bar{x}}$ e $\mu + \sigma_{\bar{x}}$, visto que este intervalo acumula ~68% da área sob a curva. Dito de outro modo, é possível afirmar com um nível de confiança de ~68% que a média da população está no intervalo que vai de $\mu - \sigma_{\bar{x}}$ a $\mu + \sigma_{\bar{x}}$ na distribuição das médias amostrais.

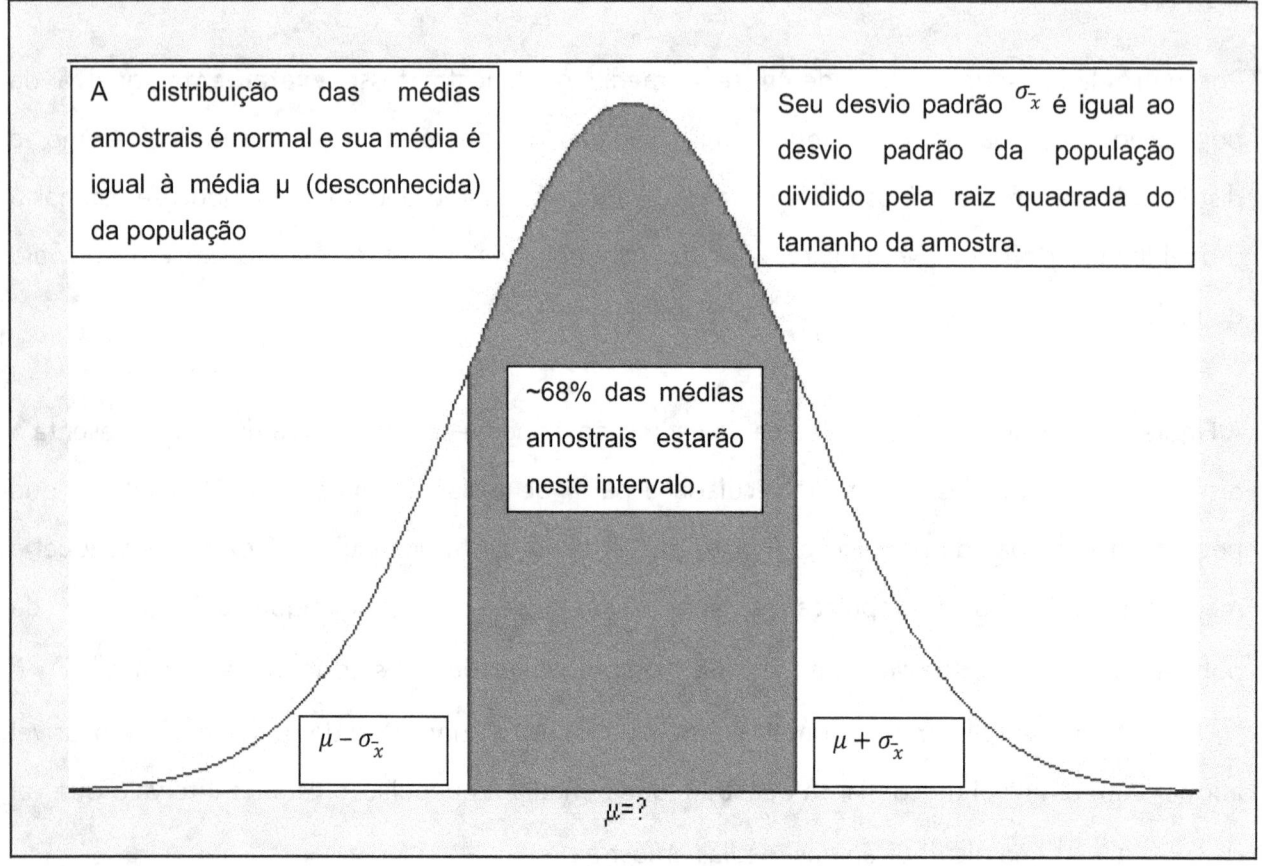

Figura 3-3 - Fundamento lógico da estimação

Analogamente, sempre tomando como referência a média da distribuição das médias amostrais, a probabilidade de que a média de uma amostra esteja localizada em certos intervalos definidos é:

a) 90,00% entre -1,65 e +1,65 desvios padrão;

b) 95,00% entre -1,96 e +1,96 desvios padrão;

c) 98,00% entre -2,33 e + 2,33 desvios padrão;

d) 99,73% entre -3,00 e +3,00 desvios padrão.

Desta discussão conclui-se que a média (desconhecida) μ de toda a população pode ser estimada a partir da média amostral, determinando-se um intervalo de valores entre os quais a verdadeira média da população deve estar situada e avaliando a probabilidade de que ela realmente esteja neste intervalo. Esta probabilidade é o grau de confiança que se pode depositar na afirmativa de que a média da população está, de fato, contida no intervalo determinado, que se denomina **intervalo de confiança**.

Quando se diz que há 95% de confiança de que a média amostral esteja entre -1,96 e +1,96 desvios padrão da verdadeira média da população, a contrapartida é de que há 5% de probabilidades de que a média amostral esteja mais afastada do que 1,96 desvios padrão da média da população.

Assim, a estimativa do parâmetro populacional baseada na estatística amostral estará certa em 95% dos casos e errada em 5% deles. Esta probabilidade de que a estimativa esteja errada, ainda que, de fato, o parâmetro populacional esteja no intervalo de confiança, é designada por α e denominada **nível de significância**; desta definição decorre que o nível de confiança é $1 - \alpha$.

Para ilustrar este fato, simulou-se a retirada de 5000 amostras aleatórias de tamanho $n = 10$, com reposição, de uma população de tamanho $N >> n$; o parâmetro amostrado segue uma distribuição normal $N(20; 4)$. Para cada amostra foram calculados a média e o intervalo de confiança de 95%. Das 5000 amostras, 4752 (95,04%) resultaram em um intervalo de confiança que inclui a verdadeira média da população ($\mu = 20$). A Tabela 3-2 mostra alguns resultados selecionados e a Figura 3-4 fornece uma impressão visual do que estes resultados significam.

Amostra	Média amostral	Intervalo de confiança de 95%		Inclui média populacional?
		Limite inferior	Limite superior	
1	18,57	16,08	21,06	Sim
2	22,68	20,19	25,17	Não
3	19,68	17,19	22,17	Sim
4	20,99	18,50	23,48	Sim
5	20,64	18,15	23,12	Sim

Amostra	Média amostral	Intervalo de confiança de 95%		Inclui média populacional?
		Limite inferior	Limite superior	
6	18,09	15,60	20,57	Sim
7	18,50	16,02	20,99	Sim
8	21,07	18,59	23,56	Sim
9	18,87	16,38	21,36	Sim
10	22,75	20,26	25,24	Não
11	16,42	13,93	18,90	Não
12	21,98	19,49	24,47	Sim

Tabela 3-2 - Médias amostrais e intervalos de confiança de 95%

Observe que o desvio padrão σ da população é conhecido, o que permite calcular o desvio padrão das médias amostrais por:

$$\sigma_{\bar{x}} = \frac{\sigma}{\sqrt{n}} = \frac{4}{\sqrt{10}} = 1,269$$

E, portanto, o intervalo de confiança de 95% é uma faixa de 1,96 x 1,269 = 2,487 unidades para cada lado da média amostral. A Figura 3-4 mostra o resultado de 12 amostras selecionadas dentre as 5000 realizadas na simulação. É fácil ver por que as amostras 2, 10 e 11 não fornecem uma estimativa correta para o valor da média da população. No caso da amostra 2, por exemplo, a média amostral é 22,68, o que representa 2,11 desvios padrão acima da média real da distribuição; o intervalo de confiança de 1,96 desvios padrão para cada lado da média amostral não chega até o verdadeiro valor da média da população $\mu = 20$.

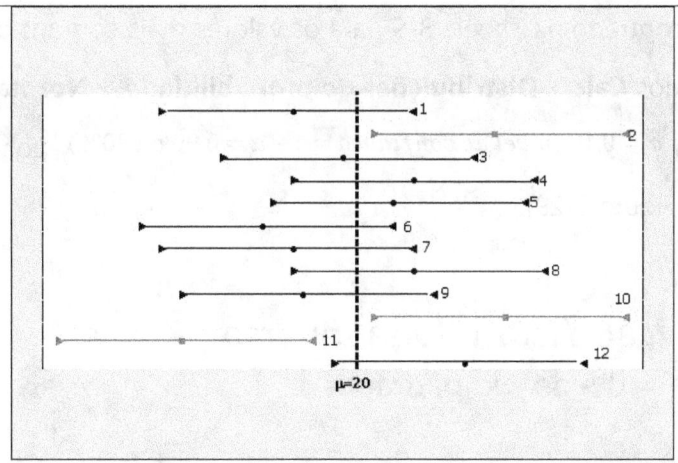

Figura 3-4 - Médias amostrais para amostras de tamanho n=10; população N(20,4)

3.3.2 Estimação da média de uma população

Em resumo, a média μ de uma população cujo desvio padrão σ é conhecido pode ser estimada a partir de uma amostra de tamanho n e média $\bar{x}$ como sendo:

$$\hat{\mu} = \bar{x} \pm z_{crit}\sigma_{\bar{x}}$$

$$\sigma_{\bar{x}} = \frac{\sigma}{\sqrt{n}}$$

onde $\hat{\mu}$ representa uma estimativa do valor da média da população e z_{crit} representa o valor de z (em módulo) que limita áreas cuja probabilidade depende do nível de confiança desejado. De acordo com esta definição, para um intervalo bilateral:

$$z_{crit} = |z_{\alpha/2}| = |z_{1-(\alpha/2)}|$$

Este valor pode ser encontrado na Tabela 3-9 para os valores mais comuns de α ou obtido usando a sequência de comandos **Calc** > **Distribuições de probabilidade** > **Normal** do Minitab. Para um intervalo bilateral com $\alpha = 0{,}10$ (nível de confiança $= 1 - \alpha = 0{,}90$ ou 90%), por exemplo, $z_{crit} = 1{,}645$; (veja a Figura 2-28 e a Figura 2-29).

Função Distribuição Acumulada Inversa
Normal com média = 0 e desvio padrão = 1

P(X ≤ x)	x
0,05	-1,64485

A estimativa se denomina intervalar, pois especifica os limites entre os quais se espera esteja a média da população. Uma estimativa pontual da média seria simplesmente

$$\hat{\mu} = \bar{x}$$

3.3.3 Distribuição t

A estimativa da média de uma população foi discutida até este momento com base na premissa de que o desvio padrão da população σ é conhecido. Na prática, esta condição não acontece com frequência, pois em geral não se conhecem nem a média e nem o desvio padrão da população em estudo. Neste caso, usa-se o desvio padrão da amostra s como estimativa do desvio padrão da população, substituindo σ por s em todas as fórmulas. A utilização de s como estimativa de σ faz com que a distribuição das médias amostrais passe a ser descrita matematicamente por uma distribuição contínua denominada distribuição t de Student ou simplesmente distribuição t; para cada tamanho de amostra n está associada uma distribuição t com $n-1$ graus de liberdade.

Esta distribuição foi estudada inicialmente por William Gosset (1876-1937), empregado da Cervejaria Guinness. Como a empresa não permitia a publicação de pesquisas, Gosset adotou o pseudônimo de Student, daí o curioso nome desta importantíssima distribuição.

A estimativa intervalar para a média da população é:

$$\mu = \bar{x} \pm t_{crit;gl}\frac{s}{\sqrt{n}}$$

onde $t_{crit;gl}$ é o valor de t com gl graus de liberdade, que corresponde ao nível de confiança desejado.

O valor $\frac{s}{\sqrt{n}}$ é denominado **erro padrão da média**, e é uma das estatísticas que podem ser calculadas quando se utiliza a funcionalidade Estatísticas básicas, conforme descrito no Capítulo 1.

A Tabela 3-3 mostra alguns valores de z_{crit} e de $t_{crit;gl}$ usados na determinação de intervalos de confiança bilaterais, para diferentes tamanhos de amostra e diferentes níveis de confiança. É claro que z_{crit} não depende do tamanho da amostra, mas $t_{crit;gl}$ sim. Examinando a tabela conclui-se que, para o mesmo nível de confiança, o valor de $t_{crit;gl}$ é maior que o de z_{crit}; isto significa que a distribuição t tem mais massa nas caudas do que a distribuição normal.

Pode-se também observar que a diferença entre a distribuição t e a distribuição normal somente é significativa para pequenos tamanhos de amostra; para tamanhos de amostra maiores as duas distribuições se confundem e justifica-se utilizar a distribuição normal para amostras maiores, seja o desvio padrão da população conhecido ou desconhecido.

O uso da distribuição normal quando n é, digamos, maior que 30, mesmo para os casos em que o desvio padrão da população é desconhecido, justificava-se pela maior rapidez dos cálculos. Os valores críticos da distribuição normal para os níveis de confiança usuais são memorizados com facilidade, ao passo que o uso da distribuição t requer o uso de tabelas. Dispondo do Minitab, parece-nos desnecessário recorrer a esta simplificação.

	Nível de confiança							
	90,00%		95,00%		98,00%		99,73%	
n	z_{crit}	$t_{crit;gl}$	z_{crit}	$t_{crit;gl}$	z_{crit}	$t_{crit;gl}$	z_{crit}	$t_{crit;gl}$
5	1,65	2,13	1,96	2,78	2,33	3,75	3,00	6,62
10		1,83		2,26		2,82		4,09
25		1,71		2,06		2,49		3,34
50		1,67		2,01		2,40		3,16
100		1,66		1,98		2,36		3,08

Tabela 3-3 - Valores das distribuições Normal e t para diversos valores de n e a

A Figura 3-5 compara uma distribuição normal $N(0,1)$ e uma distribuição t com 1 grau de liberdade; a Figura 3-6 compara a mesma distribuição normal com uma distribuição t com 99 graus de liberdade. As duas figuras suportam as afirmativas feitas nos parágrafos anteriores.

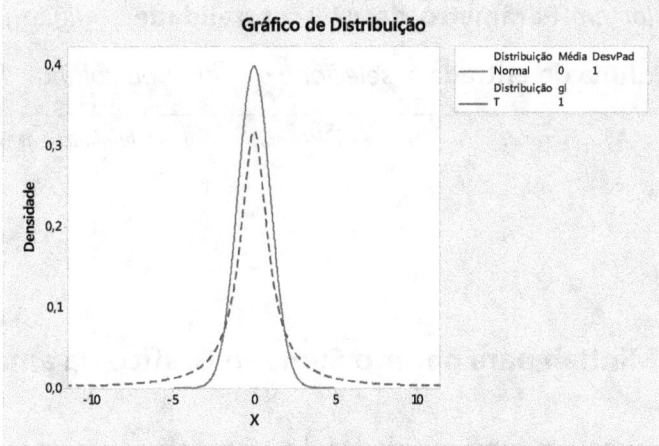

Figura 3-5 - Distribuições N(0,1) e t(g.l.=1)

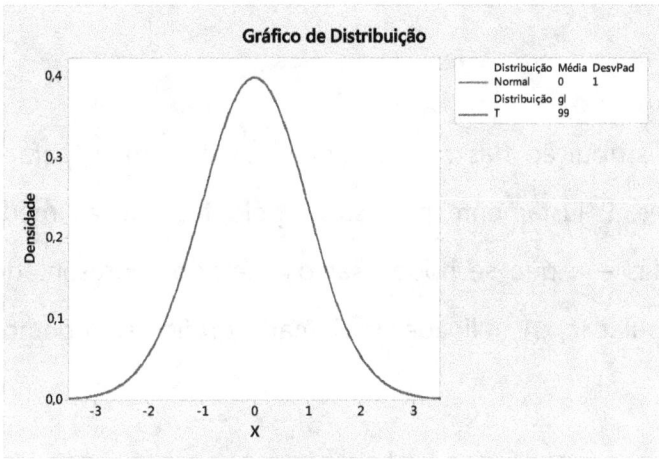

Figura 3-6 - Distribuições N(0,1) e t(g.l.=99)

As probabilidades e valores críticos associados a uma distribuição t podem ser encontrados usando a sequência de comandos do Minitab apresentada a seguir:

Calc > **Distribuições de probabilidade** > **t** > painel **Distribuição t** > *Selecione* **Densidade de probabilidade** *ou* **Probabilidade acumulada** *ou* **Probabilidade Acumulada Inversa**> *se* *necessário digite um valor em* **Parâmetro de não centralidade** > *digite um valor em* **Graus de liberdade** > *selecione* **Coluna de entrada** > *selecione a coluna ou colunas de entrada* > **OK**

Sequência de comandos 3-1 - Distribuições de probabilidade: t de Student

3.3.4 Usando o Minitab para obter o Sumário Gráfico da amostra

Neste tópico discute-se uma das funcionalidades do Minitab frequentemente aplicada na análise de dados. Trata-se do Resumo gráfico, que é de grande valia na análise preliminar dos dados, pois permite que o usuário verifique se as condições necessárias para a aplicação do método desejado são satisfeitas.

O TCL afirma que a distribuição das médias amostrais é normal, para tamanhos de amostra suficientemente grandes. É justamente por isto – pelo fato de as médias amostrais estarem normalmente distribuídas – é que se pode usar os métodos apresentados anteriormente para estimar a média da população. A utilidade do Sumário gráfico será demonstrada através de um exemplo.

Exemplo 3-1: Obtenha o Sumário gráfico para os dados apresentados na coluna XYZ_F1 da Tabela 3-4.

XYZ_F1	XYZ_F2	XYZ_F3
4,96	4,96	5,10
5,01	4,97	5,03
5,03	5,00	5,07

4,98	4,99	5,04
4,98	5,02	5,05
4,91	5,00	5,07
5,00	5,04	5,09
4,97	4,99	5,04
4,88	4,95	5,10
4,97	5,02	5,01
5,00	4,96	5,05
4,91	5,01	5,12

Tabela 3-4 - Medições de um parâmetro x nas amostras dos fornecedores F_1, F_2 e F_3

Solução: Carregue os dados da Tabela 3-4 na planilha ativa. Para obter o sumário gráfico dos dados, use a sequência de comandos a seguir:

Estat > **Estatísticas básicas** > **Sumário gráfico** > *painel* **Sumário gráfico** > *selecione as variáveis XYZ_F1, XYZ_F2 e XYZ_F3 para* **Variáveis** > *digite o* **Nível de Confiança** *(se necessário; valor inicial 95)* >**OK**

Sequência de comandos 3-2 - Sumário gráfico dos dados

A Figura 3-7 mostra o sumário gráfico para a variável XYZ_F1. Podemos considerar que a informação contida no sumário é apresentada sob a forma de gráficos e uma tabela dividida em quatro grupos de informações.

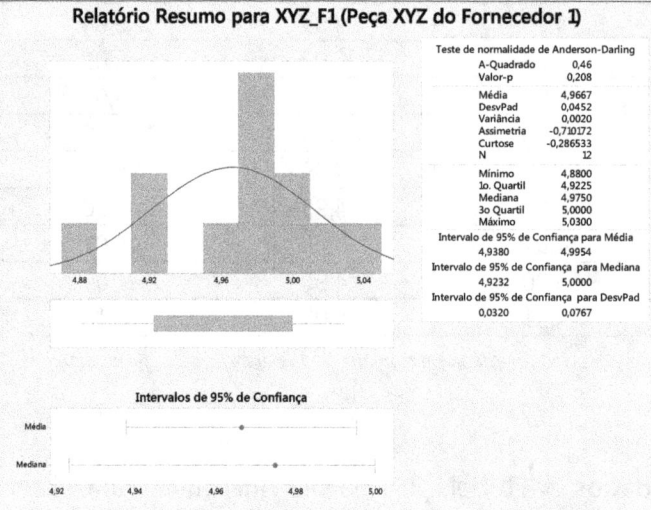

Figura 3-7 - Relatório resumo para a amostra do Fornecedor 1

Os gráficos são:

a) um histograma dos dados, com uma distribuição normal superposta;

b) um boxplot dos dados;

c) um gráfico mostrando os intervalos de confiança para a média e a mediana; neste caso o nível de confiança especificado é de 95%.

A tabela contém quatro grupos de informações. O primeiro grupo se relaciona com o teste de normalidade de Anderson-Darlington. A questão de se os dados seguem ou não uma distribuição normal é, como o leitor deve ter percebido, de grande importância. Em um tópico posterior serão abordados os testes de normalidade, cuja finalidade é justamente determinar se um conjunto de dados pode ou não ser considerado como normalmente distribuído Neste momento é suficiente mencionar que um destes testes é o de Anderson-Darlington e que o valor A-quadrado é a estatística de teste que permite decidir se os dados podem ser considerados como normalmente distribuídos.

O valor-p apresentado abaixo do valor de A-quadrado indica o resultado do teste. Também em um tópico posterior será discutido com detalhes o significado do valor-p. Por enquanto basta dizer que se o nível de confiança é 95%, qualquer valor-p maior que 0,05 neste teste indica que os dados podem ser considerados como normalmente distribuídos.

O segundo grupo de informações apresenta estatísticas básicas já conhecidas (média, desvio padrão, variância, e tamanho da amostra) e mais duas estatísticas básicas que ainda não foram mencionadas: assimetria e curtose.

Assimetria é uma medida de quão simétrica é a distribuição dos dados. Quanto maior o valor deste parâmetro mais assimétrica é a distribuição dos dados; um valor negativo indica assimetria para a esquerda e um valor positivo indica assimetria para a direita. Um valor zero não indica necessariamente uma distribuição normal, porém a assimetria da distribuição normal é zero.

Curtose é uma medida da quantidade e magnitude de valores extremos gerados pela distribuição em comparação com uma distribuição normal. A curtose de qualquer distribuição normal é 3. Distribuições com a curtose menor que 3 são denominadas platicúrticas; quando a curtose é maior que 3 a distribuição é denominada leptocúrtica.

Os valores tanto da assimetria como da curtose auxiliam na avaliação da normalidade da distribuição examinada. De maneira geral, entre duas distribuições, aquela que tiver os valores da assimetria mais próximo de 0 e o valor da curtose mais próximo de 3 estará mais próxima de uma distribuição normal.

O grupo de informações a seguir mostra os valores usados para construir o boxplot, que são mínimo, 1º quartil, mediana, 3º quartil e máximo. Finalmente, o quarto grupo de informações mostra os valores limites para os intervalos de confiança da média, da mediana e do desvio padrão.

3.3.5 Análise preliminar dos dados

A rigor, a aplicação dos métodos acima para determinar o intervalo de confiança da média requer que a distribuição populacional seja normal. Porém, para amostras de tamanho "razoável", digamos igual ou maior que 30, extraídas de uma população cuja distribuição não seja extremamente assimétrica, a aplicação destes métodos traz resultados satisfatórios. De qualquer modo, é sempre recomendável que em cada caso específico os dados sejam analisados para verificar se os requisitos de normalidade são atendidos ao menos de maneira aproximada. É importante observar que na prática diária, o profissional irá analisar um problema concreto, e muito provavelmente terá razoável conhecimento sobre como os dados devem estar distribuídos.

Como orientação geral, é comum levar em conta os critérios mostrados na Tabela 3-5 para decidir o caminho a ser seguido na análise.

DISTRIBUIÇÃO POPULACIONAL	TAMANHO DA AMOSTRA	COMENTÁRIO
Simétrica, normal ou aproximadamente normal	Pode ser menor que 30	Estimativa intervalar pode ser feita como descrito
Não normal, fortemente assimétrica	Menor que 30	Método pode resultar em erros; pesquise alternativas
	Maior ou igual a 30	Estimativa intervalar pode ser feita como descrito

Tabela 3-5 - Condições para determinação da estimativa intervalar

Para ilustrar de maneira simples e clara o que se quer dizer com a Tabela 3-5, considere dez amostras aleatórias E1 até E10, com tamanho $n = 10$, extraídas de uma distribuição exponencial com média $\mu_E = 20$ e desvio padrão $\sigma_E = 20$. Usando o Minitab, determinou-se o intervalo de confiança para a média, a partir de cada uma das amostras E1 a E10, conforme mostrado a seguir. Para isto aplicou-se o método descrito no tópico **Distribuição t**.

Teste T para Uma Amostra: E1; E2; E3; E4; E5; E6; E7; E8; E9; E10
Estatísticas Descritivas

Amostra	N	Média	DesvPad	EP Média	IC de 95% para µ
E1	10	12,15	8,76	2,77	(5,88; 18,41)
E2	10	17,84	17,14	5,42	(5,58; 30,11)
E3	10	20,85	21,90	6,93	(5,18; 36,51)
E4	10	13,36	8,06	2,55	(7,59; 19,12)
E5	10	30,24	21,40	6,77	(14,93; 45,55)
E6	10	18,83	25,13	7,95	(0,85; 36,81)
E7	10	15,37	9,91	3,13	(8,28; 22,45)
E8	10	23,34	18,82	5,95	(9,88; 36,80)
E9	10	19,95	15,41	4,87	(8,93; 30,98)
E10	10	23,82	23,35	7,39	(7,11; 40,52)

µ: média de E1; E2; E3; E4; E5; E6; E7; E8; E9; E10

O leitor pode observar que duas das dez amostras extraídas da distribuição exponencial (E1 e E4) resultam em intervalos de confiança que nem sequer incluem a média amostral. Imagine que um engenheiro foi encarregado de analisar os dados, tomando como base uma única destas 20 amostras. Se o engenheiro dispusesse apenas da amostra E1 e ignorasse completamente as circunstâncias que cercam a geração dos dados, concluiria que a média da população é 8,76 e o intervalo de confiança entre 5,88 e 18,41, uma conclusão completamente equivocada...

A Figura 3-8 mostra à esquerda a distribuição assumida pelo método de estimação e à direita a distribuição que realmente originou os dados. A figura dá uma pista sobre o que está ocorrendo: a distribuição exponencial é bastante assimétrica e, por consequência, a presunção de normalidade na distribuição das médias amostrais requer maiores tamanhos de amostra.

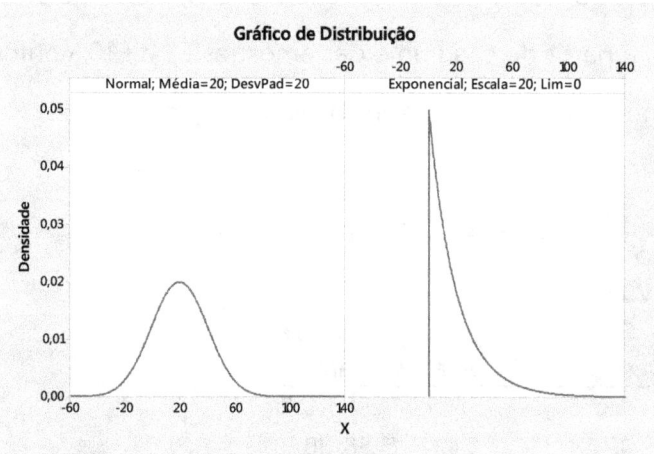

Figura 3-8 - Distribuições populacionais usadas como exemplo

Por exemplo, o sumário gráfico de uma amostra de tamanho 30 extraída da mesma distribuição exponencial pode ser visto na Figura 3-9. Este sumário evidencia de forma inconteste que os dados amostrais não estão distribuídos normalmente, fornece uma estimativa relativamente próxima para a média e o desvio padrão da população e aponta para a necessidade de aplicar outras técnicas estatísticas para analisar os dados.

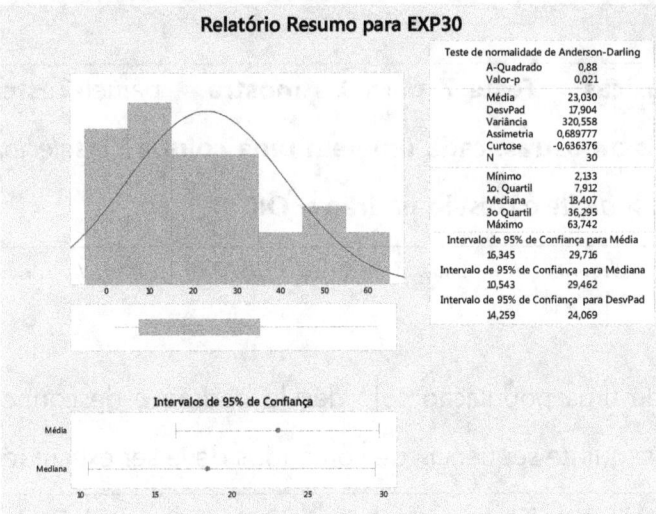

Figura 3-9 - Amostra de tamanho n=30 extraída de uma distribuição exponencial

Assim, em qualquer análise estatística é importante compreender a natureza dos fenômenos envolvidos, a forma provável da distribuição dos dados, a presença ou ausência de valores extremos, e outros aspectos semelhantes. Por este motivo, a maioria dos painéis que serão vistos a seguir possuem um botão denominado **Gráficos**, que permite visualizar o histograma, o boxplot e o gráfico de valores individuais para os dados.

3.3.6 Usando o Minitab para estimar médias

O Minitab pode ser usado para estimar, a partir de uma amostra, a média de uma população cujo desvio padrão é conhecido. A estimativa pode ser baseada em uma amostra cujos elementos estejam armazenados em uma coluna (podem ser analisadas diversas amostras em uma única rodada); é possível também usar dados sumarizados, quando se fornece como entrada ao Minitab apenas o tamanho da amostra e a média amostral.

Quando o desvio padrão é conhecido, os limites de confiança podem ser determinados utilizando a distribuição normal, ou seja, o **Teste Z para 1 amostra**. A seguinte sequência de comandos deve ser executada:

Estat > **Estatísticas básicas** > **Teste Z para 1 Amostra** > painel **Teste Z para 1 amostra** > *Selecione* **"Uma ou mais amostras, cada uma em uma coluna"** > *selecione a coluna ou colunas que contém as amostras* > *digite o* **Desvio padrão** > **OK**

Sequência de comandos 3-3 - Teste Z para uma amostra, dados completos

Para estimar a média de uma população cujo desvio padrão é desconhecido, usa-se o **Teste t para uma amostra** e a seguinte sequência de comandos deve ser executada:

Estat > **Estatísticas básicas** > **Teste t para 1 Amostra** > painel **Teste t para 1 amostra** > *Selecione* **"Uma ou mais amostras, cada uma em uma coluna"** > *selecione a coluna ou colunas que contém as amostras* >**OK**

Sequência de comandos 3-4 - Teste t para uma amostra

Nas duas sequências acima é possível usar a opção **"Dados sumarizados"**.

Exemplo 3-2: Uma amostra de tamanho *n*= 50 foi retirada de uma população com desvio padrão σ = 15, obtendo-se uma média amostral de 46. Estimar a média da população com (a) *90%* e (b) *95%* de confiança.

Solução: Trata-se da estimação da média populacional a partir de uma amostra com dados sumarizados. O desvio padrão da população é conhecido de antemão, aplicando-se portanto o **Teste Z para uma amostra**. Os valores conhecidos são o tamanho da amostra $n = 50$, o desvio padrão da população σ = 15 e a média amostral $\bar{x}$ = 46. Execute a sequência de comandos a seguir:

Estat > **Estatísticas básicas** > **Teste Z para 1 amostra** > *painel* **Teste Z para 1 amostra** > *selecione* **Dados sumarizados** *na caixa de listagem* > *digite 50 em* **Tamanho amostral** > *digite 46 em* **Média amostral** > *digite 15 em* **Desvio padrão conhecido** > *desmarque a caixa de seleção* **Realizar teste de hipóteses** > **Opções** > *painel* **Teste Z para 1 amostra: Opções** > *digite 90 em* **Nível de confiança** > **OK** > *painel* **Teste Z para 1 amostra** > **OK**

Sequência de comandos 3-5 - Teste Z para uma amostra, dados sumarizados

Uma Amostra Z
Estatísticas Descritivas

			IC de 90%
N	Média	EP Média	para μ
50	46,00	2,12	(42,51; 49,49)

μ: média de Amostra
Desvio padrão conhecido = 15

Uma dica: para visualizar os resultados com diferente número de casas decimais, clique sobre o valor desejado, na tela de Sessão, usando o botão direito do mouse. No painel que aparece, clique casas decimais e na lista seguinte selecione de 0 a 16 casas decimais.

Para responder o quesito (b) repete-se o processo anterior, mudando apenas o passo *"digite 90 em* **Nível de confiança***"* para *"digite 95 em* **Nível de confiança***"*. O resultado é:

Uma Amostra Z
Estatísticas Descritivas

			IC de 95%
N	Média	EP Média	para μ

Estatística Aplicada em Engenharia [com Minitab]: Volume 1

50   46,00   2,12   (41,84; 50,16)
µ: média de Amostra
Desvio padrão conhecido = 15

Exemplo 3-3: A extração de uma amostra aleatória de tamanho $n = 10$ de uma certa população resultou em x= {15,75; 16,59; 18,36; 20,80; 21,95; 22,44; 22,44; 22,77; 23,48; 23,61}. Estimar, com 95% de confiança, o intervalo onde se localiza a média da população, nas duas situações: (a) supondo o desvio padrão da população conhecido, $\sigma = 4$, e; (b) supondo o desvio padrão da população desconhecido.

Solução: Trata-se da estimação da média populacional a partir de uma amostra com dados conhecidos. No quesito (a), onde o desvio padrão da população é conhecido de antemão, usa-se o **Teste Z para uma amostra**; no quesito (b) o desvio padrão é desconhecido, aplicando-se o **Teste t para uma amostra**.

Carregue os dados relativos à variável *x* na planilha ativa. Execute a sequência de comandos a seguir:

Estat > **Estatísticas básicas** > **Teste Z para 1 amostra** > *painel* **Teste Z para 1 amostra** > *selecione* **Uma ou mais amostras, cada uma em uma coluna** na caixa de listagem > *selecione* ***x*** > *digite* 4 em **Desvio padrão conhecido** > *desmarque a caixa de seleção* **Realizar teste de hipóteses** > **Opções** > *painel* **Teste Z para 1 amostra: Opções** > *digite* 95 em **Nível de confiança** > **OK** > *painel* **Teste Z para 1 amostra** > **OK**

Sequência de comandos 3-6 - Teste Z para uma amostra: dados conhecidos

Teste Z para 1 Amostra: x
Estatísticas Descritivas

N	Média	DesvPad	EP Média	IC de 95% para μ
10	20,82	2,88	1,26	(18,34; 23,30)

μ: média de x
Desvio padrão conhecido = 4

Para o quesito (b), execute a seguinte sequência de comandos:

Estat > **Estatísticas básicas** > **Teste t para 1 Amostra** > painel **Teste t para 1 amostra** > *Selecione* "**Uma ou mais amostras, cada uma em uma coluna**" > *selecione* **x** > *desmarque a caixa de seleção* **Realizar teste de hipóteses** > **Opções** > *painel* **Teste t para 1 amostra: Opções** > *digite 95 em* **Nível de confiança** > **OK** > painel **Teste t para 1 amostra** > **OK**

Sequência de comandos 3-7 - Teste t para uma amostra: dados conhecidos

Teste T para Uma Amostra: x
Estatísticas Descritivas

N	Média	DesvPad	EP Média	IC de 95% para μ
10	20,819	2,884	0,912	(18,756; 22,882)

μ: média de x

Esta amostra foi retirada de uma população distribuída normalmente, $N(20;4)$. Assim, as duas estimativas incluem o verdadeiro valor da média.

Exemplo 3-4: O fornecedor da peça XYZ para a empresa ABC foi atingido por um incêndio. Felizmente não houve vítimas, mas a linha de produção da peça XYZ ficou muito danificada. Para continuar a produção, a empresa ABC tem que adquirir a peça de fornecedores alternativos, cujo nível de qualidade não conhece. Assim, o Gerente da Manufatura decidiu adquirir 12 peças de

cada um dos fornecedores alternativos F_1, F_2 e F_3 e medir um parâmetro crítico cujo valor nominal VN = 5 N com uma tolerância de 0,1 N para mais ou para menos. O Fornecedor 1 afirmou que manterá um desvio padrão de 0,04 e os demais se comprometeram com um desvio padrão de 0,03. O resultado das medidas deste parâmetro nas amostras de cada fornecedor é mostrado na Tabela 3-4. Qual deve ser a recomendação?

Solução: Carregue os dados da Tabela 3-4 na planilha ativa. Os sumários gráficos para XYZ_F2 e XYZ_F3, mostrados na Figura 3-10 e na Figura 3-11, respectivamente, podem ser analisados da mesma forma que o sumário gráfico de XYZ_F1, mostrado na Figura 3-7 . Conforme se pode observar pelos respectivos sumários gráficos, as três amostras podem ser consideradas como tendo sido extraídas de uma população normalmente distribuída.

Para definir qual fornecedor deve ser recomendado, considere a situação do ponto de vista do cliente. Ele irá receber em sua fábrica lotes do produto XYZ que serão inspecionados para verificar se a característica de interesse está dentro da especificação de 5,0±0,1 N.

Para o cliente o melhor fornecedor será aquele cujas peças tenham a maior probabilidade de apresentar a característica de interesse entre 4,9 e 5,1 N, que são, respectivamente o limite inferior de especificação (LIE) e o limite superior de especificação (LSE).

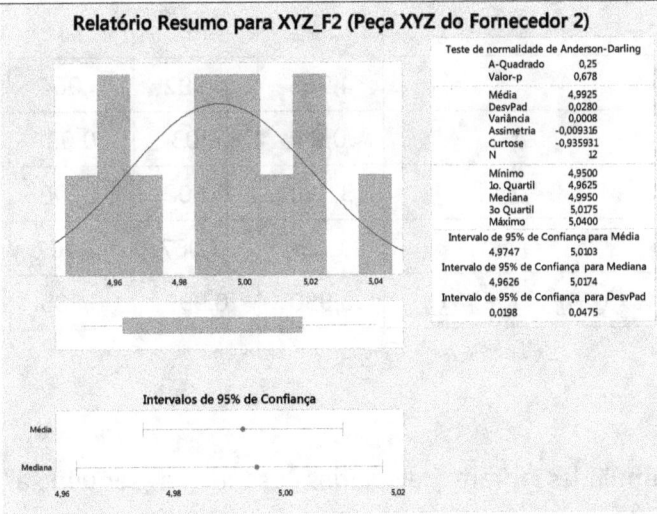

Figura 3-10 - Relatório resumo para a amostra do Fornecedor 2

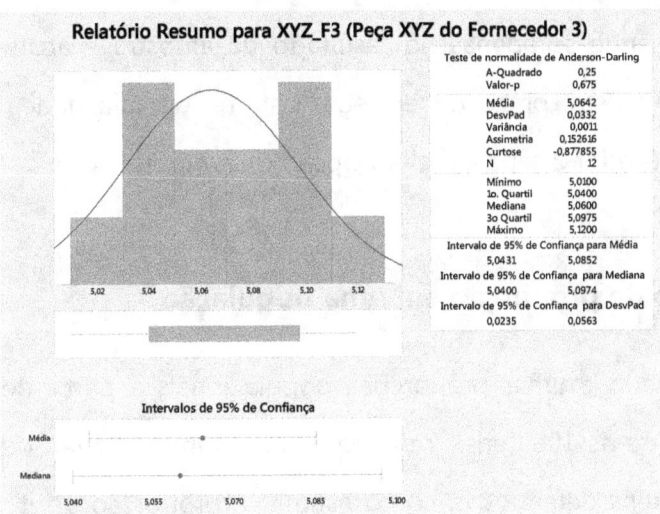

Figura 3-11 - Relatório resumo para a amostra do Fornecedor 3

Vamos tomar como verdadeiras as afirmações dos fornecedores e considerar que o desvio padrão é conhecido. Os valores calculados estão na Tabela 3-6, lembrando que:

$$z_{LIE} = \frac{LIE - \bar{x}}{\sigma}$$

$$z_{LSE} = \frac{LSE - \bar{x}}{\sigma}$$

	F1	F2	F3
$\bar{x}$	4,966	4,992	5,064
σ	0,04	0,03	0,03
z_{LSE}	3,350	3,600	1,200
z_{LIE}	-1,650	-3,067	-5,467
$P(z_{LIE} < z < z_{LSE})$	0,950	0,999	0,885

Tabela 3-6 - Comparação entre três fornecedores

As probabilidades acumuladas foram calculadas usando a sequência já conhecida **Calc > Distribuição de probabilidade > Normal**.

Parece claro que, baseando-se apenas no resultado da amostra e abstraindo todas as demais condições de negócio (custo, prazo de entrega, sistema de qualidade, situação financeira do fornecedor etc.) o Fornecedor 2 seria a melhor opção da empresa.

3.3.7 Estimação da proporção em uma população

Muitas vezes é necessário estimar proporções populacionais a partir de dados amostrais. Por exemplo, se uma amostra de 100 itens é retirada de um grande lote fabricado anteriormente, e se verifica que há cinco itens defeituosos, como estimar a proporção de itens defeituosos no lote como um todo? No caso de proporções amostrais a premissa é de que a característica analisada tenha distribuição binomial.

Para grandes amostras a distribuição das proporções amostrais é aproximadamente normal e o mesmo raciocínio usado para as médias amostrais pode ser aplicado neste caso. Assim, se uma amostra de tamanho n é extraída de uma grande população, e se verifica a ocorrência de x sucessos na amostra, a proporção populacional pode ser estimada pontualmente como

$$\hat{p} = \frac{x}{n}$$

Ou através de um intervalo de confiança obtido pelo cálculo de

$$\hat{p} = \frac{x}{n} \pm z_{crit} \sqrt{\frac{\frac{x}{n}\left(1 - \frac{x}{n}\right)}{n}}$$

Além disto, é possível determinar de forma exata o intervalo de confiança usando a distribuição binomial para determinar os valores de p que mais se aproximam das probabilidades associadas ao nível de confiança desejado.

O cálculo dos limites exatos do intervalo de confiança para as proporções amostrais é bastante trabalhoso para ser feito manualmente. O Minitab, entretanto, permite o cálculo dos limites tanto através da aproximação normal como através de um método exato.

3.3.8 Usando o Minitab para estimar proporções

A informação sobre a amostra pode ser fornecida de forma sumarizada (número de tentativas e número de sucessos), que é o mais comum, ou como uma amostra com os valores em uma coluna. Neste segundo caso os dados amostrais devem ser informados usando apenas dois valores, um que representa a ocorrência do evento (sucesso), e outro que representa a não ocorrência do evento (falha).

Por convenção, se os valores são numéricos, o maior valor representa a ocorrência do evento; por exemplo usando os números **0/1**, o número **1** representa sucesso e **0** representa falha. Também por convenção, se os valores são do tipo texto, o segundo valor em ordem alfabética representa a ocorrência do evento; usando, por exemplo, a palavra "**Não**"/"**Sim**" a palavra "**Sim**" corresponde ao sucesso e a palavra "**Não**" corresponde à falha.

Exemplo 3-5: Uma amostra de 100 peças é extraída de um grande lote fabricado anteriormente. Uma inspeção desta amostra encontra 5 peças com defeito. Estimar o índice de defeitos na população com nível de confiança (a) de 90% e (b) de 95%.

Solução: Trata-se da estimação de uma proporção populacional a partir de uma amostra com dados sumarizados. Aplica-se o **Teste para 1 proporção**, partindo da premissa de que a variável aleatória segue uma distribuição binomial. Execute a sequência de comandos a seguir:

Estat > **Estatísticas básicas** > **Teste para 1 proporção** > *painel* **Proporção para 1 amostra** > *selecione* **Dados sumarizados** *na caixa de listagem* > *digite 5 em* **Número de eventos** > *digite 100 em* **Número de ensaios** > *desmarque a caixa de seleção* **Realizar teste de hipóteses** > **Opções** > *painel* **Proporção para 1 amostra: Opções** > *digite 90 em* **Nível de confiança** > *selecione* **Aproximação normal** > **OK** > *painel* **Proporção para 1 amostra** > **OK**

Sequência de comandos 3-8 - Teste para uma proporção: dados sumarizados

Teste e IC para Uma Proporção
Método
p: proporção de eventos
O método de aproximação normal é usado para esta análise.

Estatísticas Descritivas

N	Evento	Amostra p	IC de 90% para p
100	5	0,050000	(0,014151; 0,085849)

Para encontrar a resposta ao quesito (b) repita a sequência de comandos anterior, porém digitando 95 em **Nível de Confiança**. O resultado é

Teste e IC para Uma Proporção
Método
p: proporção de eventos
O método de aproximação normal é usado para esta análise.

Estatísticas Descritivas

N	Evento	Amostra p	IC de 95% para p
100	5	0,050000	(0,007284; 0,092716)

A distribuição binomial é discreta porém, como se viu anteriormente, pode ser aproximada por uma distribuição normal. Uma distribuição $B(n; p_0)$ é bem aproximada por uma distribuição $N[np_0; \sqrt{np_0(1-p_0)}]$ quando np_0 e $n(1-p_0)$ for maior ou igual a 5. Esta é a aproximação normal usada pelo Minitab para calcular o intervalo de confiança. No entanto, há diversos métodos que buscam determinar o intervalo de confiança de maneira mais aproximada, considerando a natureza discreta da distribuição binomial. Estes métodos procuram, através de algoritmos iterativos encontrar valores dos parâmetros da distribuição que obtenham as melhores aproximações para que a diferença entre os limites seja igual ao nível de confiança. O método usado pelo Minitab denomina-se intervalo de Clopper-Pearson; detalhes sobre o cálculo fogem do escopo desta obra. É interessante comparar os resultados obtidos usando o método exato. Para tanto refaça os quesitos (a) e (b) mudando apenas o método. Os resultados são:

Teste e IC para Uma Proporção
Método

p: proporção de eventos
O método exato é usado para esta análise.

Estatísticas Descritivas

N	Evento	Amostra p	IC de 90% para p
100	5	0,050000	(0,019906; 0,102253)

Teste e IC para Uma Proporção

Método

p: proporção de eventos
O método exato é usado para esta análise.

Estatísticas Descritivas

N	Evento	Amostra p	IC de 95% para p
100	5	0,050000	(0,016432; 0,112835)

A Tabela 3-7 mostra os intervalos de 90% e 95% de confiança calculados pelo método de aproximação normal e pelo método exato.

Nível de confiança	Intervalo de confiança para uma proporção			
	Método aproximação normal		Método exato	
	Limite inferior	Limite superior	Limite inferior	Limite superior
90%	0,0142	0,0858	0,0199	0,102
95%	0,00728	0,0927	0,0164	0,113

Tabela 3-7 - Comparação entre métodos: aproximação normal x exato

3.3.9 Erros de estimação e tamanhos de amostra

Os intervalos de confiança para médias são expressos da forma

$$\bar{x} \pm z_{crit}\frac{\sigma}{\sqrt{n}} \quad (desvio\ padrão\ da\ população\ conhecido)$$

$$\bar{x} \pm t_{crit;gl}\frac{s}{\sqrt{n}} \quad (\textit{desvio padrão da população desconhecido})$$

Os termos $\left(\sigma/\sqrt{n}\right)$ e $\left(s/\sqrt{n}\right)$ são chamados de erro padrão da média.

O produto do erro padrão da média por z_{crit} ou $t_{crit;gl}$, conforme o caso, representa o erro máximo provável da média amostral em relação ao verdadeiro valor da média populacional. Quando o desvio padrão σ da população é conhecido, este erro é dado por

$$e = z_{crit}\frac{\sigma}{\sqrt{n}}$$

Esta equação mostra que o erro máximo provável depende de três fatores:

a) tamanho da amostra, n: quanto maior o tamanho da amostra, menor o erro de estimação, observando-se porém que a variação é inversamente proporcional à raiz quadrada de n; por exemplo, aumentar o tamanho da amostra 10 vezes reduz o erro em 3,16 vezes;

b) desvio padrão da população: quanto maior a dispersão dos valores na população amostrada, tanto maior será o erro máximo provável da estimativa;

c) nível de confiança desejado: quanto maior o nível de confiança desejado, tanto maior o intervalo onde se pode situar a média populacional.

O tamanho da amostra requerida para obter um determinado erro máximo provável pode ser calculado pela expressão

$$n = \left(z_{crit}\frac{\sigma}{e}\right)^2$$

Se o desvio padrão da população é desconhecido, temos

$$n = \left(t_{crit;gl}\frac{s}{e}\right)^2$$

que deve ser resolvido iterativamente, pois $t_{crit;gl}$ também depende do tamanho da amostra.

Para proporções amostrais, o intervalo de confiança é obtido pela expressão

$$\hat{p} = \frac{x}{n} \pm z_{crit}\sqrt{\frac{\frac{x}{n}\left(1-\frac{x}{n}\right)}{n}}$$

quando se usa o método de aproximação normal. O erro associado à estimativa é

$$e = z_{crit}\sqrt{\frac{\frac{x}{n}\left(1-\frac{x}{n}\right)}{n}}$$

e é diretamente proporcional ao nível de confiança desejado e inversamente proporcional à raiz quadrada do tamanho da amostra. Com relação à proporção amostral (x/n), o valor máximo do erro ocorre quando $(x/n) = 0{,}5$.

Da fórmula acima, pode-se deduzir o tamanho da amostra para um determinado nível de confiança, que é:

$$n = z_{crit}{}^2\left(\frac{\frac{x}{n}\left(1-\frac{x}{n}\right)}{e^2}\right)$$

Se não há nenhuma informação sobre a proporção populacional, deve-se utilizar o valor 0,5 para (x/n), pois este seria o pior caso possível.

3.3.10 Usando o Minitab para estimar tamanhos de amostra

O Minitab pode estimar o erro em função do tamanho da amostra ou determinar o tamanho da amostra em função do erro tolerado, tanto na estimação de médias como na estimação de proporções populacionais. Para cálculos relativos à estimação de médias execute a sequência de comandos a seguir:

> **Poder e tamanho de amostra** > **Tamanho de amostra para estimação** > *painel* **Tamanho amostral para estimação** > *Selecione* **Média (normal)** *em* **Parâmetro** > *digite o desvio padrão conhecido ou estimado usando os dados amostrais em* **Desvio padrão** > *selecione* **Estimar tamanhos amostrais** *OU* **Estimar margens de erro** > *digite uma ou* mais **Margens de erro** *(separadas por espaços)* OU *um ou mais* **Tamanhos amostrais** *(separados por espaços)* **[o Minitab calcula a variável não selecionada]** > **Opções** > *painel* **Tamanho amostral para estimação: Opções** > *digite o nível de confiança em* **Nível de confiança** > *selecione* **Bilateral** *em* **Intervalo de confiança** > *marque ou desmarque a caixa de seleção* **Assumir desvio padrão conhecido**, *conforme o caso* > **OK** > *painel* **Tamanho amostral para estimação** > **OK**

Sequência de comandos 3-9 - Tamanho de amostra / erro para estimação de médias

Para cálculos relativos à estimação de proporções execute a sequência de comandos a seguir:

> **Poder e tamanho de amostra** > **Tamanho de amostra para estimação** > *painel* **Tamanho amostral para estimação** > *Selecione* **Proporção (binomial)** *em* **Parâmetro** > *digite a proporção amostral observada em* **Proporção** > *selecione* **Estimar tamanhos amostrais** *OU* **Estimar margens de erro** > *digite uma ou* mais **Margens de erro** *(separadas por espaços)* OU *um ou mais*

Estatística Aplicada em Engenharia [com Minitab]: Volume 1

> **Tamanhos amostrais** *(separados por espaços)* **[o Minitab calcula a variável não selecionada]** > **Opções** > *painel* **Tamanho amostral para estimação: Opções** > *digite o nível de confiança em* **Nível de confiança** > selecione **Bilateral** em **Intervalo de confiança** > **OK** > *painel* **Tamanho amostral para estimação** > **OK**

Sequência de comandos 3-10 - Tamanho de amostra / erro para estimação de proporções

Exemplo 3-6: Uma amostra de tamanho $n = 50$ foi retirada de uma população com desvio padrão $\sigma = 15$. Determinar (a) o erro máximo provável com 95% de confiança, e; (b) sabendo que a média amostral da população é supostamente igual a 50, estimar o tamanho da amostra, também com 95% de confiança, para que o erro máximo seja de 10%, 5% e 2,5%.

Solução: Trata-se de determinar o tamanho da amostra para obter um erro máximo provável na estimação da média populacional a partir de uma amostra com dados sumarizados. O desvio padrão da população é conhecido de antemão. Entre a seguinte sequência de comandos para resolver o quesito (a):

> **Poder e tamanho de amostra** > **Tamanho de amostra para estimação** > *painel* **Tamanho amostral para estimação** > *Selecione* **Média (normal)** *em* **Parâmetro** > *digite 15 em* **Desvio padrão** > *selecione* **Estimar margens de erro** > *digite 50 em* **Tamanhos amostrais** **[o Minitab calcula a margem de erro]** > **Opções** > *painel* **Tamanho amostral para estimação: Opções** > *digite 95 em* **Nível de confiança** > selecione **Bilateral** em **Intervalo de confiança** > *marque a caixa de seleção* **Assumir desvio padrão conhecido** > **OK** > *painel* **Tamanho amostral para estimação** > **OK**

Sequência de comandos 3-11 - Cálculo do erro máximo provável, desvio padrão conhecido

Tamanho Amostral para Estimação
Método

Parâmetro	Média
Distribuição	Normal
Desvio padrão	15 (valor de população)
Nível de confiança	95%
Intervalo de Confiança	Bilateral

Resultados

Tamanho Amostral	Margem de Erro
50	4,15771

Considerando a média de 50, o erro máximo provável deve ser 5, 2,5 ou 1,25 (valores correspondentes a 10%, 5% ou 2,5% da média). Para que estes erros sejam possíveis, os tamanhos da amostra devem ser calculados executando a sequência:

Estat > **Poder e tamanho de amostra** > **Tamanho de amostra para estimação** > *painel* **Tamanho amostral para estimação** > *Selecione* **Média (normal)** *em* **Parâmetro** > *digite 15 em* **Desvio padrão** > *selecione* **Estimar tamanhos amostrais** > *digite 5 2,5 1,25 em Margens de erro* **[o Minitab calcula o tamanho amostral]** > **Opções** > *painel* **Tamanho amostral para estimação: Opções** > *digite 90 em* **Nível de confiança** > *selecione* **Bilateral** *em* **Intervalo de confiança** > *marque a caixa de seleção* **Assumir desvio padrão conhecido** > **OK** > *painel* **Tamanho amostral para estimação** > **OK**

Sequência de comandos 3-12 - Cálculo do tamanho amostral, desvio padrão conhecido

Tamanho Amostral para Estimação
Método

Parâmetro   Média
Distribuição   Normal
Desvio padrão   15 (valor de população)
Nível de confiança   95%
Intervalo de Confiança Bilateral

Resultados

Margem de Erro	Tamanho Amostral
5,00	35
2,50	139
1,25	554

Apenas para completar a análise, vamos calcular os tamanhos amostrais supondo que o desvio padrão da população não é conhecido; o valor 15 seria um valor obtido a partir de dados amostrais. A sequência de comandos difere da anterior apenas em um ponto: *"**des**marque a caixa de seleção **Assumir desvio padrão conhecido**."* Os valores obtidos são:

Tamanho Amostral para Estimação
Método

Parâmetro   Média
Distribuição   Normal
Desvio padrão   15 (estimativa)
Nível de confiança   95%
Intervalo de Confiança Bilateral

Resultados

Margem de Erro	Tamanho Amostral

5,00	38
2,50	141
1,25	556

> **Exemplo 3-7:** O departamento de Engenharia planeja uma taxa de falhas de 5% para determinado item. Qual seria o tamanho da amostra necessário para que p fosse estimado com 50%, 20% e 10% de erro máximo provável e 95% de confiança?

Solução: Trata-se da estimação do tamanho da amostra para que a proporção populacional seja estimada com determinada precisão e nível de confiança. Execute a seguinte sequência:

Estat > **Poder e tamanho de amostra** > **Tamanho de amostra para estimação** > *painel* **Tamanho amostral para estimação** > *Selecione* **Proporção (binomial)** *em* **Parâmetro** > *digite 0,05 em* **Proporção** > *selecione* **Estimar tamanhos amostrais** > *digite 0,025 0,01 0,005 em* **Margens de erro [o Minitab calcula o tamanho amostral]** > **Opções** > *painel* **Tamanho amostral para estimação: Opções** >*digite 95 em* **Nível de confiança** > *selecione* **Bilateral** em **Intervalo de confiança** > **OK** > *painel* **Tamanho amostral para estimação** > **OK**

Sequência de comandos 3-13 - Cálculo do tamanho amostral para estimativa de proporção

Tamanho Amostral para Estimação
Método

Parâmetro	Proporção
Distribuição	Binomial
Proporção	0,05
Nível de confiança	95%
Intervalo de Confiança	Bilateral

Resultados

Margem de Erro	Tamanho Amostral
0,025	432
0,010	2181
0,005	8015

3.4 Testes de hipóteses

3.4.1 O que vem a ser um teste de hipóteses

A estimação de médias e proporções amostrais abordada no tópico anterior tem como objetivo determinar o valor de um ou mais parâmetros populacionais a partir das estatísticas amostrais. Em geral, não se tem nenhuma informação sobre os parâmetros da população e as estimativas, com margem de erro conhecida, são baseadas nas amostras.

Os testes de hipóteses procuram determinar se certas suposições ou afirmativas sobre parâmetros populacionais podem ser aceitas como verdadeiras ou devem ser descartadas. Isto é feito também através de amostras extraídas da população sob estudo e analisando as estatísticas amostrais para concluir se os valores observados comprovam as afirmativas sobre os parâmetros populacionais correspondentes.

Expresso de outro modo, busca-se verificar se diferenças entre os valores esperados e os valores realmente obtidos para as estatísticas amostrais podem ser atribuídas razoavelmente ao acaso, ou, ao contrário, levam a crer que a suposição inicial é insustentável.

Alguns exemplos de situações em que os testes de hipóteses são aplicados estão descritos a seguir:

a) A duração de uma bateria quando em prateleira é um fator importante para comerciantes e consumidores. Um fabricante afirma que suas baterias mantém as características por pelo menos 125 dias, contados a partir da data de produção. Um instituto de defesa do consumidor adquire 8 baterias selecionadas de maneira aleatória e acompanha o que ocorre com os itens. A duração observada das baterias foi {108, 124; 124; 106; 138; 163; 159; 134} dias A afirmativa do fabricante procede ou não?

b) Dois tornos produzem eixos com diâmetro especificado de 10±0,05 mm. Uma amostra de 50 peças produzidas em cada torno foi enviada ao laboratório de metrologia, onde se verificou que as peças do torno #1 tinham diâmetro médio de 9,98 mm e as do torno #2 tinham diâmetro médio de 10,03 mm. Este resultado indica uma diferença real das máquinas ou a diferença pode ser atribuída à variabilidade inerente a qualquer processo?

c) Um engenheiro precisa determinar se um novo processo de montagem permite realmente aumentar a eficiência da linha de produção. Para tanto, instrui um grupo de 10 operadores no novo processo e inicia uma operação piloto. Há razões para crer que a experiência prévia dos operadores é um fator importante na assimilação do novo processo. Os dados colhidos estão na Tabela 3-8. O que se pode concluir deles?

Oper.	Exper.	Tempo (min.)									
		Oper. nova					Oper. atual				
OP01	3	9	11	9	9	12	10	11	9	12	12
OP02	5	7	10	6	9	8	7	10	12	9	8
OP03	3	12	10	10	10	8	12	10	11	9	15
OP04	4	11	11	11	8	9	14	12	11	16	10
OP05	8	9	12	13	12	9	9	12	13	12	10

OP06	2	11	12	11	12	10	11	15	11	12	10
OP07	3	11	14	9	9	13	13	14	12	14	13
OP08	5	11	11	9	13	13	15	11	9	13	13
OP09	5	9	10	11	10	10	12	10	13	10	10
OP10	3	8	11	12	12	8	8	12	12	12	12

Tabela 3-8 - Tempos de operação e tempo de treinamento

Nos três casos, está sendo feita uma afirmativa sobre a variável analisada, e o teste de hipóteses consiste em verificar se a afirmativa deve ser aceita ou rejeitada com base nos dados amostrais. De modo mais formal, a afirmativa que se faz a respeito do parâmetro populacional denomina-se **hipótese nula**, representada por H_0. A hipótese nula representa o status usual, vigente, normal, estabelecido, conhecido ou esperado, desejado, previsto. A **hipótese alternativa**, H_1, representa a quebra da ordem, a mudança do "status quo", aquilo que é anormal, diferente, inesperado, ou que representa melhoria e aperfeiçoamento ou piora e deterioração.

Mathews (2005, p. 43) comenta:

> H_0 **deve representar o status quo – uma condição que todos conhecem e que não trará a ninguém qualquer benefício pessoal. Em contraste, H_1 representa um resultado inesperado – o novo produto aguardado ansiosamente pela Gerência, a invenção que nos tornará milionários, a nova e brilhante observação que fará com que sejamos agraciados com o Prêmio Nobel.**

Nos exemplos apresentados podem ser claramente identificadas as hipóteses nula e alternativa, conforme descrito a seguir.

Caso 1: tempo de armazenamento das baterias (d é a duração em dias)

$H_0: d = 125$
$H_1: d < 125$

Caso 2: produção de eixos (d_1 e d_2 são os diâmetros médios dos eixos produzidos pelos tornos #1 e #2, respectivamente)

$H_0: d_1 = d_2$

$H_1: d_1 \neq d_2$

No Caso 3 existem dois grupos de hipóteses que podem ser verificadas.

Caso 3-a: tempo da nova operação (t_1 e t_2 s são os tempos médios de execução da antiga e da nova operação, respectivamente)

$H_0: t_1 = t_2$

$H_1: t_1 > t_2$

Caso 3-b: influência do tempo de experiência no desempenho

H_0: a experiência anterior afeta o resultado obtido pelo operador

H_1: a experiência anterior não afeta o resultado obtido pelo operador;

3.4.2 Como funcionam os testes de hipóteses para médias

A Figura 3-12 ilustra a lógica dos testes de hipóteses. Suponha-se que o problema consiste em confirmar ou rejeitar a afirmativa de que a média μ de determinada população é igual a um valor definido μ_0.

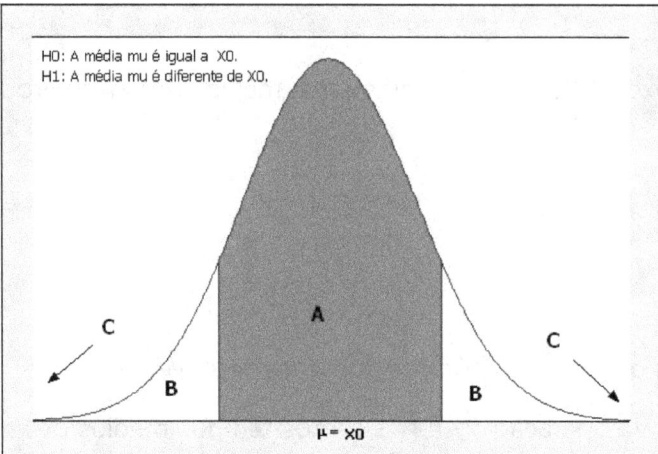

Figura 3-12 - Lógica dos testes de hipóteses

Sabe-se que as médias amostrais estarão distribuídas normalmente com média igual à média μ da população, que é desconhecida, mas que se afirma ter o valor μ_0. Quando se retira uma amostra de tamanho n da população e se calcula a média da amostra, dificilmente esta média amostral será **exatamente** igual a μ_0.

Mas se, de fato, $\mu=\mu_0$, é de se esperar que a média amostral seja um valor "próximo" de μ_0, digamos na região A da curva; neste caso a hipótese H_0 não será rejeitada. Se a média amostral for um valor na região C, vale dizer, muito "distante" de μ_0, a conclusão é de que dificilmente isto aconteceria se a hipótese H_0 fosse verdadeira. Assim, H_0 deve ser rejeitada e sua alternativa H_1 deve ser aceita.

Quando a média amostral se localiza na região B surge a questão. Até que ponto a média amostral pode ser considerada "próxima" de μ_0 (aceitação de H_0)? A partir de que ponto deve ser considerada "distante" de μ_0 (rejeição de H_0)? A resposta a esta questão depende de cada situação específica e está ligada ao risco que se deseja assumir ao rejeitar H_0.

Qualquer que seja o valor crítico, que define a aceitação ou rejeição de H_0, há teoricamente uma possibilidade não nula de que alguma média amostral ultrapasse este valor, **mesmo sendo** H_0 **verdadeira**. Por outro lado, adotar um valor crítico muito distante faz com que H_0 quase nunca seja rejeitada. Esta probabilidade de rejeitar H_0, mesmo quando verdadeira, chama-se **nível de significância** do teste e é comumente representada por α (alfa). Valores frequentemente utilizados são 1%, 2%, 5% e 10%. A partir do nível de significância desejado, determina-se o valor crítico, que define a aceitação ou rejeição da hipótese nula.

3.4.3 Valores críticos

É conveniente revisar alguns conceitos relativos aos pontos críticos de uma distribuição normal, usados com frequência na estimação e nos testes de hipóteses. Toda a notação usada neste texto faz uso destas definições.

a) **Nível de confiança:** significa em geral o grau de confiança que se tem em alguma conclusão sobre uma população, inferida a partir de dados amostrais.

b) **Nível de significância:** representa em geral, a probabilidade de que determinado resultado tenha sido fruto do acaso, de forma que não corrobora uma conclusão sobre a população, inferida a partir dos dados; denota-se geralmente pela letra grega alfa.

c) z_α: probabilidade normal acumulada inversa correspondente ao valor de α; colocado de outra maneira, trata-se do valor de z no qual a probabilidade normal acumulada de $-\infty$ até o ponto é igual a α.

d) $z_{1-\alpha}$: probabilidade normal acumulada inversa correspondente à 1 menos o valor de α; colocado de outra maneira, trata-se do valor de z no qual a probabilidade normal acumulada do ponto até $+\infty$ é igual a α.

e) **$z_{\alpha/2}$:** probabilidade normal acumulada inversa correspondente à metade do valor de α; colocado de outra maneira, trata-se do valor de z no qual a probabilidade normal acumulada de -∞ até o ponto é igual a α/2.

f) **$z_{1-(\alpha/2)}$:** probabilidade normal acumulada inversa correspondente à 1 menos a metade do valor de α; colocado de outra maneira, trata-se do valor de z no qual a probabilidade normal acumulada do ponto até +∞ é igual a α/2.

g) **z_{crit}:** é o valor do módulo de z_α e $z_{1-\alpha}$ ou de $z_{\alpha/2}$ e $z_{1-(\alpha/2)}$; representa um valor limite para definir a validade ou não validade de alguma inferência baseada em dados amostrais.

h) **teste unilateral:** um teste que possui apenas um ponto de decisão, em geral z_α ou $z_{1-\alpha}$.

i) **teste bilateral:** um teste que possui dois pontos de decisão, em geral $z_{\alpha/2}$ e $z_{1-(\alpha/2)}$.

j) **Expressões matemáticas**

$$\text{nível de confiança} = 1 - \alpha$$

$$z_\alpha = \Phi^{-1}(\alpha)$$

$$z_{1-\alpha} = \Phi^{-1}(1-\alpha)$$

$$z_{1-\alpha} = -z_\alpha$$

$$\Phi(-\infty; z_\alpha) = \Phi(z_{1-\alpha}; +\infty) = \alpha$$

$$z_{\alpha/2} = \Phi^{-1}(\alpha/2)$$

$$z_{1-(\alpha/2)} = \Phi^{-1}(1-(\alpha/2))$$

$$z_{1-(\alpha/2)} = -z_{\alpha/2}$$

$$\Phi(-\infty; z_{\alpha/2}) = \Phi(z_{1-(\alpha/2)}; +\infty) = \alpha/2$$

onde $\Phi(X)$ representa a probabilidade normal acumulada de X e $\Phi^{-1}(X)$ representa a probabilidade normal acumulada inversa de X. A Tabela 3-9 traz os valores de z_{crit} para os níveis de confiança de 90% a 99,5%, em intervalos de 0,5%. Os valores mais comumente utilizados na prática estão realçados.

Nível de Confiança	α	z_{crit} Unilateral	$\alpha/2$	z_{crit} Bilateral	Nível de Confiança	α	z_{crit} Unilateral	$\alpha/2$	z_{crit} Bilateral
0,900	0,100	1,28155	0,0500	1,64485	0,950	0,050	1,64485	0,0250	1,95996
0,905	0,095	1,31058	0,0475	1,66959	0,955	0,045	1,69540	0,0225	2,00465
0,910	0,090	1,34076	0,0450	1,69540	0,960	0,040	1,75069	0,0200	2,05375
0,915	0,085	1,37220	0,0425	1,72238	0,965	0,035	1,81191	0,0175	2,10836
0,920	0,080	1,40507	0,0400	1,75069	0,970	0,030	1,88079	0,0150	2,17009
0,925	0,075	1,43953	0,0375	1,78046	0,975	0,025	1,95996	0,0125	2,24140
0,930	0,070	1,47579	0,0350	1,81191	0,980	0,020	2,05375	0,0100	2,32635
0,935	0,065	1,51410	0,0325	1,84526	0,985	0,015	2,17009	0,0075	2,43238
0,940	0,060	1,55477	0,0300	1,88079	0,990	0,010	2,32635	0,0050	2,57583
0,945	0,055	1,59819	0,0275	1,91888	0,995	0,005	2,57583	0,0025	2,80703

Tabela 3-9 - Valores críticos de z para testes unilaterais e bilaterais

3.4.4 Testes de hipóteses para a média de uma população

No caso ilustrado na Figura 3-12, deseja-se determinar, a partir de uma amostra de tamanho n, se a média μ da população é igual a um valor μ_0; ademais, o desvio padrão σ da população é conhecido.

As hipóteses nula e alternativa são:

$H_0: \mu = \mu_0$

$H_1: \mu \neq \mu_0$

Calculamos primeiramente o valor da estatística de teste para a média amostral observada:

$$z_{teste} = \frac{\bar{x} - \mu_0}{\left(\frac{\sigma}{\sqrt{n}}\right)}$$

A diferença pode ser a maior ou a menor. Trata-se assim de um teste bilateral, portanto para um dado nível de significância α o valor crítico deixará uma probabilidade de $\alpha/2$ em cada cauda da distribuição e será indicado por $z_{\alpha/2}$.

Por exemplo, supondo α = 5%, $z_{\alpha/2}$ será igual a 1,96; pois este é o valor que deixa 2,5% de probabilidade em cada cauda da distribuição. Agora basta comparar z_{teste} com $z_{\alpha/2}$ e tomar a decisão quanto a rejeitar ou não H_0. Isto é mostrado na Figura 3-13.

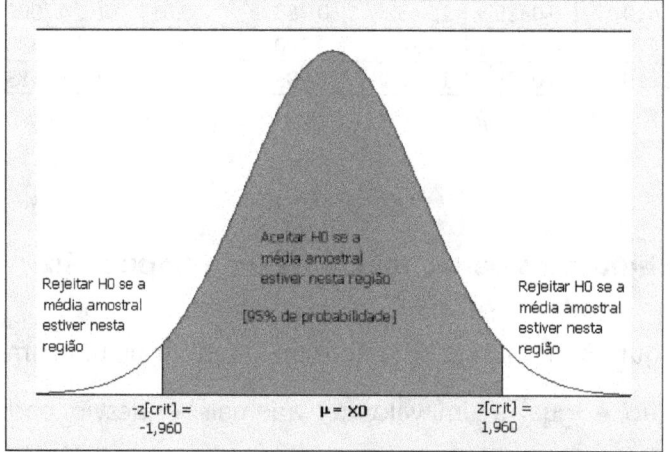

Figura 3-13 - Teste bilateral com $\alpha=0,05$

A Tabela 3-10 apresenta um resumo do método de aplicação dos testes de hipóteses para médias quando o desvio padrão da população é conhecido.

Teste	Hipóteses	z_{teste}	Não rejeitar H_0 se
Bilateral	$H_0: \mu = \mu_0$ $H_1: \mu \neq \mu_0$	$z_{teste} = \dfrac{\bar{x} - \mu_0}{\left(\dfrac{\sigma}{\sqrt{n}}\right)}$	$z_{\alpha/2} \leq z_{teste} \leq z_{1-(\alpha/2)}$
Unilateral à esquerda	$H_0: \mu = \mu_0$ $H_1: \mu < \mu_0$		$z_\alpha \leq z_{teste}$
Unilateral à direita	$H_0: \mu = \mu_0$ $H_1: \mu > \mu_0$		$z_{teste} \leq z_{1-\alpha}$

Tabela 3-10 - Testes de hipóteses para a média de uma população; desvio padrão conhecido

Quando o desvio padrão da população é desconhecido, usa-se o desvio padrão s da amostra como estimativa do desvio padrão da população e aplica-se a distribuição t para pequenos tamanhos de amostra, em geral $n \leq 30$; para maiores tamanhos de amostra, a distribuição normal pode ser usada.

Calcula-se o valor de $t_{teste;gl}$ por:

$$t_{teste;gl} = \frac{\bar{x} - \mu_0}{\left(\dfrac{s}{\sqrt{n}}\right)}$$

e determina-se o valor de corte, sempre considerando uma distribuição t com $(n-1)$ graus de liberdade. A Tabela 3-11 apresenta um resumo do método de aplicação dos testes de hipóteses para médias quando o desvio padrão da população é desconhecido.

Teste	Hipóteses	$t_{teste;gl}$	Não rejeitar H_0 se
Bilateral	$H_0: \mu = \mu_0$ $H_1: \mu \neq \mu_0$		$t_{\alpha/2;gl} \leq t_{teste;gl} \leq t_{1-(\alpha/2);gl}$
Unilateral à esquerda	$H_0: \mu = \mu_0$ $H_1: \mu < \mu_0$	$t_{teste;gl} = \dfrac{\bar{x} - \mu_0}{\left(\dfrac{s}{\sqrt{n}}\right)}$	$t_{\alpha;gl} \leq t_{teste;gl}$
Unilateral à direita	$H_0: \mu = \mu_0$ $H_1: \mu > \mu_0$		$t_{teste;gl} \leq t_{1-\alpha;gl}$

Tabela 3-11 - Testes de hipóteses para a média de uma população; desvio padrão desconhecido

3.4.5 Testes de hipóteses para as médias de duas populações

É também possível realizar testes de hipóteses para decidir se as médias de duas populações são iguais. Este tipo de teste é usado frequentemente para comparar os resultados da aplicação de dois métodos ou processos de realização de uma tarefa; os efeitos de diferentes tratamentos físicos e químicos a materiais etc.

Para que a comparação seja válida é preciso que:
1. as duas populações sejam normalmente distribuídas;
2. as duas populações tenham a mesma variância;
3. as amostras sejam independentes.

Variações moderadas das condições 1 e 2 não afetam muito o resultado do teste; o não atendimento da condição 3 invalida sua aplicação.

A hipótese nula é que as duas populações têm médias iguais:

$H_0: \mu_1 = \mu_2$

e a hipótese alternativa pode ser uma das três seguintes:

$$H_1: \mu_1 \neq \mu_2$$

$H_1: \mu_1 > \mu_2$

$H_1: \mu_1 < \mu_2$

O teste consiste em considerar a diferença entre as médias amostrais e dividi-la pelo desvio padrão combinado das amostras. Isto equivale a dizer que as duas amostras foram retiradas da mesma população e, portanto, tem médias iguais. Para amostras de tamanho $(n_1 + n_2) \geq 30$ aplicam-se as fórmulas:

$$z_{teste} = \frac{\mu_1 - \mu_2}{\sqrt{\frac{\sigma_1^2}{n_1} + \frac{\sigma_2^2}{n_2}}} \text{ se os desvios padrão das populações são conhecidos}$$

$$z_{teste} = \frac{\mu_1 - \mu_2}{\sqrt{\frac{s_1^2}{n_1} + \frac{s_2^2}{n_2}}} \text{ se os desvios padrão das populações não são conhecidos}$$

Se $(n_1 + n_2) < 30$ e o desvio padrão da população é desconhecido, a distribuição t com $(n_1 + n_2)$ graus de liberdade deve ser usada.

3.4.6 Usando o Minitab no teste de hipóteses para médias

O leitor terá provavelmente observado que em todos os painéis iniciais usados na estimação há uma caixa de seleção denominada **Realizar teste de hipóteses**. Se esta caixa for marcada, deve ser preenchido um valor para a **Média hipotética** ou **Proporção hipotética**, conforme o caso;

este é o valor postulado em H_0. O Minitab fará então o teste usando a **Hipótese Alternativa** especificada no painel **Opções** (valor inicial: **Média ≠ Média hipotética**) e o **Nível de confiança** também especificado (valor inicial **95,0**).

O Minitab faz uma estimativa do intervalo de confiança para a média da população e realiza o teste de hipótese especificado. Por exemplo, seja realizar um teste de hipótese para médias, com base em uma amostra de uma população cujo desvio padrão é conhecido. A amostra deve ser digitada em uma coluna, digamos C1. Várias amostras podem ser analisadas na mesma oportunidade. A seguinte sequência de comandos deve ser executada:

Estat > **Estatísticas básicas** > **Teste Z para 1 Amostra** > painel **Teste Z para 1 amostra** > *Selecione* "**Uma ou mais amostras, cada uma em uma coluna**" > *selecione a coluna ou colunas que contem as amostras* > *marque a caixa de seleção* **Realizar teste de hipótese** > *digite o valor da* **Média hipotética** > **Opções** > *painel* **Teste Z para 1 amostra: Opções** > *digite o* **Nível de confiança** *percentual* > *selecione a* **Hipótese alternativa** > **OK** > *digite o* **Desvio padrão** > **OK**

Sequência de comandos 3-14 - Teste de hipóteses para médias, desvio padrão conhecido

---

Exemplo 3-8: Um fabricante de válvulas de segurança industrial garante que a pressão de abertura da válvula (pressão de alívio) de determinado modelo é descrita por uma distribuição normal com média 100 kgf/cm² e desvio padrão de 0,5 kgf/cm². Por questões de segurança, a pressão de alívio não deve exceder as especificações. Uma amostra de 36 válvulas, analisadas com relação a este parâmetro, resultou em dados distribuídos normalmente com média de 100,125 kgf/cm². Os dados amostrais corroboram a afirmativa do fabricante ao nível de significância de 5%? E ao nível de significância de 10%?

Solução: O foco é que o parâmetro não deve ser maior que o especificado, logo trata-se de um teste unilateral à direita. As hipóteses nula e alternativa são:

$H_0: \mu = \mu_0$

$H_1: \mu > \mu_0$

onde μ_0 é o valor de 100 kgf/cm² afirmado pelo fabricante.

O desvio padrão da população é conhecido; foi informado pelo fabricante como σ = 0,5 kgf/cm². A amostra de tamanho $n = 36$ resultou na média amostral de 100,125 kgf/cm², logo trata-se de um **Teste Z para 1 amostra**. A sequência de comandos é

Estat > **Estatísticas básicas** > **Teste Z para 1 amostra** > *painel* **Teste Z para 1 amostra** > *selecione* **Dados sumarizados** *na caixa de listagem* > *digite 36 em* **Tamanho amostral** > *digite 100,125 em* **Média amostral** > *digite 0,5 em* **Desvio padrão conhecido** > *marque a caixa de seleção* **Realizar teste de hipóteses** > *digite 100 em* **Média hipotética** > **Opções** > *painel* **Teste Z para 1 amostra: Opções** > *digite 95 em* **Nível de confiança** > *selecione* **Média** > **Média hipotética** *na caixa de listagem* **Hipótese alternativa** > **OK** > *painel* **Teste Z para 1 amostra** > **OK**

Sequência de comandos 3-15 - Teste unilateral a direita, dados sumarizados, σ conhecido

Uma Amostra Z
Estatísticas Descritivas

N	Média	EP Média	Limite inferior de 95% para μ

36	100,125	0,083	99,988

μ: média de Amostra
Desvio padrão conhecido = 0,5

Teste

Hipótese nula $H_0: \mu = 100$

Hipótese alternativa $H_1: \mu > 100$

Valor-Z	Valor-p
1,50	0,067

Consideremos cuidadosamente este resultado. O valor-Z é o nome usado pelo Minitab para designar o valor de z observado, que denominamos z_{teste} e que é calculado por

$$z_{teste} = \frac{\bar{x} - \mu_0}{\sigma/\sqrt{n}} = \frac{100,125 - 100}{0,5/\sqrt{36}} = \frac{0,125 \times 6}{0,5} = 1,5$$

Conforme vimos anteriormente, e está sumarizado na Tabela 3-10, para um teste unilateral à direita, não podemos rejeitar a hipótese nula H_0 se o valor de z observado (z_{teste}) for menor que o valor crítico $z_{1-\alpha}$. A probabilidade acumulada de $z_{1-\alpha}$ até $+\infty$ é igual ao nível de significância α do teste. Ora, para um nível de significância $\alpha = 0,05$, que corresponde a um nível de confiança de 95% o valor crítico que deixa uma probabilidade de 0,05 à sua direita é $z_{crit} = z_{0,95} = 1,645$ (veja a Tabela 3-9), maior portanto que o valor z_{teste} observado.

Concluímos que, pelas evidências amostrais, não podemos rejeitar, ao nível de confiança de 95%, a afirmativa de que o valor médio da pressão de alívio das válvulas de segurança é 100 kgf/cm². Esta análise está representada na Figura 3-14.

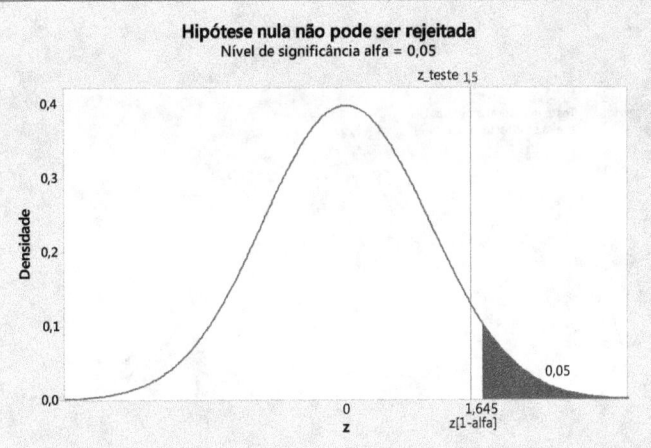

Figura 3-14 - Hipótese nula não pode ser rejeitada para alfa = 0,05

Entretanto, para um nível de significância $\alpha = 0,10$, que corresponde a um nível de confiança de 90% o valor crítico que deixa uma probabilidade de 0,10 à sua direita é $z_{crit} = z_{0,90} = 1,282$ (veja a Figura 3-15), menor portanto que o valor z_{teste} observado.

Concluímos que, pelas evidências amostrais, devemos rejeitar, ao nível de confiança de 90%, a afirmativa de que o valor médio da pressão de alívio das válvulas de segurança é 100 kgf/cm². Esta análise está representada na Figura 3-15.

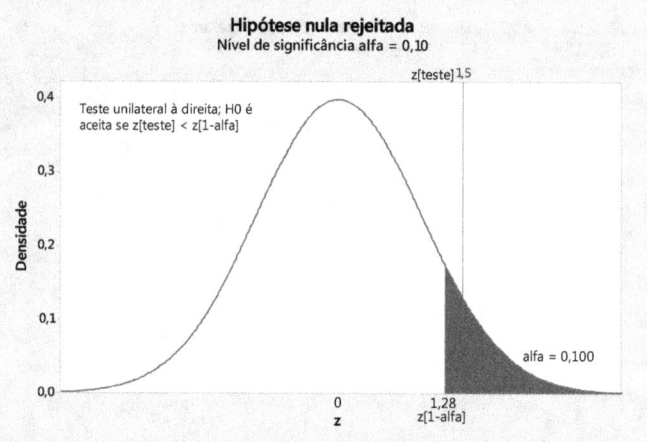

Figura 3-15 - Hipótese nula rejeitada para alfa = 0,10

Em conclusão, a hipótese nula é rejeitada ao nível de significância de 10% ($\alpha = 0,10$) e não pode ser rejeitada ao nível de significância de 5% ($\alpha = 0,05$). Qual é, portanto, o nível de significância do teste realizado?

3.4.7 Significado do valor-p

No exemplo em discussão, que se refere a um teste unilateral à direita, o valor crítico que delimita as regiões de aceitação e de rejeição da hipótese nula é $z_{1-\alpha}$ e

$para\ \alpha = 0,10 \Rightarrow z_{1-\alpha} = z_{0,90} = 1,282$
$para\ \alpha = 0,05 \Rightarrow z_{1-\alpha} = z_{0,95} = 1,645$

O valor da estatística de teste é 1,5; este valor corresponde a uma probabilidade acumulada de 93,3%, portanto o nível de significância efetivo do teste é 6,7% (0,067). O nível de significância **efetivamente observado** é denominado valor-p (em inglês, p-value) e usado frequentemente para caracterizar o resultado de um teste estatístico. O valor-p consta no resultado fornecido pelo Minitab e traz mais informação do que a simples afirmativa de que H_0 foi aceita ou rejeitada para um dado nível de significância.

Em última análise representa a probabilidade de que um valor tão distante da média como z_{teste} tenha sido obtido **se H_0 é verdadeira**. No caso de um teste de hipóteses, H_0 será rejeitada quando o valor-p for menor que o nível de significância α; quanto menor o valor-p maior a confiança que se pode ter no acerto da decisão de rejeitar H_0.

Exemplo 3-9: O rendimento (em inglês, yield) de um processo químico está sendo estudado; a empresa considera que o valor aceitável é 90%. A variância do rendimento é conhecida em virtude de experiências anteriores como sendo $\sigma^2 = 5$. A Tabela 3-12 mostra o rendimento observado nas últimas rodadas do processo. (a) É possível, ao nível de significância de 5%, afirmar que o rendimento do processo é igual a 90%? (b) menor que 90%? (c) maior que 90%?

Yield (%)				
90,44	92,62	95,83	85,59	94,16
93,83	91,46	91,83	89,68	93,48
93,21	94,32	92,56	88,65	91,92
89,81	89,32	95,95	95,24	93,30
96,01	93,49	90,76	91,52	93,49

Tabela 3-12 - Rendimento da reação (em porcentagem)

Solução: O objetivo deste exemplo é ilustrar a realização de um teste bilateral, de um teste unilateral à esquerda e de um teste unilateral à direita, para um mesmo parâmetro populacional, qual seja o rendimento médio μ observado de uma reação química, que se supõe seja $\mu_0 = 90\%$. Sabe-se que a variância do processo $\sigma^2 = 5$, portanto o desvio padrão é $\sigma = 2,2361$ e está disponível uma amostra dos resultados do processo em termos de rendimento percentual.

Nos três casos, a hipótese nula é

$$H_0: \mu = \mu_0$$

Carregue os dados da Tabela 3-12 na planilha ativa e em seguida execute a sequência de comandos listada a seguir para responder o quesito (a), observando que neste caso a hipótese alternativa é

$H_1: \mu \neq \mu_0$

Estat > **Estatísticas básicas** > *painel* **Teste Z para 1 amostra** > *selecione* **Uma ou mais amostras, cada uma em uma coluna** > *selecione a variável* **Yield** > *digite 2,2361 em* **Desvio padrão conhecido** > *marque a caixa de seleção* **Realizar teste de hipóteses** > *digite 90 em* **Média hipotética** > *selecione* **Opções** > *painel* **Teste Z para 1 amostra: Opções** > *digite 95 em* **Nível de confiança** > *selecione* **Média ≠ Média hipotética** em **Hipótese alternativa** > **OK** > *painel* **Teste Z para 1 amostra** > **OK**

Sequência de comandos 3-16 - Teste Z para 1 amostra; bilateral; dados em uma coluna

Teste Z para 1 Amostra: Rendimento
Estatísticas Descritivas

N	Média	DesvPad	EP Média	IC de 95% para μ
25	92,339	2,517	0,447	(91,462; 93,215)

µ: média de Rendimento
Desvio padrão conhecido = 2,2361

Teste

| Hipótese nula | H_0: μ = 90 |
| Hipótese alternativa | H_1: μ ≠ 90 |

Valor-Z	Valor-p
5,23	0,000

O resultado do teste mostra que $z_{teste} = 5,23$ – muito maior que o valor crítico de 1,96 correspondente a um teste Z bilateral (veja Tabela 3-10) - e que o valor-p=0. Conclui-se que a hipótese nula H_0 deve ser rejeitada e, portanto, aceita-se a hipótese alternativa H_1. O rendimento médio observado é diferente de 90%.

Observe o leitor que os comandos do Minitab para estimação e teste de hipóteses são essencialmente os mesmos e que o intervalo de confiança é sempre calculado. De fato, estimação e teste de hipóteses estão relacionados e os limites do intervalo de confiança bilateral para um dado α coincidem com os limites de aceitação de H_0 para aquele α. Portanto, se o valor definido em H_0 não estiver contido no intervalo de confiança, como é o caso aqui, a hipótese nula será rejeitada. Os quesitos (b) e (c) são respondidos usando a sequência de comandos acima com uma pequena modificação. Para o quesito (b), que é um teste unilateral à esquerda, usa-se *"selecione* **Média < Média hipotética** em **Hipótese alternativa**" e para o quesito (c), que é um teste unilateral à direita, usa-se *"selecione* **Média > Média hipotética** em **Hipótese alternativa**".

A Tabela 3-13 sumariza os resultados e ilustra um conceito importante. Quando o valor-p é muito próximo de zero, é quase impossível que H_0 seja verdadeira. Por outro lado, quando o valor-p é muito próximo de 1, a interpretação correta é de que não há qualquer evidência que permita rejeitar a hipótese nula.

Em outras palavras, a hipótese nula nunca é "aceita", no sentido de se afirmar que ela é verdadeira. O que se pode concluir de um teste de hipóteses é simplesmente se há ou não evidências de que a hipótese nula seja falsa. Havendo evidências suficientemente fortes de que H_0 é falsa, rejeita-se H_0 e aceita-se como verdadeira a hipótese alternativa H_1. Não havendo evidências suficientemente fortes de que H_0 é falsa, deixa-se de rejeitar H_0 e continua-se a usá-la como uma "hipótese de trabalho". Estes pontos são importantes pois a interpretação incorreta pode levar a conclusões absurdas, como mostra a tabela.

H_0	H_1	z_{teste}	valor_p	Resultado
$\mu = \mu_0$	$\mu \neq \mu_0$	5,23	0	No teste bilateral o intervalo de aceitação de H_0 vai de $z = -1,96$ a $z = +1,96$. A hipótese nula é fortemente rejeitada; é praticamente certo que $\mu \neq \mu_0$.
	$\mu < \mu_0$		1	No teste lateral à esquerda o intervalo de aceitação de H_0 vai de $z = -1,645$ a $z = +\infty$. A hipótese nula é aceita (???) e portanto $\mu = \mu_0$ (!!!) [ESTA CONCLUSÃO ESTÁ INCORRETA! O correto é: Não é possível rejeitar a hipótese nula.]
	$\mu > \mu_0$		0	No teste lateral à direita o intervalo de aceitação de H_0 vai de $z = -\infty$ a $z = +1,645$. A hipótese nula é fortemente rejeitada; é praticamente certo que $\mu > \mu_0$

Tabela 3-13 - Interpretação dos resultados de testes de hipóteses

Exemplo 3-10: O intervalo de tempo que uma bateria pode permanecer armazenada sem alterações significativas em suas características é denominada "vida de prateleira" e é um fator importante para comerciantes e consumidores. Um instituto de defesa do consumidor seleciona aleatoriamente 8 unidades de um grande lote de baterias, fabricadas na mesma data. A vida de prateleira alegada pelo fabricante é de 125 dias ou maior. A vida de prateleira observada das baterias foi x= {108, 124; 124; 106; 138; 144; 140; 134} dias. Considerando um nível de significância de 5%, é possível rejeitar a alegação do fabricante?

Solução: A hipótese nula é que as baterias têm duração de 125 dias ou maior; a hipótese alternativa é que elas tenham duração menor que 125 dias. Assim:

$H_0: \mu \geq 125$

$H_1: \mu < 125$

A hipótese nula $H_0: \mu \geq 125$ parece refletir com mais fidelidade as palavras do fabricante. Do ponto de vista do consumidor o problema ocorre quando μ for menor que 125 dias; se for igual já atende sua expectativa e se for maior será uma vantagem adicional.

Como o desvio padrão σ da população não é conhecido, usa-se o desvio padrão s da amostra como estimador de σ, em um **Teste t para 1 amostra**. São dados: valores de uma amostra de tamanho $n = 8 \Rightarrow gl = 7$; média hipotética $\mu_0 = 125$; hipótese alternativa $H_1: \mu < \mu_0 \Rightarrow teste\ unilateral\ à\ esquerda \Rightarrow t_{crit;gl} = t_{\alpha;gl}$; nível de confiança: 95% $\Rightarrow \alpha = 0{,}05 \Rightarrow t_{\alpha;gl} = t_{0,05;7}$

Carregue os dados relativos à variável x na planilha ativa e execute a seguir esta sequência de comandos:

> **Estat** > **Estatísticas básicas** > **Teste t para 1 Amostra** > painel **Teste t para 1 amostra** > *Selecione* **"Uma ou mais amostras, cada uma em uma coluna"** na caixa de seleção > *selecione a variável* x > *marque a caixa de seleção* **Realizar teste de hipótese** > *digite o valor 125 em* **Média hipotética** > **Opções** > *painel* **Teste t para 1 amostra: Opções**> *digite 95 em* **Nível de confiança** > *selecione* **Média < média hipotética** *em* **Hipótese alternativa** > **OK** > painel **Teste t para 1 amostra** > **OK**

Sequência de comandos 3-17 – Teste t para uma amostra, unilateral à esquerda

Teste T para Uma Amostra: x
Estatísticas Descritivas

N	Média	DesvPad	EP Média	Limite superior de 95% para µ
8	127,25	14,38	5,08	136,88

µ: média de x

Teste

Hipótese nula H_0: µ = 125
Hipótese alternativa H_1: µ < 125

Valor-T	Valor-p
0,44	0,664

Portanto, não é possível rejeitar a hipótese nula (alegação do fabricante), visto que o valor-p é maior do que $\alpha = 0,05$.

Exemplo 3-11: Dois tornos produzem eixos com diâmetro nominal de 10 mm e tolerância de 0,05 mm. Uma amostra de 40 peças produzidas em cada torno foi enviada ao laboratório de metrologia, conforme mostrado na Tabela 3-14 abaixo. Pergunta-se: (a) é possível afirmar, ao nível de significância de 5%, que os dois tornos produzem peças com diâmetro médio de 10 mm? (b) Também ao nível de significância de 5%, pode-se dizer que há uma diferença no diâmetro médio dos eixos produzidos em cada máquina? (c) Que percentagem de eixos fora da tolerância se pode esperar de cada máquina?

| Resultado das medições do diâmetro dos eixos ||||||||
Torno # 1				Torno # 2			
9,9916	9,9849	9,9786	10,0250	10,0179	9,9904	10,0102	9,9840
10,0024	10,0033	9,9690	9,9821	9,9678	10,0181	9,9896	10,0015
10,0084	9,9929	9,9966	10,0097	10,0173	10,0159	10,0203	10,0255
9,9858	9,9794	9,9900	9,9960	9,9820	10,0242	10,0209	10,0137
9,9774	9,9976	9,9548	9,9890	9,9960	10,0126	10,0210	10,0293
10,0221	9,9670	9,9801	9,9822	10,0258	10,0000	10,0033	9,9989
9,9705	9,9961	10,0223	10,0184	9,9990	10,0041	9,9893	9,9998
10,0071	9,9910	9,9853	10,0174	10,0266	10,0173	10,0292	9,9926
9,9879	9,9588	9,9532	9,9987	9,9982	10,0064	10,0065	9,9934
9,9805	10,0055	9,9809	10,0144	10,0142	9,9971	9,9773	9,9894

Tabela 3-14 - Resultado das medições da produção dos tornos

Solução: Carregue os dados da Tabela 3-14 na planilha ativa. T1 e T2 designam os dados relativos aos tornos #1 e #2, respectivamente. Para responder ao quesito (a) é preciso executar um teste bilateral para cada uma das amostras sendo

$H_0: \mu_i = \mu_0$

$H_1: \mu_i \neq \mu_0$

onde $i = 1$ ou $2; \mu_0 = 10\ mm$.

Como o desvio padrão da população é desconhecido, executa-se, para cada conjunto de dados amostrais, um **Teste t para 1 amostra**. O resultado mostra que a hipótese nula deve ser rejeitada em ambos os casos, ao nível de significância de 0,05. Ou seja, pode-se afirmar que nem o Torno #1 nem o Torno #2 estão produzindo eixos com o diâmetro médio de 10,00 mm.

Teste T para Uma Amostra: T1; T2
Estatísticas Descritivas

Amostra	N	Média	DesvPad	EP Média	IC de 95% para µ
T1	40	9,99135	0,01827	0,00289	(9,98551; 9,99719)
T2	40	10,0057	0,0154	0,0024	(10,0007; 10,0106)

µ: média de T1; T2

Teste

Hipótese nula $H_0: \mu = 10$
Hipótese alternativa $H_1: \mu \neq 10$

Amostra	Valor-T	Valor-p
T1	-3,00	0,005
T2	2,32	0,025

Para responder ao quesito (b) é preciso executar um teste bilateral para comparar as médias de T1 e T2, sendo

$H_0: \mu_1 = \mu_2$

$H_1: \mu_1 \neq \mu_2$

Executa-se um **Teste t para 2 amostras**:

Estatística Aplicada em Engenharia [com Minitab]: Volume 1

> **Estat** > **Estatísticas básicas** > **Teste t para 2 amostras** > *painel* **Teste t para 2 amostras** > *Selecione* **Cada amostra está em sua respectiva coluna** *na caixa de seleção* > *digite T1 em* **Amostra 1** > *digite T2 em* **Amostra 2** > **Opções** > *painel* **Teste t para 2 amostras:** > **Opções** > *digite 95 em* **Nível de confiança** > *digite 0 em* **Diferença hipotética** > *selecione* **Diferença ≠ diferença hipotética** *em* **Hipótese alternativa** > *desmarque a caixa de seleção* **Assumir variâncias iguais** [*A menos que haja a certeza de que as variâncias são iguais, esta caixa de seleção deve permanecer desmarcada.*] > **OK** > *painel* **Teste t para 2 amostras** > **OK**

Sequência de comandos 3-18 - Teste t para duas amostras

O resultado mostra que a hipótese nula deve ser rejeitada, ao nível de significância de 0,05. Ou seja, pode-se afirmar que o Torno #1 e o Torno #2 estão produzindo eixos com diâmetros diferentes.

Teste T para Duas Amostras e IC: T1; T2

Método

μ_1: média de T1
μ_2: média de T2
Diferença: $\mu_1 - \mu_2$

Não se assumiu igualdade de variâncias para esta análise.

Estatísticas Descritivas

Amostra	N	Média	DesvPad	EP Média
T1	40	9,9913	0,0183	0,0029
T2	40	10,0057	0,0154	0,0024

Estimativa da diferença

Diferença	IC de 95% para a Diferença
-0,01432	(-0,02185; -0,00679)

Teste

Hipótese nula	$H_0: \mu_1 - \mu_2 = 0$
Hipótese alternativa	$H_1: \mu_1 - \mu_2 \neq 0$

Valor-T	GL	Valor-p
-3,79	75	0,000

Estarão fora da tolerância os eixos com diâmetro menor que 9,95 mm ou maior que 10,05 mm. Utilizando os resultados das amostras como estimativa pontual dos parâmetros populacionais correspondentes, pode-se considerar que T1 produz peças com diâmetro médio de 9,9913 mm e desvio padrão 0,0183 mm e T2 produz peças com diâmetro médio de 10,0057 mm e desvio padrão 0,0154 mm.

Usando o Minitab, com a sequência de comandos **Gráfico** > **Gráfico de distribuição de probabilidade** obtém-se a solução para o quesito (c). A Figura 3-16 mostra que 98,73% dos itens produzidos no Torno #1 serão conformes com as especificações; os restantes 1,27% dos itens serão não conformes.

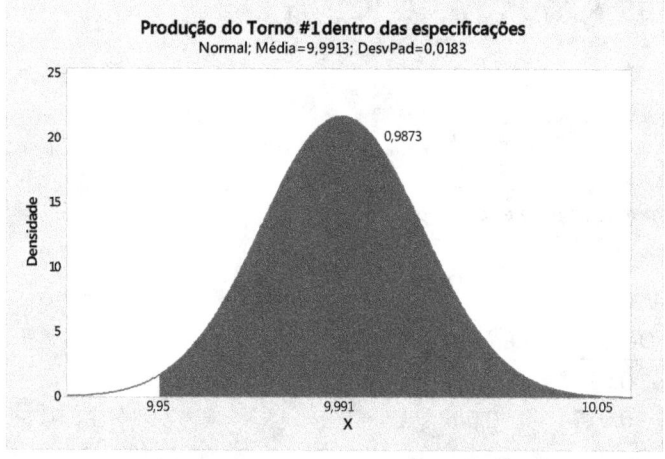

Figura 3-16 - Produção do torno #1

De maneira análoga, a Figura 3-17 apresenta a situação do Torno #2: 99,78% de itens conformes e 0,22% de itens não conformes

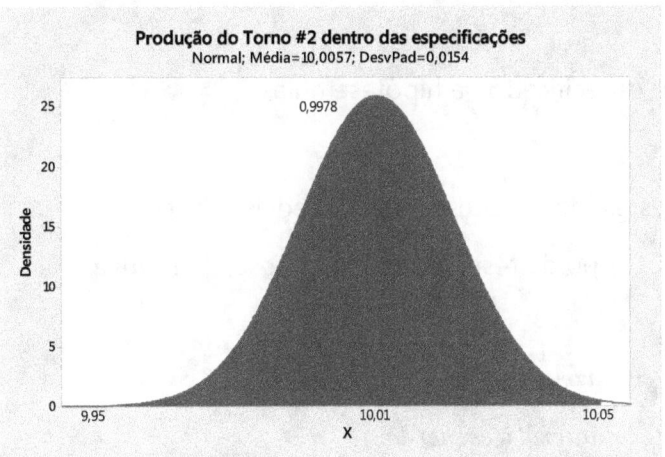

Figura 3-17 - Produção do torno #2

3.4.8 Testes de hipóteses para proporções

Os testes de hipóteses para proporções são muito semelhantes aos testes de hipóteses para médias e tem como objetivo julgar a validade de afirmações a respeito de uma proporção populacional. A distribuição a ser utilizada depende do tamanho da amostra; para mais de 30 observações, a distribuição normal é aceitável; para amostras menores, deve-se usar a distribuição binomial.

A distribuição das proporções amostrais, para grandes amostras, é aproximadamente normal, com média p e desvio padrão $\sigma_p = \sqrt{p(1-p)/n}$. Assim, a estatística teste utilizada para rejeitar ou aceitar H_0 é dada por:

$$z_{teste} = \frac{\text{proporção amostral observada} - \text{proporção populacional alegada}}{\text{desvio padrão da proporção}} = \frac{\left(\frac{x}{n}\right) - p_0}{\sqrt{\frac{p_0(1-p_0)}{n}}}$$

onde p_0 designa o valor especificado na hipótese nula.

Como no caso dos testes de hipóteses para médias, os testes para proporções podem ser bilaterais ou unilaterais. O tipo de teste define a hipótese alternativa.

$H_1: p \neq p_0$ *para o teste bilateral*

$H_1: p < p_0$ *para o teste unilateral à esquerda*

$H_1: p > p_0$ *para o teste unilateral à direita*

É também possível realizar testes de hipóteses para decidir se as proporções de duas populações são iguais. A ideia é comparar a diferença relativa entre as proporções amostrais, que consiste na diferença dividida pelo desvio padrão amostral, com um valor crítico e decidir pela rejeição ou aceitação da hipótese nula.

A hipótese nula pode ser a de que as duas populações têm proporções iguais:

$H_0: p_1 = p_2$

e as alternativas podem ser

$H_1: p_1 \neq p_2$

$H_1: p_1 < p_2$

$H_1: p_1 > p_2$

Supondo duas amostras de tamanho n_1 e n_2, nas quais foram obtidos x_1 e x_2 sucessos, respectivamente, usa-se como estimativa da proporção populacional o valor combinado das amostras e calcula-se o desvio padrão da proporção. As fórmulas são:

$$p = \frac{x_1 + x_2}{n_1 + n_2}$$

$$\sigma_p = \sqrt{p(1-p)\left(\frac{1}{n_1} + \frac{1}{n_2}\right)}$$

$$z_{teste} = \frac{\left(\frac{x_1}{n_1}\right) - \left(\frac{x_2}{n_2}\right)}{\sigma_p}$$

3.4.9 Usando o Minitab no teste de hipóteses para proporções

Para todos os testes estudados, o procedimento é semelhante e, acreditamos, quase intuitivo para os leitores que tem acompanhado este texto usando o Minitab. Assim, não serão detalhadas as sequências de comandos, e se apresentará apenas um resumo, como mostrado na Tabela 3-15 - Hipóteses e comandos do Minitab.

Por exemplo, a tabela nos informa que para realizar um teste de hipóteses para uma proporção:
1. usa-se o **Teste t para uma proporção**;

2. os dados podem ser fornecidos como um conjunto de números em uma coluna (vale dizer, uma amostra com dados conhecidos) ou de forma sumarizada (total de tentativas e total de sucessos);

3. o painel de opções permite que se especifique o nível de confiança e a hipótese alternativa;

Testar	Amostras	σ	Dados	Confiança e H_1	Teste do Minitab
μ_0	1	Conhece	Selecionar variável ou resumo	painel Opções especificar (1-α) em %; selecionar H_1	Z para 1 amostra
μ_0	1	Desconhece			t para 1 amostra
$\mu_1 - \mu_2$	2	Minitab calcula (método especificado)			t para 2 amostras
p_0	1				t para 1 proporção
p_1-p_2	2				t para 2 proporções

Tabela 3-15 - Hipóteses e comandos do Minitab

Exemplo 3-12: Um fornecedor afirma que um lote de placas eletrônicas contém menos que 0,8% de itens com defeito. Uma amostra aleatória de 200 placas acusa 4 com problema. A afirmativa do fornecedor pode ser aceita ao nível de significância de 5%?

Solução: Para este problema sabe-se que:

a) número de eventos: $x = 4$

b) número de ensaios: $n = 200$

c) proporção alegada: $p_0 = 0,008$

d) nível de confiança: 95% $\Rightarrow$ nível de significância $\alpha = 0,05$

As hipóteses nula e alternativa são

$H_0: p = p_0$

$H_1{:}p > p_0$

pois o que se deseja é rejeitar o lote se o índice de falhas for maior que 0,8%; caso seja menor, não haverá nenhum problema em aceitar o lote.

Executa-se um **Teste para 1 proporção**:

Estat > **Estatísticas básicas** > **Teste para 1 Proporção** > *painel* **Proporção para 1 amostra** > *Selecione* **Dados sumarizados** > *digite 4 em* **Número de eventos** > *digite 200 em* **Número de ensaios** > *marque a caixa de seleção* **Realizar teste de hipóteses** > *digite 0,008 em* **Proporção hipotética** > **Opções** > *painel* **Proporção para 1 amostra: Opções** > *digite 95 em* **Nível de confiança** > *selecione* **Proporção** > *proporção hipotética em* **Hipótese alternativa** > *selecione* **Aproximação normal** *ou* **Exato** *em* **Método** > **OK** > *painel* **Proporção para 1 amostra** > **OK**

Sequência de comandos 3-19 - Teste para uma proporção, dados sumarizados

O resultado do teste de hipóteses para a proporção amostral, usando o método de aproximação normal, é

Teste e IC para Uma Proporção
Método
p: proporção de eventos
O método de aproximação normal é usado para esta análise.
Estatísticas Descritivas

N	Evento	Amostra p	Limite inferior de 95% para p
200	4	0,020000	0,003717

Teste
Hipótese nula H_0: p = 0,008
Hipótese alternativa H_1: p > 0,008

Valor-Z	Valor-p
1,91	0,028

Observa-se que o valor-p é 0,028. Este valor é menor que o valor de $\alpha = 0,05$ portanto, a hipótese nula deve ser rejeitada, ao nível de significância de 5%. Conclui-se que a verdadeira proporção populacional é maior que a proporção alegada

Teste e IC para Uma Proporção
Método
p: proporção de eventos
O método exato é usado para esta análise.

Estatísticas Descritivas

N	Evento	Amostra p	Limite inferior de 95% para p
200	4	0,020000	0,006860

Teste
Hipótese nula H_0: p = 0,008
Hipótese alternativa H_1: p > 0,008

Valor-p
0,078

Observa-se que o valor-p é 0,078. Este valor é maior que o valor de $\alpha = 0,05$ portanto, a hipótese nula não pode ser rejeitada, ao nivel de significância de 5%. Conclui-se que a evidência disponível não permite afirmar que a verdadeira proporção populacional não é igual à proporção alegada.

O teste de hipóteses fornece resultados opostos, conforme o método empregado! Como proceder?

O primeiro ponto a ser observado é que a aproximação normal pode não ser adequada nesta situação específica. De fato, $np_0 = 1,6$ apenas; já se disse que, como regra geral, para que esta aproximação seja adequada deve-se ter $np_0 \geq 5$. Suponha que p_0 seja, de fato, igual a 0,08. Um levantamento das probabilidades binomiais para a distribuição B(200;0,008) revela que a probabilidade de ocorrerem exatamente 4 eventos é de apenas 5% e que em 92% dos casos espera-se que ocorram até 3 eventos.

É claro que, se estivéssemos de fato enfrentando esta situação, a decisão sobre o curso de ação a seguir levaria em conta o custo e o tempo de realizar o teste de mais 200 placas, os compromissos de produção, o tipo de acordo com o fornecedor etc.

Considerados todos estes pontos, talvez a gerência concluísse que a alternativa mais apropriada para tratar esta situação na prática seria fazer uma nova amostra de 200 peças e testá-las. Neste segundo lote podem ocorrer 0, 1, 2, ... falhas e, considerando o total de ensaios ($n_{Total} = 400$) e o total de eventos ($x = 4, 5, 6$), pode-se construir uma tabela de decisão como a mostrada a seguir.

$n_1 = n_2 = 200$; $\alpha = 0,05$ $p_0 = 0,008$		Tabela de decisão para $H_0: p = p_0; H_1: p > p_0$		
		Falhas		**Decisão**
Método	**valor_p**	**Amostra 1**	**Amostra 2**	
Aproximado	0,028	4	Ainda não testada	Rejeitar H_0
Exato	0,078			Não é possível rejeitar H_0
Aproximado	0,327	4	0	Não é possível rejeitar H_0
Exato	0,398			Não é possível rejeitar H_0
Aproximado	0,156		1	Não é possível rejeitar H_0
Exato	0,219			Não é possível rejeitar H_0

Aproximado	0,058		2	Não é possível rejeitar H_0
Exato	0,105			Não é possível rejeitar H_0
Aproximado	0,016		3	Rejeitar H_0
Exato	0,044			Rejeitar H_0
Aproximado	0,004		4	Rejeitar H_0
Exato	0,016			Rejeitar H_0
Aproximado	0,001		5	Rejeitar H_0
Exato	0,006			Rejeitar H_0

Tabela 3-16 - Tabela de decisão para o teste de hipóteses

Exemplo 3-13: As estações de teste final, denominadas FVT1 e FVT2, de duas linhas de fabricação de telefones celulares apresentam uma diferença de desempenho que motivou uma análise um pouco mais detalhada. FVT1: 350 aparelhos testados, 12 rejeitados; FVT2: 300 aparelhos testados, 20 rejeitados. As duas linhas produzem exatamente o mesmo modelo de telefone, usando o mesmo processo de fabricação, executado por operadores devidamente treinados e qualificados. É possível afirmar que existe uma diferença significativa no desempenho das duas linhas, ao nível de significância de 5%?

Solução: Neste caso deseja-se determinar se as taxas de falha p_1 e p_2 das estações FVT1 e FVT2, respectivamente, são iguais ou diferentes, ao nível de significância de 5%. As hipóteses nula e alternativa são:

$$H_0: p_1 - p_2 = 0$$
$$H_1: p_1 - p_2 \neq 0$$

Trata-se de um teste bilateral e para $\alpha = 0{,}05$ o valor crítico é $z_{crit} = 1{,}96$. Fazendo $x_1 = 12, n_1 = 350, x_2 = 0, n_2 = 300$ e aplicando as fórmulas:

$$p = \frac{x_1 + x_2}{n_1 + n_2} = \frac{12 + 20}{350 + 300} = 0{,}0492$$

$$\sigma_p = \sqrt{p(1-p)\left(\frac{1}{n_1} + \frac{1}{n_2}\right)} = \sqrt{0{,}0492 \times (1 - 0{,}0492) \times \left(\frac{1}{350} + \frac{1}{300}\right)} = 0{,}0170$$

$$z_{teste} = \frac{\left(\frac{x_1}{n_1}\right) - \left(\frac{x_2}{n_2}\right)}{\sigma_p} = \frac{\left(\frac{12}{350}\right) - \left(\frac{20}{300}\right)}{0{,}017} = -1{,}906$$

Como $z_{teste} = -1{,}906$ é maior que o valor crítico (-1,96) a hipótese nula não pode ser rejeitada ao nível de significância de 5%, concluindo-se que não há uma diferença estatisticamente significativa no desempenho das duas linhas de produção.

Exemplo 3-14: Para verificar a efetividade de um treinamento, os operadores A e B receberam um questionário com 25 questões objetivas. Somente o operador A havia participado do treinamento; as proporções de acerto foram 22/25 para o operador A e 17/25 para o operador B. Pode-se afirmar que o treinamento é o único fator que pode ter influenciado o resultado do teste. Baseado neste resultado, é possível concluir que o treinamento foi efetivo, com 90% de confiança?

Solução: Se a proporção de acertos do operador A for significativamente maior, sob o ponto de vista estatístico, do que a do operador B, então há uma indicação de que o treinamento, de fato, contribuiu para melhorar o desempenho no teste. Chamando as proporções de acertos dos operadores A e B de p_A e p_B, respectivamente, as hipóteses nula e alternativa são

$$H_0: p_A - p_B = 0$$
$$H_1: p_A - p_B > 0$$

Utilizando os valores fornecidos no enunciado do problema, segue-se que $x_A = 22$, $x_B = 17, n_A = n_B = 25$, e calcula-se:

$$p = \frac{x_1 + x_2}{n=_1 + n_2} = \frac{22 + 17}{25 + 25} = 0{,}78$$

$$\sigma_p = \sqrt{p(1-p)\left(\frac{1}{n_1} + \frac{1}{n_2}\right)} = \sqrt{0{,}78 \times (1 - 0{,}78) \times \left(\frac{1}{25} + \frac{1}{25}\right)} = 0{,}1172$$

$$z_{teste} = \frac{\left(\frac{x_1}{n_1}\right) - \left(\frac{x_2}{n_2}\right)}{\sigma_p} = \frac{\left(\frac{22}{25}\right) - \left(\frac{17}{25}\right)}{0{,}1172} = 1{,}707$$

Para um teste unilateral à direita e nível de significância de 10%, o valor crítico é $z = 1{,}28$. Assim, é possível rejeitar a hipótese nula e concluir que o melhor resultado obtido pelo operador treinado não foi simplesmente um acontecimento casual.

3.4.10 Erros Tipo I e Tipo II

Ao se aplicar um teste de hipóteses são possíveis dois tipos de erro, denominados Tipo I e Tipo II, conforme ilustrado na Figura 3-18.

O erro Tipo I ocorre devido à variabilidade amostral pois há sempre uma probabilidade não nula de extrair de uma população uma amostra cuja média exceda os limites definidos para aceitação de H_0, **mesmo sendo esta hipótese verdadeira**. Lembre-se da simulação já mencionada: "Para ilustrar este fato, simulou-se a retirada de 5000 amostras aleatórias de tamanho $n = 10$, com reposição, de uma população de tamanho $N >> n$; o parâmetro amostrado segue uma distribuição normal $N(20; 4)$. Para cada amostra foram calculados a média e o intervalo de confiança de 95%. Das 5000 amostras, 4752 (95,04%) resultaram em um intervalo de confiança que inclui a verdadeira média da população ($\mu = 20$)." Logo, 5% das amostras resultaram em um intervalo de confiança que **não** incluía o verdadeiro valor da média, mesmo se tendo usado uma função N(20;4) para gerar as amostras.

A probabilidade de um erro Tipo I é o nível de significância α, que determina os limites de aceitação da hipótese nula.

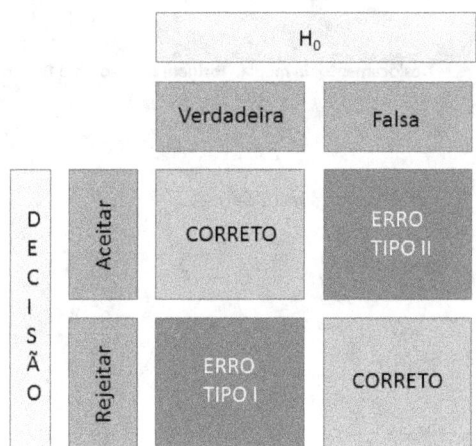

Figura 3-18 - Resultados possíveis de um teste de hipóteses

Aceitar a hipótese nula quando a mesma é falsa configura um erro Tipo II, e a probabilidade de cometer este tipo de erro é geralmente designada por β (beta). Um erro Tipo II ocorre quando, por qualquer razão, a média da população se desloca em relação ao valor original.

Alguns exemplos ilustram situações onde pode ocorrer este deslocamento:
a) na fabricação de peças mecânicas o desgaste das ferramentas pode alterar as dimensões médias dos itens produzidos;
b) o rendimento médio de uma reação química pode ser influenciado pela temperatura;
c) a taxa média de erros de uma transmissão de dados pode ser influenciada pelo nível de ruído eletromagnético no ambiente.

A Figura 3-19 mostra uma distribuição normal com média μ_0 que é objeto de um teste de hipóteses bilateral. As hipóteses nula e alternativa são $H_0: \mu = \mu_0$ e $H_1: \mu^1 \mu_0$. A média da distribuição, entretanto, por alguma razão, deslocou-se para μ_1, permanecendo o desvio padrão σ constante.

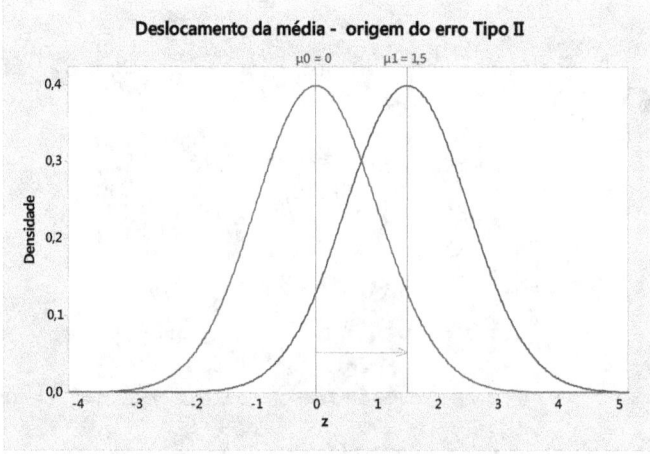

Figura 3-19 - Erro Tipo II

Suponhamos, apenas para efeito de raciocínio, que o teste de hipóteses bilateral fosse limitado por $z_{crit} = 2$. Temos um nível de confiança de 95,45% (Figura 2-24), o que implica em um nível de significância $\alpha=0,0455$. Quando a média se desloca 1,5 desvios padrão para a direita, os valores críticos para aceitação de H_0 permanecem é claro em -2 e +2. Mas agora, em relação à nova média μ_1, o limite inferior do intervalo de aceitação está distante -3,5 desvios padrão da média e o limite superior do intervalo de aceitação está distante 0,5 desvios padrão da média. Assim, a probabilidade de aceitar H_0 mesmo sendo H_0 falsa é dada por

$$\beta = \Phi(0,5) - \Phi(-3,5) = 0,6915 - 0,0002 = 0,6913$$

A probabilidade de cometer um erro Tipo II é quase 70%, o que pode ser inaceitável em um processo real. Muitas vezes, torna-se necessário tomar ações para reduzir β, cuja magnitude depende de:

a) magnitude do deslocamento da média;
b) da significância do teste, que vai definir os limites de aceitação de H_0;
c) do tamanho da amostra n, que vai determinar o desvio padrão amostral e influenciar o grau de superposição das distribuições original e deslocada.

3.4.11 Curvas características de operação, tamanho da amostra

Seja $\delta = \mu_1 - \mu_0$ o deslocamento da média populacional em valor absoluto; o deslocamento da média amostral é o mesmo. Define-se o deslocamento relativo, medido em desvios padrão, como

$$d = \frac{\delta}{\sigma/\sqrt{n}} = \frac{\delta\sqrt{n}}{\sigma}$$

A probabilidade de que H_0 seja aceita quando deveria ser rejeitada (erro Tipo II), comumente indicada como β, é determinada pela área da curva normal com média μ_1 entre $z_{\alpha/2}$ e $+z_{1-(\alpha/2)}$. A Figura 3-19 e a discussão feita no tópico anterior mostram que esta área é:

$$\beta = \Phi(z_{1-(\alpha/2)} - d) - \Phi(z_{\alpha/2} - d)$$

onde Φ representa a probabilidade normal acumulada até o ponto.

A probabilidade de um erro Tipo II depende da amplitude do deslocamento d da média e do valor de α. É possível traçar um gráfico que mostra como varia a probabilidade do erro Tipo II em função de d, para um dado valor de α. Este gráfico se chama Curva Característica de Operação e a Figura 3-20 mostra a CCO para um teste bilateral com nível de significância de 5%.

Quando não há deslocamento, a probabilidade de aceitar H_0 é $(1-\alpha)$. À medida que o deslocamento da média em relação ao valor μ_0 original aumenta, seja para mais, seja para menos, a probabilidade de cometer um erro Tipo II diminui, pois se torna cada vez mais difícil confundir a média deslocada μ_1 com a média original μ_0. Aplicando o mesmo raciocínio, determinam-se as CCO's para testes unilaterais à esquerda e à direita respectivamente. Estas curvas são mostradas na Figura 3-21 e na Figura 3-22.

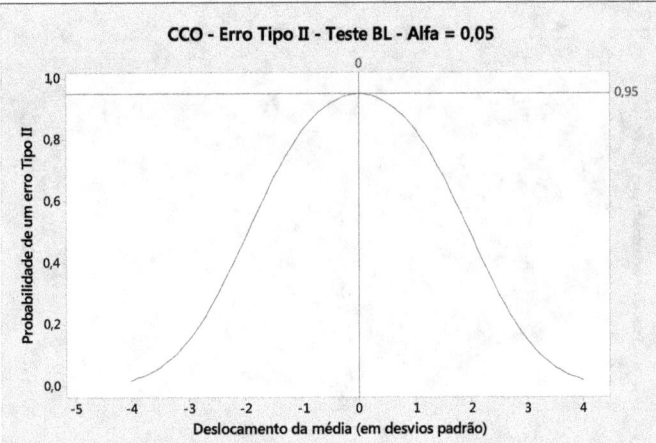

Figura 3-20 - Curva Característica de Operação - teste bilateral - alfa = 0,05

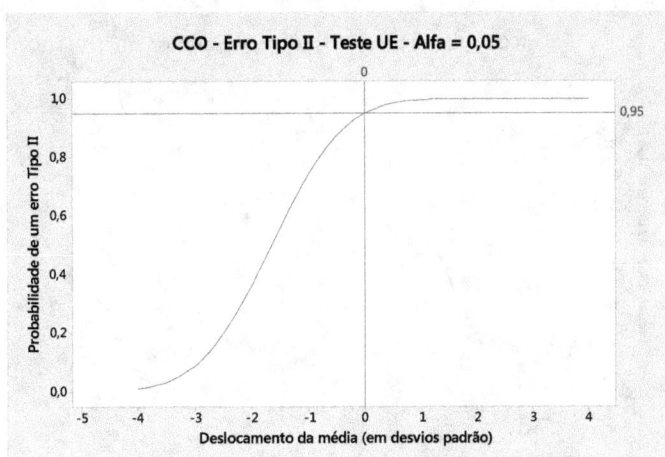

Figura 3-21 - Curva característica de operação – teste unilateral à esquerda – a=0,05

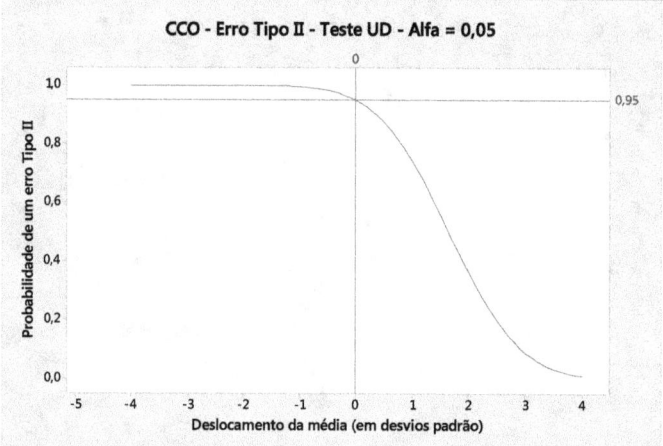

Figura 3-22 - Curva característica de operação – teste unilateral à direita – a=0,05

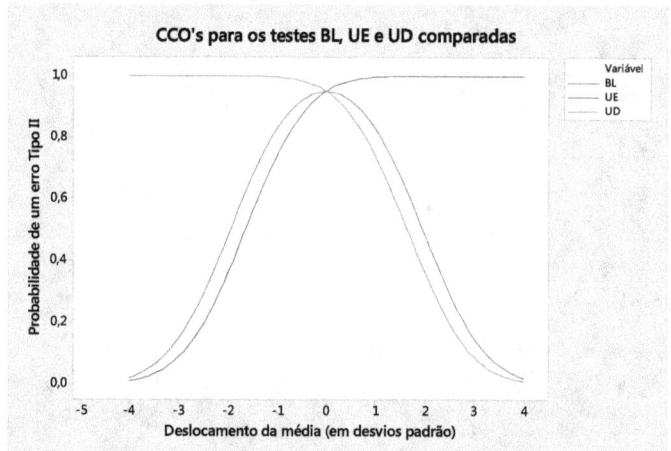

Figura 3-23 - Comparação das CCO's para testes bilaterais e unilaterais

A Figura 3-23 compara as três curvas características de operação. Observa-se que para um mesmo desvio em relação à média original, a curva característica do teste unilateral implica em menor probabilidade do erro Tipo II, portanto, se possível é interessante optar por um teste unilateral.

Em muitas situações, a preocupação está concentrada somente na probabilidade de um erro Tipo I, que é controlada pela escolha de α. Entretanto, algumas vezes é preciso também levar em conta a probabilidade de um erro Tipo II.

Nestes casos, é estabelecido um deslocamento δ da média que deve ser detectado com uma probabilidade β. A determinação de d na equação de β é bastante trabalhosa, mas a aproximação descrita a seguir é adequada para os valores usuais de α.

Levando em conta que $\Phi(z_{\alpha/2} - d) \ll \Phi(z_{1-(\alpha/2)} - d)$ segue-se

$$\beta \cong \Phi(z_{1-(\alpha/2)} - d)$$

$$-z_\beta = z_{1-(\alpha/2)} - d = z_{1-(\alpha/2)} - \frac{\delta}{\sigma/\sqrt{n}} = z_{1-(\alpha/2)} - \frac{\delta\sqrt{n}}{\sigma}$$

que permite calcular o tamanho da amostra requerido para atingir um valor especificado de β quando ocorre um deslocamento δ da média da população

$$n = \left[\frac{(z_{1-(\alpha/2)} + z_\beta)\sigma}{\delta}\right]^2$$

De maneira análoga, pode-se demonstrar que para os testes unilaterais o tamanho amostral requerido para valores especificados de β e δ é

$$n = \left[\frac{(z_{1-\alpha} + z_\beta)\sigma}{\delta}\right]^2$$

3.4.12 Poder do teste

Algumas vezes pode ser interessante usar o conceito de poder do teste, que indica sua capacidade de detectar a ocorrência de um erro Tipo II, ou seja, não aceitar H_0 quando ela for falsa.

Por definição,

$$P = 1 - \beta$$

O poder de um teste depende do tamanho da amostra, do nível de significância e da amplitude do desvio da média. A Figura 3-24 mostra os gráficos de P em função do desvio da média (medido em desvios padrão), para diferentes tamanhos de amostra e $\alpha = 0{,}05$.

Como se depreende da figura, o poder do teste é tanto maior quanto maior o tamanho da amostra. No exemplo mostrado na figura, quando ocorre um desvio d $0{,}5s$ na média, os valores de P são 0,201 para $n = 5$, 0,353 para $n = 10$ e 0,942 para $n = 100$. A razão disto é intuitiva: quando n aumenta o desvio padrão das médias amostrais diminui, a distribuição normal em torno de cada média se fecha e a sobreposição entre as curvas diminui.

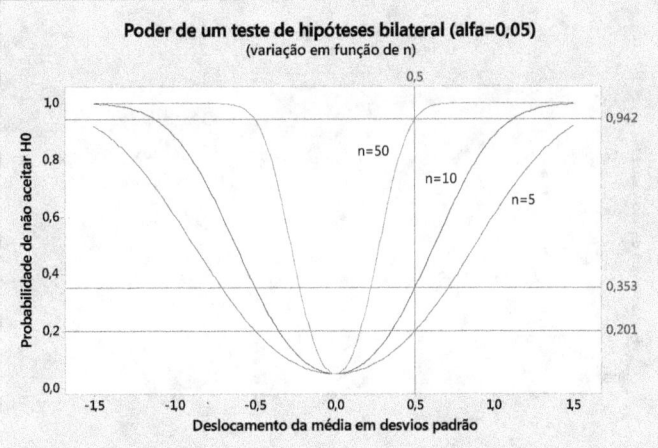

Figura 3-24 - Poder de um teste bilateral para diferentes valores de n

A Figura 3-25 compara os gráficos do poder do teste bilateral para diferentes valores de α, mantendo o tamanho da mostra constante, $n = 10$. No exemplo mostrado, os valores de P são 0,160 para $\alpha = 0,01$, 0,353 para $\alpha = 0,05$ e 0,475 para $\alpha = 0,10$, considerando um desvio de $0,5s$ na média. A razão deste comportamento pode ser entendida facilmente, lembrando que menores valores de α implicam em maiores valores críticos para z e, portanto, aumenta a sobreposição das distribuições.

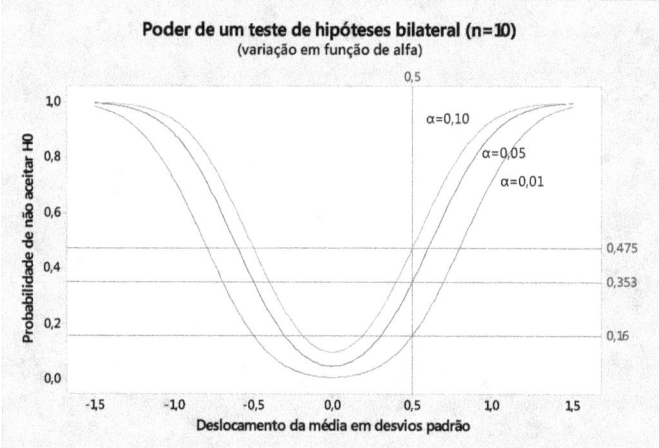

Figura 3-25 - Poder de um teste bilateral para diferentes valores de a

3.4.13 Usando o Minitab para determinar tamanho amostral e poder

Uma outra facilidade que o Minitab oferece para auxiliar a elaboração e a análise de testes de hipótese é o cálculo de tamanhos de amostra, do poder e do desvio detectável, valores que estão relacionados com o controle do erro Tipo II. Para tanto deve-se executar a seguinte sequência de comandos do Minitab:

Estat > Poder e tamanho da amostra > e a seguir o teste envolvido, digamos **Teste Z para 1 amostra**. Irá aparecer uma tela semelhante àquela mostrada na Figura 3-26. Nesta tela o usuário deve preencher quaisquer dois dos três valores seguintes para que o terceiro seja calculado:

1. Tamanhos amostrais = tamanho da amostra, n;
2. Diferenças = deslocamento da média em relação ao valor original;
3. Valores de poder = probabilidade de rejeitar H_0 quando H_0 é falsa; lembrar que o poder é 1-β, onde β é a probabilidade de um erro Tipo II (não rejeitar H_0 quando H_0 é falsa).

Sequência de comandos 3-20 - Tamanhos de amostra e poder do teste

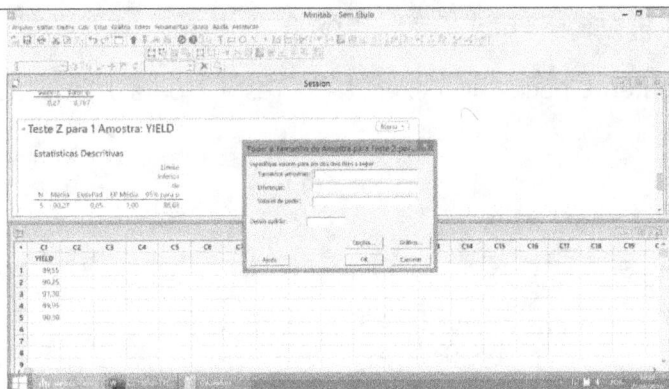

Figura 3-26 - Painel de entrada de dados para cálculo do poder

Exemplo 3-15: Um instituto de defesa do consumidor seleciona aleatoriamente 8 unidades de um grande lote de baterias, fabricadas na mesma data. A vida de prateleira alegada pelo fabricante é de 125 dias ou maior. Entretanto, um problema no armazenamento (não conhecido nem pelo fabricante, nem pelo instituto) havia reduzido a vida de prateleira das baterias daquele lote específico para, em média, 120 dias. Sabe-se ainda que o desvio padrão do parâmetro populacional em foco é 10 dias. (a) Qual a probabilidade de que, ainda assim, o teste realizado pelo instituto de defesa do consumidor não permita rejeitar a afirmação do fabricante de que a vida de prateleira é, em média, 125 dias? (b) Qual deveria ser o tamanho da amostra para que houvesse 95% de probabilidade de detectar a mudança da média de 125 para 120 dias?

Solução: Devido à mudança de 125 para 120 dias, o ensaio realizado correria o risco de incorrer em um erro Tipo II, ou seja, aceitar H_0 quando H_0 é falsa. A probabilidade de incorrer em um erro Tipo II é β. Para este exemplo são dados:

a) valores de uma amostra de tamanho $n = 8 \Rightarrow gl = 7$

b) média hipotética $\mu_0 = 125$

c) desvio padrão da população $\sigma = 10 \Rightarrow$ teste z

d) hipótese alternativa $H_1: \mu < \mu_0 \Rightarrow$ teste unilateral à esquerda $\Rightarrow z_{crit} = z_\alpha$

e) nível de confiança: 95% $\Rightarrow \alpha = 0{,}05 \Rightarrow z_\alpha = z_{0{,}05}$

Embora não seja estritamente necessário executar o Teste Z para 1 amostra, é bom observar que o resultado do teste é:

Teste Z para 1 Amostra: x
Estatísticas Descritivas

N	Média	DesvPad	EP Média	Limite superior de 95% para μ
8	127,25	14,38	3,54	133,07

μ: média de x
Desvio padrão conhecido = 10

Teste

Hipótese nula $H_0: \mu = 125$

Hipótese alternativa $H_1: \mu < 125$

Valor-Z	Valor-p
0,64	0,738

O teste z confirma que não é possível rejeitar a hipótese nula, ao nível de confiança de 95%. Para determinar β é preciso determinar o poder deste teste. Para isto executa-se a sequência de comandos a seguir:

> **Estat** > **Poder e tamanho da amostra** > **Teste Z para 1 amostra** > *painel* **Poder e tamanho de amostra para Teste Z** > *digite 8 em* **Tamanhos amostrais** > *digite -5 em* **Diferenças** > *deixe em branco* **Valores de poder** > *digite 10 em* **Desvio padrão conhecido** > **Opções** > *painel* **Poder e Tamanho de amostra: Opções** > *ative o botão de opções* **Menor que** *em* **Hipótese alternativa** > *digite 0,05 em* **Nível de significância** > **OK** > *painel* **Poder e tamanho de amostra** > **OK**

Sequência de comandos 3-21 - Poder e tamanho da amostra, Teste Z para 1 amostra

Poder e Tamanho de Amostra
Teste Z para 1 Amostra
Teste de média = null (versus < null)
Cálculo do poder para média = nulo + diferença
α = 0,05 Desvio padrão assumido = 10
Resultados

Diferença	Tamanho Amostral	Poder
-5	8	0,408797

O resultado indica que o poder do teste é aproximadamente 0,41; portanto a probabilidade de que a alegação do fornecedor $(\mu_0 = 125)$ fosse aceita como verdadeira mesmo após o deslocamento da média para 120 é $\beta = 1 - poder = 1 - 0,41 = 0,59$ ou 59%. O Minitab fornece também a curva de poder do teste, ilustrada na Figura 3-27.

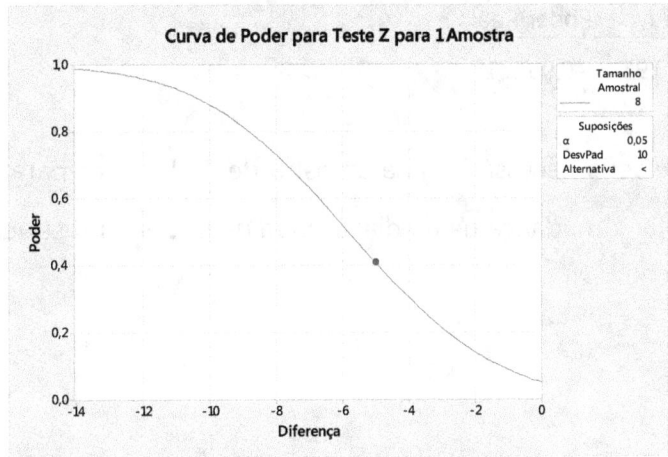

Figura 3-27 - Curva de poder para n=8

Para responder ao quesito (b) executa-se a sequência de comandos anterior com uma alteração: *deixe em branco* **Tamanhos amostrais** *e digite 0,95 em* **Valores de poder**.

Poder e Tamanho de Amostra

Teste Z para 1 Amostra
Teste de média = null (versus < null)
Cálculo do poder para média = nulo + diferença
α = 0,05 Desvio padrão assumido = 10

Resultados

Diferença	Tamanho Amostral	Poder Alvo	Poder Real
-5	44	0,95	0,952715

Poder e Tamanho de Amostra

Teste Z para 1 Amostra
Teste de média = null (versus < null)
Cálculo do poder para média = nulo + diferença
α = 0,05 Desvio padrão assumido = 10

Resultados

Diferença	Tamanho Amostral	Poder Alvo	Poder Real
-5	44	0,95	0,952715

O resultado mostra que seria necessário uma amostra de 44 baterias para que houvesse 95% de probabilidade de detectar a mudança na média; a curva de poder é mostrada na Figura 3-28.

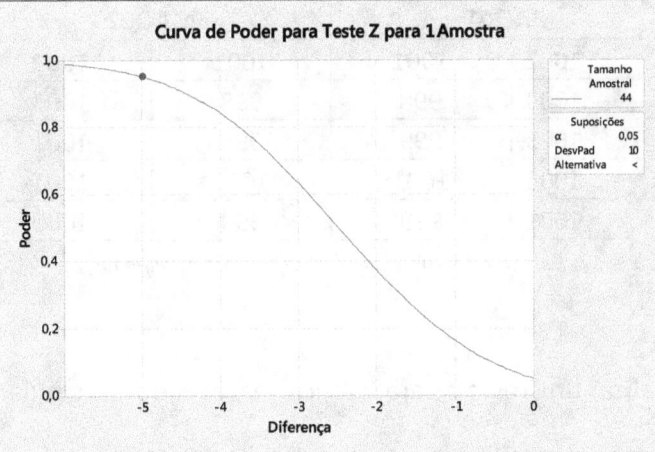

Figura 3-28 - Curva de poder para n=44

Exemplo 3-16: Duas máquinas são usadas no engarrafamento de refrigerantes em garrafas de 1000 ml. O processo de enchimento das garrafas é aproximadamente normal e a Tabela 3-17 traz o resultado de amostras de tamanho n=10 retiradas de cada máquina. (a) Verifique se ao nível de confiança de 95% as duas máquinas podem ser consideradas como dispensando o mesmo volume de líquido para as garrafas. (b) Qual seria o tamanho da amostra para detectar com probabilidade de 95% uma diferença de 1 ml nos volumes dispensados pelas máquinas?

MAQ01		MAQ02	
1002	1001	1001	1002
1003	998	998	1003
1003	999	998	1001
1003	1001	1001	1001
1001	999	999	1000

Tabela 3-17 - Volume dispensados pelas máquinas

Solução: Trata-se de realizar um Teste t para 2 amostras; as hipóteses nula e alternativa são

$$H_0: \mu_1 - \mu_2 = 0$$
$$H_1: \mu_1 - \mu_2 \neq 0$$

Carregue os dados da Tabela 3-17 na planilha ativa. Os dados para MAQ01 estão digitados como VOLM01 e os dados para MAQ02 estão digitados como VOLM02. Executa-se a sequência de comandos:

Estat > **Estatísticas básicas** > **Teste t para 2 amostras** > *painel* **Teste t para 2 amostras para a média** > *selecione* **Cada amostra está em sua respectiva coluna** > *digite VOLM01 em* **Amostra 1** > *digite VOLM02 em* **Amostra 2** > **Opções** > *painel* **Teste t para 2 amostras: Opções** > *digite 95 em* **Nível de confiança** > *digite 0 em* **Diferença hipotética** > *selecione* **Diferença ≠ diferença hipotética** *em* **Hipótese alternativa** > **OK** > *painel* **Teste t para 2 amostras para a média** > **OK**

Sequência de comandos 3-22 - Teste t para duas amostras

Teste T para Duas Amostras e IC: VOLM01; VOLM02
Método

μ_1: média de VOLM01

μ_2: média de VOLM02

Diferença: $\mu_1 - \mu_2$
Não se assumiu igualdade de variâncias para esta análise.

Estatísticas Descritivas

Amostra	N	Média	DesvPad	EP Média
VOLM01	10	1001,00	1,83	0,58
VOLM02	10	1000,40	1,65	0,52

Estimativa da diferença

Diferença	IC de 95% para a Diferença
0,600	(-1,040; 2,240)

Teste

Hipótese nula $H_0: \mu_1 - \mu_2 = 0$

Hipótese alternativa $H_1: \mu_1 - \mu_2 \neq 0$

Valor-T	GL	Valor-p
0,77	17	0,451

O valor-p é maior que o nível de significância $\alpha = 0,05$. Portanto, a resposta do quesito (a) é que não é possível rejeitar a hipótese nula e se deve considerar que as duas máquinas dispensam a mesma quantidade de refrigerante para as garrafas.

Calcule o desvio padrão para as duas amostras tomadas em conjunto; o valor é 1,738. Para cálculo do tamanho da amostra executa-se a sequência:

Estat >**Poder e tamanho de amostra** > **Teste t para 2 amostras** >painel **Poder e tamanho de amostra para Teste t...** > deixe em branco **Tamanhos amostrais** > digite 1 em **Diferenças** > digite 0,95 em **Valores de poder** > digite 1,738 em **Desvio padrão** > **Opções** > painel **Opções** >

> selecione **Não é igual** em **Hipótese alternativa** > digite 0,05 em **Nível de significância** > **OK** > painel **Poder e tamanho de amostra para Teste t...** > **OK**

Sequência de comandos 3-23 - Poder e tamanho amostral para Teste t com 2 amostras

Poder e Tamanho de Amostra

Teste t para 2 amostras

Teste de média 1 = média 2 (versus ≠)

Cálculo do poder para média 1 = média 2 + diferença

α = 0,05 Desvio padrão assumido = 1,73

Resultados

Diferença	Tamanho Amostral	Poder Alvo	Poder Real
1	80	0,95	0,951221

O tamanho amostral é para cada grupo.

O resultado fornece a resposta do quesito (b): seria necessária uma amostra de 80 garrafas de cada máquina para detectar, com 95% de probabilidade, uma diferença de 1 ml entre as máquinas, conforme mostrado na Figura 3-29.

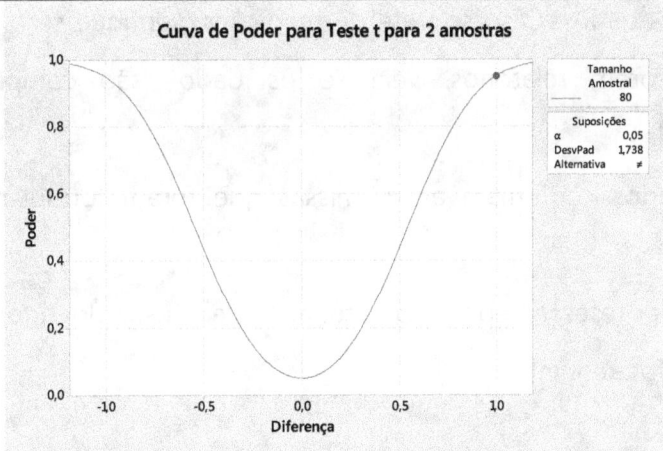

Figura 3-29 - Curva de poder para teste t para duas amostras, bilateral

3.4.14 Procedimentos para um teste de hipóteses

O planejamento e a execução de um teste de hipóteses requerem alguns cuidados que são discutidos a seguir. Quando se realiza uma análise estatística cujo resultado possa implicar em mudanças de processo ou produto é aconselhável seguir um procedimento definido e documentar adequadamente o trabalho. Se estas análises fazem parte do seu dia a dia, talvez se possa pensar em um procedimento documentado, mas isto depende de cada caso.

De qualquer forma, a realização de um teste de hipóteses poderia seguir estes passos:

1. Defina as hipóteses nula e alternativa adotando os critérios discutidos anteriormente.
2. Defina o valor de α, que determina a probabilidade de um erro Tipo 1 (Rejeitar H_0 quando H_0 é verdadeira) no teste.
3. Determine a estatística amostral que deve ser usada para testar a hipótese aventada.
4. Analise a distribuição da estatística escolhida para o teste. Trata-se da questão discutida no tópico **Análise preliminar dos dados**.
5. Determine o intervalo de aceitação de H_0.

6. Realize a coleta dos dados. Caso se trate de medições, verifique se o sistema de medição é adequado. Caso forem relatórios, veja se os dados são completos e não contêm inconsistências óbvias.

7. Verifique se os dados confirmam as premissas que foram formuladas durante a análise preliminar.

8. Faça o teste de hipóteses e reporte o resultado. Para usar do rigor necessário, leia com atenção os parágrafos seguintes.

Quando a hipótese nula é rejeitada ao nível de significância de 5%, por exemplo, pode-se afirmar com 95% de confiança que a decisão foi correta; trata-se de uma conclusão "forte".

No entanto, quando a hipótese nula é aceita, a possibilidade de que se esteja incorrendo em um erro Tipo II não permite afirmar categoricamente que H_0 é verdadeira; a aceitação da hipótese nula é sempre uma conclusão "fraca".

Por consequência, quando se aceita H_0 é preferível descrever a decisão usando a terminologia: *"Não foi possível rejeitar a hipótese nula."* Isto deixa claro que a hipótese nula nunca é plenamente confirmada; tudo o que se pode fazer é aceitá-la provisoriamente, talvez reservando um julgamento mais incisivo para outra ocasião, quando mais dados se tornarem disponíveis; veja o Exemplo 3-9.

3.4.15 Testes de normalidade

A premissa de que os dados amostrais seguem uma distribuição normal é a base de diversos métodos estatísticos. Este fato foi mencionado por várias vezes e no tópico **Análise preliminar**

dos dados mostrou-se um exemplo concreto no qual deixar de satisfazer o requisito da normalidade dos dados amostrais, quando tal requisito é necessário, poderia levar a conclusões incorretas.

Numa abordagem inicial, a construção de histogramas e/ou boxplots dos dados é sempre recomendável. A presença de valores discrepantes, assimetria extrema, a possível existência de duas modas são indicações claras de não-normalidade dos dados, e podem ser detectadas nesta análise descritiva.

A análise de gráficos envolve certamente algum grau de subjetividade e dificilmente permite uma avaliação conclusiva. Assim, os estatísticos vêm desenvolvendo desde o século XIX métodos numéricos e testes formais que devem ser aplicados aos dados para determinar a normalidade. A literatura menciona cerca de 40 testes de normalidade, dos quais os mais aplicados e comumente disponíveis nos programas estatísticos são os testes de:

a) Anderson-Darling (AD);

b) Kolmogorov-Smirnov (KS);

c) Shapiro-Wilks (SW);

d) Ryan-Joiner (RJ), que é equivalente ao de Shapiro-Wilks;

e) Lilliefors (LF).

Os testes de normalidade são, em essência, testes de hipóteses nos quais se tem:

H_0: Os dados seguem uma distribuição normal.

H_1: Os dados não seguem uma distribuição normal.

A decisão de aceitar ou rejeitar H_0 é tomada examinando alguma característica dos dados e comparando o valor observado com um valor esperado se a distribuição dos dados fosse normal.

A magnitude desta diferença é então utilizada para concluir se pela normalidade ou não normalidade da amostra.

Os testes de AD, KS e LF estão baseados na comparação de uma distribuição empírica estimada a partir dos dados com a distribuição de probabilidade acumulada normal. Cada um dos três testes executa a comparação de forma distinta e calcula de forma diferente os valores críticos para decisão do teste de hipóteses. O Minitab suporta a aplicação dos testes AD e KS aos dados.

Os testes de SW e RJ estão baseados em regressão e correlação (tópicos abordados no próximo capítulo) entre os dados e estimativas de escala baseadas em estatísticas denominadas não-paramétricas. O Minitab suporta a aplicação do teste de RJ. Foge ao escopo desta obra uma análise mais detalhada dos diversos métodos de teste de normalidade.

Uma comparação entre os três testes de normalidade suportados pelo Minitab (AD, KS e RJ) pode ser encontrada no manual do Minitab onde se lê:

> **Todos os três testes tendem a funcionar bem na identificação de uma distribuição como não normal quando a distribuição é assimétrica. Todos os três testes são menos distintivos quando a distribuição subjacente é uma distribuição t e a não normalidade é devida à curtose. Normalmente, entre os testes baseados na função de distribuição empírica, Anderson-Darling tende a ser mais eficaz na detecção de desvios nas caudas da distribuição. Em geral, se a dispersão a partir da normalidade para as caudas for o maior problema, muitos estatísticos usariam de Anderson-Darling como a primeira escolha.**

Razali & Wah (2011) apresentam uma comparação sobre o poder dos testes SW, KS, LF e AD. Neste estudo verificaram como varia a capacidade de cada um destes testes para detectar um erro tipo II, em função do tamanho da amostra e da distribuição que deu origem aos dados.

Para que fique mais claro qual foi a metodologia deste estudo, segue uma descrição **muito simplificada** da abordagem empregada. Suponha que amostras de diversos tamanhos são extraídas da distribuição mostrada na Figura 3-30, denominada distribuição de Laplace, e se faz um teste para verificar se tais amostras poderiam ter sido extraídas da distribuição normal também mostrada na figura.

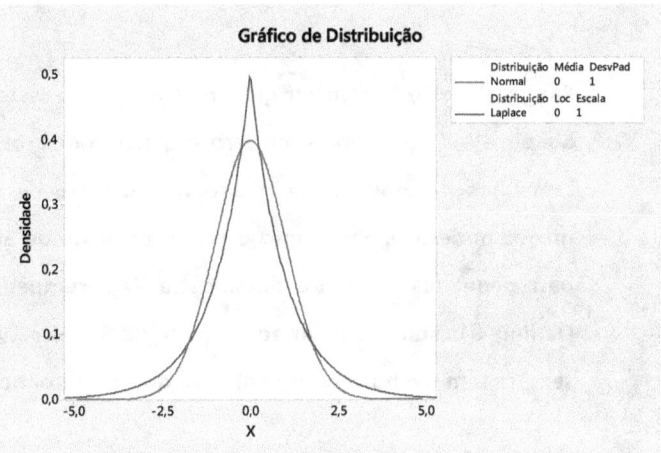

Figura 3-30 - Distribuição de Laplace × distribuição normal

É claro que aceitar H_0 nestas circunstâncias consiste em um erro tipo II, mas como a distribuição de Laplace é simétrica, o erro tipo II passa desapercebido para pequenos tamanhos de amostra e só é detectado com tamanhos de amostra relativamente grandes. Repetindo cada um dos testes de normalidade para milhares de amostras de diferentes tamanhos é possível determinar qual deles é capaz de detectar mais cedo a o desvio da normalidade. Este processo foi repetido considerando também uma distribuição assimétrica conforme mostrado na Figura 3-31.

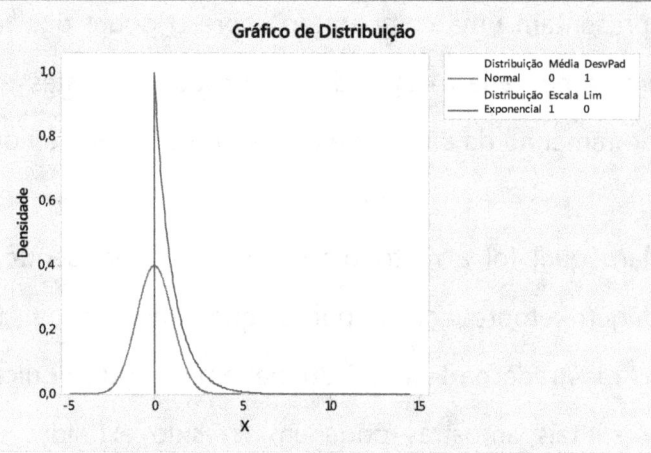

Figura 3-31 - Distribuição exponencial x distribuição normal

A conclusão do estudo foi a seguinte:

> **Em geral, se pode concluir que entre os quatro testes considerados, o teste de Shapiro-Wilk é o mais poderoso para todos os tipos de distribuição e tamanhos de amostra, ao passo que o teste de Kolmogorov-Smirnov é o menos poderoso. Entretanto o poder do teste de Shapiro-Wilk é ainda baixo para pequenos tamanhos de amostra. O desempenho do teste de Anderson-Darling é bastante similar ao do teste de Shapiro-Wilks, e o teste de Lilliefors sempre tem melhor desempenho do que o de Kolmogorov-Smirnov.**

Finalmente, veja os resultados dos testes de normalidade para duas amostras de tamanho $n = 20$; uma amostra L20 extraída de uma distribuição de Laplace (0;1) e outra E20 extraída de uma distribuição exponencial (1;0). A Figura 3-32 mostra que os testes de AD, RJ e KS para L20 resultam em um p-valor maior que 0,10. Isto significa que nenhum dos testes foi capaz de rejeitar H_0 ao nível de significância. de, por exemplo, 5%. Os valores nomeados como AD, RJ e KS são as estatísticas de teste para cada um dos métodos.

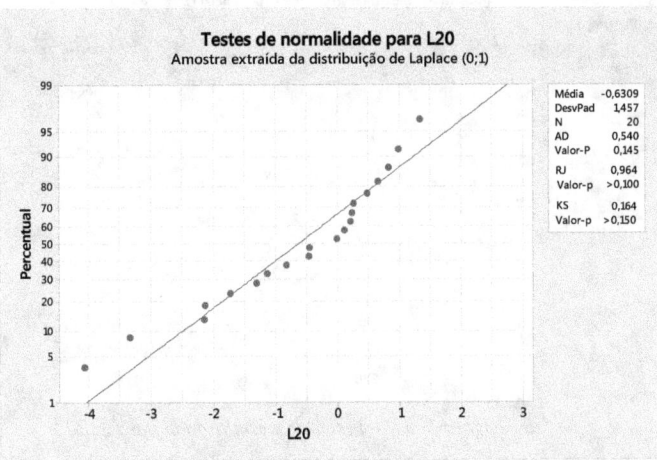

Figura 3-32 - Testes de normalidade para L20

O gráfico mostrado na parte esquerda da Figura 3-32 chama-se gráfico de probabilidade normal. Observe que a escala das abcissas é linear, mas a escala das ordenadas acompanha os percentis da distribuição normal acumulada. Assim, os pontos de uma distribuição normal seriam todos marcados sobre a linha reta mostrada na figura. Quanto mais alinhados estiverem os pontos sobre a reta, tanto mais próxima de uma distribuição normal será a distribuição observada.

A Figura 3-33 mostra que os testes de AD, RJ e KS para E20 resultam em um valor-p menor que 0,01. Isto significa que os três testes rejeitaram H_0 ao nível de significância de, por exemplo, 5%. Os valores nomeados como AD, RJ e KS são as estatísticas de teste para cada um dos métodos. Observe atentamente e compare os gráficos de probabilidade normal nas duas figuras, que mostram os resultados dos testes para L20 e E20.

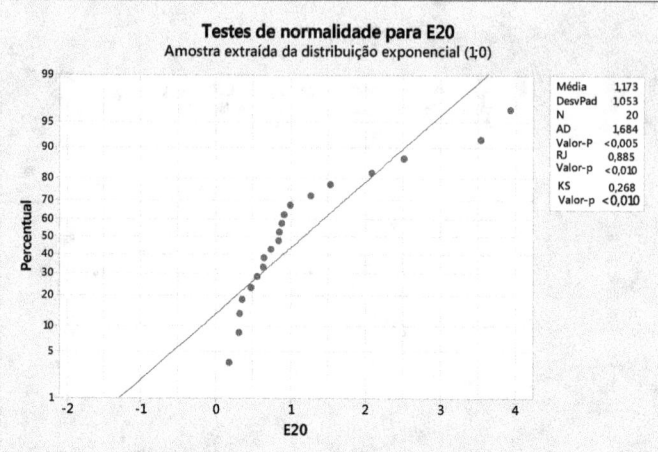

Figura 3-33 - Testes de normalidade para E20

3.5 Exercícios propostos

Exercício 3-1: Questões para recapitulação

1. Explique o que estabelece o Teorema Central do Limite e porque ele é tão importante.
2. Explique o que é a estimação e quais são seus fundamentos lógicos.
3. Conceitue estes termos: nível de confiança, nível de significância, intervalo de confiança, erro padrão da média, erro máximo provável.
4. Quando se usa a distribuição normal na estimação de médias? E quando se usa a distribuição t de Student? Compare as duas distribuições.
5. Explique como o tamanho da amostra influencia a estimação de médias e proporções.
6. Explique o que é um teste de hipótese e quais são seus fundamentos lógicos.
7. Conceitue estes termos: hipótese nula, hipótese alternativa, valor-p, erro tipo I, erro tipo II, poder do teste, CCO.
8. Descreva o relacionamento entre β, n e α.
9. Explique quais são as hipóteses nula e alternativa para os testes bilaterais e unilaterais para médias.
10. Explique o que são os testes de normalidade e quais os mais conhecidos.

Exercício 3-2: Uma empresa de aviação constatou que nas últimas 8 semanas 2100 passageiros, de um total de 35000 que haviam feito reservas, não compareceram ao embarque ("no show"). Estime o intervalo de confiança para a taxa de "no show"; use $\alpha=0,05$ e $\alpha=0,01$. (b) qual o erro máximo provável das duas estimativas? O número de reservas acompanhado é suficiente para estimar o "no show" com erro máximo de $\pm0,01$? (c) A empresa vende habitualmente 7,5% de passagens além da capacidade do avião ("overbooking"), tomando como base dados anteriores. Os dados atuais relativos ao "no show" corroboram a política de "overbooking"?

Exercício 3-3: O Ministério dos Transportes fez uma pesquisa para determinar a porcentagem de acidentes fatais no estado de São Paulo causados por embriaguez ao volante. Qual deve ser o tamanho da amostra para que esta porcentagem seja estimada com um erro máximo de 5%, (a) ao nível de confiança de 95%? (b) ao nível de confiança de 99%?

Exercício 3-4: Tomando como base uma amostra aleatória de 36 pacientes de um hospital, os administradores concluem que o intervalo de confiança de 95% para o tempo médio de internação é (3,5; 6,5). Determine as estimativas pontuais para a média e o desvio padrão do tempo de internação.

Exercício 3-5: As notas de 8 estudantes em um teste foram 60, 62, 67, 69, 70, 73, 75 e 72; os estudantes foram selecionados aleatoriamente entre muitos alunos que fizeram o teste. a) Verifique se a média do teste pode ser considerada igual a 65, ao nível de significância de 0,05. b) Posteriormente verificou-se que a nota registrada como 67 era na realidade 76. Isto alterou a conclusão anterior?

Exercício 3-6: ♦Um grupo de pesquisadores conduziu um experimento para testar o efeito do álcool na habilidade de conduzir um veículo. Dez pessoas foram submetidas cada uma a dois testes. O primeiro consistia em ingerir dois copos de água e realizar as provas de direção; o segundo teste consistia em ingerir duas doses de bebida alcoólica e realizar as provas de direção. Foram tomados alguns cuidados, tais como fazer com que metade dos indivíduos fizesse os testes na sequência Água-Álcool e a outra metade na sequência Álcool-Água, e que houvesse um intervalo de dois dias entre os testes para permitir que os efeitos do álcool se dissipassem. Os escores dos testes estão na Tabela 3-18. A ingestão da bebida alcoólica teve algum efeito no resultado dos testes?

Água	Álcool
16	13
15	13
11	10
20	18
19	17
14	11
13	10
15	15
14	11
16	16

Tabela 3-18 - Resultado dos testes

Exemplo 3-7: Deseja-se testar a hipótese de que a média de uma população é µ=100. Uma amostra de tamanho n=21 extraída desta população tem um erro padrão estimado igual a 12 unidades. (a) Qual a probabilidade de que a média amostral seja $\bar{x} = 107$? Seria este valor significativo ao nível de 95%, em um teste bilateral? (b) Qual a probabilidade de que a média amostral seja $\bar{x} = 95$? (c) Seria este valor significativo ao nível de 95%, em um teste unilateral à esquerda?

Exercício 3-8: Um exame escolar foi elaborado com o objetivo de permitir que os alunos alcançassem média 80 com desvio padrão 10. Um grupo de 20 alunos escolhidos aleatoriamente realizou o exame e obteve média 85. Este resultado permite afirmar que o exame não foi elaborado conforme especificado?

Exercício 3-9: O preço de determinado produto alimentício foi pesquisado em 16 supermercados escolhidos ao acaso em uma grande cidade, obtendo-se o seguinte resultado

SUPERMERCADO	PREÇO
1	95,00
2	108,00
3	97,00
4	112,00
5	99,00
6	106,00
7	105,00
8	100,00
9	99,00
10	98,00
11	104,00
12	110,00
12	107,00
14	111,00
15	103,00
16	110,00

Tabela 3-19 - Preço de um produto alimentício em vários supermercados

Supondo que o preço deste produto siga uma distribuição normal com variância igual a 25 e média desconhecida, pergunta-se: (a) qual é a distribuição da média amostral? (b) quais os limites do intervalo de confiança de 95% para a média amostral (c) supondo que a variância da população fosse desconhecida, quais os limites do intervalo de confiança de 95% para a média amostral?

Exercício 3.10: A média das estaturas de uma amostra aleatória de 400 pessoas de uma cidade é 1,75 m. Também com base nos dados amostrais, acredita-se que a população da cidade é uma variável aleatória que segue uma distribuição normal com variância de 0,16 m^2. (a) Construa um intervalo de 95% de confiança para a média das estaturas da população. (b) Qual seria o tamanho mínimo da amostra necessária para que possa decidir-se que a verdadeira média das estaturas está a menos de 2 cm da média amostral com um nível de confiança de 90% e com um nível de confiança de 95%.

Exercício 3.11: As vendas mensais de uma loja de eletrodomésticos se distribuem normalmente, com um desvio padrão típico de 900. Um estudo estatístico das vendas realizadas nos últimos nove meses determinou um intervalo de confiança para a média mensal das vendas, cujos extremos são 4663 e 5839. (a) Qual a média das vendas destes nove meses? Qual o nível de confiança para este intervalo?

Exercício 3-12: Deseja-se estimar a proporção p de indivíduos daltônicos de uma população através da porcentagem observada em uma amostra aleatória de tamanho n. (a) Se a porcentagem de indivíduos daltônicos é igual a 30%, calcule o tamanho da amostra necessário para que se possa estimar esta proporção com erro menor que 3% e confiança de 95%. Deseja-se ainda que para um erro tipo II o poder do teste seja 0,9.

4 ANOVA, CORRELAÇÃO E REGRESSÃO

4.1 Introdução à análise da variância

Um processo é um "conjunto de atividades inter-relacionadas ou interativas que transforma insumos (entradas) em produtos (saídas)." Evidentemente, se as entradas de um processo variam, é de se esperar que as saídas também variem.

Por exemplo, um engenheiro decide testar o efeito de três diferentes catalisadores, denominados A, B e C, em uma reação química que transforma os reagentes em um produto. Para isto, produz 15 lotes do produto, sendo 5 deles com cada catalisador. O rendimento da reação, medido pela quantidade do produto, é indicado na Tabela 4-1.

Rend CatA	Rend CatB	Rend CatC
266,00	260,00	265,00
255,00	268,00	248,00
254,00	265,00	256,00
236,00	254,00	246,00
239,00	232,00	269,00

Tabela 4-1 - Rendimento da reação química com diferentes catalisadores

Calculando o valor médio do rendimento para cada um dos catalisadores verifica-se que

$\bar{x}_A = 250,0$

$\bar{x}_B = 255,8$

$\bar{x}_C = 256,8$

É natural que para um mesmo catalisador haja diferentes valores do rendimento, devido à variabilidade natural do processo. A questão é: **A diferença entre os valores do rendimento médio para diferentes catalisadores é também devida simplesmente ao acaso, ou há, de fato, uma diferença entre os catalisadores?** Ou ainda, colocando a pergunta de outro modo: com base nas amostras disponíveis, pode-se concluir que há alguma diferença no rendimento médio da reação química, com diferentes catalisadores? Trata-se, portanto, de um teste de hipóteses no qual

H_0: o rendimento médio é igual com diferentes catalisadores $(\mu_A = \mu_B = \mu_C)$

H_1: o rendimento médio não é igual com diferentes catalisadores

Uma primeira ideia para responder a esta pergunta seria comparar as médias duas a duas (A x B, A x C, B x C), usando os testes de hipóteses já conhecidos. Por exemplo, se a hipótese nula de cada um dos testes $(\mu_A = \mu_B, \mu_A = \mu_C, \mu_B = \mu_C)$ não puder ser rejeitada, então a hipótese $\mu_A = \mu_B = \mu_C$ não pode também ser rejeitada.

O problema com esta abordagem é o rápido decréscimo no nível de confiança do resultado. Se, por exemplo, as comparações duas a duas são feitas com 95% de confiança, o nível de confiança de $\mu_A = \mu_B = \mu_C$ será de $(1 - \alpha)^3 = 0{,}95 \times 0{,}95 \times 0{,}95 = 0{,}8573$. Assim, para determinar se as médias de várias populações são iguais, ou se pelo menos uma delas difere das outras, usa-se a análise da variância, comumente denominada ANOVA; este nome vem do inglês "analysis of variance".

A análise da variância é o fundamento de uma importante ferramenta para melhoria e otimização de projetos, processos e produtos, conhecida pelo nome de Projeto de Experimentos (em inglês,

Design of Experiments, ou DOE). O Projeto de Experimentos é abordado com detalhes no Capítulo 6.

4.1.1 Como funciona a Análise da Variância

Para que a ANOVA possa ser aplicada, três condições devem ser atendidas:

a) as amostras devem ser aleatórias e independentes;

b) as populações amostradas devem ter uma distribuição normal em relação ao parâmetro de interesse;

c) o desvio padrão das populações amostradas deve ser igual; esta propriedade se chama homocedasticidade.

d) A condição (a) é geralmente conseguida através da chamada aleatorização (em inglês, "randomization") das rodadas do experimento. Os resultados da ANOVA são bastante robustos com respeito a normalidade, porém se houver razões para acreditar que a distribuição do parâmetro seja acentuadamente assimétrica outros métodos de análise devem ser aplicados. Uma alternativa é utilizar testes não paramétricos. Ver, por exemplo, Montgomery (1984). Da mesma forma, a ANOVA é bastante robusta quanto a diferenças entre os desvios padrão das populações amostradas. Como regra prática, se a diferença entre o maior e o menor desvio padrão amostral for menor que 10, pode-se aplicar a ANOVA.

É bastante provável que estejamos usando a ANOVA para analisar a influência de um ou mais fatores na saída de algum processo. No caso mais simples, buscamos compreender como a resposta y varia em função da entrada x.

Assim, admita-se k amostras de tamanho n, extraídas de k populações normalmente distribuídas e com a mesma variância s_y^2. As hipóteses nula e alternativa da ANOVA são:

H_0: As médias de todas as populações são iguais $(\mu_1 = \mu_2 = \mu_3 = ... = \mu_{k-1} = \mu_k)$

H_1: Pelo menos uma das médias difere das demais

Há duas maneiras de estimar a variância da população através da variância das amostras. A primeira forma é considerar que a variância de uma amostra pode ser usada como estimativa da variância populacional; logo, a média das variâncias das k amostras é uma estimativa provavelmente mais acurada.

$$s_w^2 = \frac{\sum_{i=1}^{k} s_i^2}{k} = \frac{\sum_{i=1}^{k} \frac{\sum_{j=1}^{n}(y_{ij}-\bar{y}_i)^2}{n-1}}{k} = \frac{\sum_{i=1}^{k}\sum_{j=1}^{n}(y_{ij}-\bar{y}_i)^2}{k(n-1)}$$

onde $\bar{y}_i$ é a média da i-ésima amostra.

Esta estimativa da variância chama-se "variância dentro" porque reflete apenas a variabilidade de cada amostra, que decorre dos fatores aleatórios inerentes ao processo de amostragem, e não é influenciada pela média; neste texto usa-se o subíndice "w" (do inglês "within") para indicar a variância "dentro".

É possível também estimar a variância da população (que, de acordo com uma das condições de aplicabilidade da ANOVA é a mesma para todas as populações) tomando como base a variância das médias amostrais, dada por

$$s_{\bar{y}}^2 = \frac{\sum_{i=1}^{k}(\bar{y}_i - \bar{\bar{y}})^2}{k-1}$$

onde $\bar{\bar{y}}$ é a média das médias amostrais, ou média geral, sendo

$$\bar{\bar{y}} = \frac{\sum_{i=1}^{k}\bar{y}_i}{k} = \frac{\sum_{i=1}^{k}\frac{\sum_{j=1}^{n}y_{ij}}{n}}{k} = \frac{\sum_{i=1}^{k}\sum_{j=1}^{n}y_{ij}}{kn}$$

De acordo com o TCL, sabe-se que

$$\sigma_{\bar{y}}^2 = \frac{\sigma_y^2}{n}$$

logo, a segunda estimativa da variância populacional é

$$s_b^2 = n s_{\bar{y}}^2$$

Esta segunda estimativa da variância populacional é denominada "variância entre", pois reflete a variabilidade entre as amostras. A variância "entre" é influenciada pela média populacional, pois se a média de uma das populações for diferente das demais a média da amostra extraída daquela população também será diferente da média das amostras extraídas das outras populações.

Em resumo, pode-se afirmar que a ANOVA está baseada na comparação de duas estimativas para a variância da população. A primeira estimativa é a média das variâncias amostrais, denominada variância "dentro"; a segunda estimativa é a variância das médias amostrais multiplicadas pelo tamanho das amostras, que se denomina variância "entre".

Um exemplo permite visualizar o que ocorre com as variâncias "dentro" e "entre" quando as médias populacionais são iguais e quando uma delas é diferente das demais.

Exemplo 4-1: A Tabela 4-2 contém $k = 5$ amostras de tamanho $n = 6$. As quatro primeiras foram extraídas de uma população $N(10;2)$ e a quinta amostra foi extraída de uma população $N(15;2)$. Calcular as variâncias "dentro" e "entre" para as amostras A, B, C e D e para as amostras A, B, C e E.

A	B	C	D	E
10,51	6,71	7,03	11,65	13,47
7,90	7,87	8,62	9,98	13,99
8,93	8,95	8,43	7,87	14,82
11,42	10,44	8,61	12,35	13,88
9,41	11,32	12,40	10,82	15,34
10,45	12,57	9,43	10,76	16,63

Tabela 4-2 - Amostras A-B-C-D de N(10;2); amostra E de N(15;2)

Solução: Carregue os dados da Tabela 4-2 na planilha ativa. Para as amostras A, B, C e D (extraídas de uma mesma população) calcula-se, usando a sequência **Estat>Estatísticas básicas>Exibição de estatísticas descritivas** do Minitab, a média e o desvio padrão, com o resultado

Estatísticas Descritivas: A; B; C; D
Estatísticas

Variável	Contagem Total	Média	Variância
A	6	9,770	1,613
B	6	9,643	4,848
C	6	9,087	3,240
D	6	10,572	2,414

Este resultado mostra médias amostrais e as variâncias amostrais. Faça agora um "copy & paste" das colunas Média e Variância, mostradas na janela Session, para duas colunas da planilha; renomeie estas colunas como Méd_ABCD e Var_ABCD, conforme mostra a Figura 4-1.

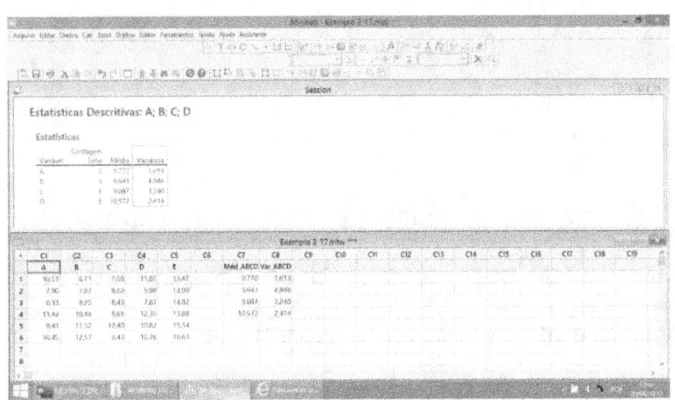

Figura 4-1 - Tela do Minitab após cópia da janela Session para a planilha

Usando a sequência **Estat>Estatísticas básicas>Exibição de estatísticas descritivas** do Minitab, calcule a média e o desvio padrão para Méd_ABCD e Var_ABCD obtendo

Estatísticas Descritivas: Méd_ABCD; Var_ABCD
Estatísticas

Variável	Contagem Total	Média	Variância

| Méd_ABCD | 4 | 9,768 | 0,375 |
| Var_ABCD | 4 | 3,029 | 1,912 |

O que se deseja agora é determinar a variância "entre" e a variância "dentro". A variância "dentro" é a média das variâncias amostrais, que no resultado mostrado é a média de Var_ABCD. Logo

$$s_w^2 = 3,029$$

Para calcular a variância "entre" é preciso determinar primeiramente a variância das médias amostrais, que no resultado mostrado é a variância de Méd_ABCD, e em seguida multiplicar este valor pelo tamanho $n = 6$ da amostra. Portanto:

$$s_b^2 = ns_{\bar{y}}^2 = 6 \times 0,375 = 2,25$$

Observa-se que neste caso, no qual as quatro amostras são extraídas da mesma população, as duas estimativas da variância da população (3,03 e 2,25) são valores relativamente próximos. Fazendo os cálculos para as amostras A, B, C e E encontra-se:

Estatísticas Descritivas: A; B; C; E
Estatísticas

Variável	Contagem Total	Média	Variância
A	6	9,770	1,613
B	6	9,643	4,848
C	6	9,087	3,240

| E | 6 | 14,688 | 1,367 |

Estatísticas Descritivas: Méd_ABCE; Var_ABCE
Estatísticas

Variável	Contagem Total	Média	Variância
Méd_ABCE	4	10,80	6,82
Var_ABCE	4	2,767	2,615

Agora a variância "dentro" é

$s_w^2 = 2,767$

e a variância "entre" tem o valor

$s_b^2 = ns_{\bar{y}}^2 = 6 \times 6,82 = 40,92$

Examinando os resultados vê-se que, de fato:

a) a variância "dentro" é pouco afetada pelas médias populacionais, pois quando:

   i. todas as amostras são extraídas da população $N(10;2)$, $s_w^2 = 3,03$;

   ii. uma das amostras é extraída da população $N(15;2)$, $s_w^2 = 2,77$;

b) a variância "entre" é afetada (neste exemplo, fortemente afetada) pelas médias populacionais pois, quando:

   i. todas as amostras são extraídas da população $N(10;2)$, $s_b^2 = 2,25$;

   ii. uma das amostras é extraída da população $N(15;2)$, $s_b^2 = 40,92$.

O exposto acima explica a lógica da ANOVA: quando se comparam as variâncias "entre" e "dentro", valores próximos indicam que não há diferença entre as médias das populações que originaram as amostras; por outro lado, valores muito discrepantes indicam que pelo menos uma das médias populacionais é diferente das outras.

4.1.2 Distribuição F

É necessário um critério objetivo que permita dizer se a diferença entre s_w^2 e de s_b^2 é significativa. Este critério se denomina Razão F ou Teste F, e é simplesmente:

$$Razão\ F = F_{teste} = \frac{s_b^2}{s_w^2}$$

A razão de duas variâncias segue uma distribuição de probabilidades conhecida como distribuição F. Há uma distribuição F para cada combinação de graus de liberdade do numerador e do denominador. O número de graus de liberdade está relacionado com a maneira de calcular as variâncias. Revendo as fórmulas anteriores, verifica-se que a variância "entre" é um somatório dividido por $k-1$ e a variância "dentro" s_w^2 resulta de um somatório dividido por $k(n-1)$. Assim, o número de graus de liberdade do numerador é $k-1$ e o número de graus de liberdade do denominador é $k(n-1)$.

A Figura 4-2 mostra um gráfico típico de uma distribuição F, no caso com 4 gl no numerador e 25 gl no denominador. Esta figura mostra também o valor de x que corresponde a uma probabilidade acumulada de 0,95.

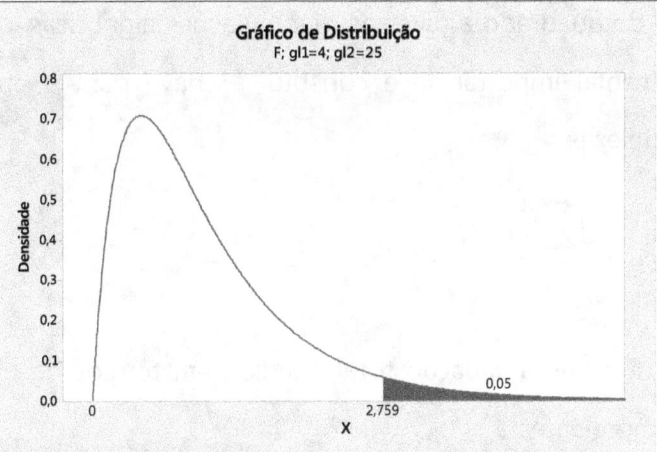

Figura 4-2 - Distribuição $F_{4;25}$, mostrando $X \mid p(x \leq X)=0,95$

4.1.3 Abordagem da ANOVA através de somas quadráticas

Considerando as k amostras de tamanho n, pode-se calcular a variância de todo o conjunto de dados, denominada variância total s_t^2, por:

$$s_t^2 = \frac{1}{kn-1}\sum_{i=1}^{k}\sum_{j=1}^{n}(y_{ij}-\bar{\bar{y}})^2$$

Somando e subtraindo a média de cada amostra aos termos do somatório, tem-se:

$$s_t^2 = \frac{1}{kn-1}\sum_{i=1}^{k}\sum_{j=1}^{n}[(y_{ij}-\bar{y}_i)-(\bar{y}_i-\bar{\bar{y}})]^2$$

Após a expansão do quadrado e diversas manipulações algébricas, obtêm-se a expressão abaixo, que é de fundamental importância e constitui a chave para o entendimento e realização de análises mais complexas.

$$s_t^2 = \sum_{i=1}^{k}\sum_{j=1}^{n}(y_{ij}-\bar{y}_i)^2 + n\sum_{i=1}^{k}(\bar{y}_i-\bar{\bar{y}})^2$$

Esta equação mostra que a variação total, medida em termos de uma soma de quadrados, é a soma de duas componentes:
   a) a variação dentro de cada amostra, que decorre da variabilidade inerente à amostragem, e;
   b) a variação entre as amostras, que decorre das diferentes condições em que foram coletadas, ou, utilizando a terminologia própria de Projeto de Experimentos, dos diferentes tratamentos.

Os três termos da equação representam somas quadráticas ("Sum of squares" = SS) e assim:

$$SS_{Total} = SS_{Erro} + SS_{Tratamento}$$

As variâncias são somas de desvios quadráticos médios ("Mean of squares" = MS), de modo que se usam na ANOVA as denominações

$$s_b^2 = MS_{Tratamento}$$

$$s_w^2 = MS_{Erro}$$

Comparando as equações das somas quadráticas e as equações das somas quadráticas médias (variâncias), segue-se imediatamente que:

$$s_b^2 = ns_{\bar{y}}^2 = \frac{n\sum_{i=1}^{k}(\bar{y}_i - \bar{\bar{y}})^2}{k-1} = \frac{SS_{Tratamento}}{k-1}$$

$$s_w^2 = \frac{\sum_{i=1}^{k}\sum_{j=1}^{n}(y_{ij} - \bar{y}_i)^2}{k(n-1)} = \frac{SS_{Erro}}{k(n-1)}$$

$$F_{teste} = \frac{s_b^2}{s_w^2} = \frac{MS_{Tratamento}}{MS_{Erro}}$$

É comum que os resultados da ANOVA sejam sumarizados em uma tabela, conforme abaixo.

Origem da variação	Graus de liberdade (g.l.)	SS	MS	F_{teste}
Tratamentos	k-1	$SS_{Tratamento}$	$SS_{Tratamento}/(k-1)$	$MSS_{Tratamento}/MSS_{Erro}$
Erro	k(n-1)	SS_{Erro}	$SS_{Erro}/[k(n-1)]$	
Total	kn-1	SS_{Total}		

Tabela 4-3 - Tabela da Análise da Variância

4.1.4 Introdução ao uso do Minitab na análise da variância

O Minitab oferece diversas funcionalidades para a realização de diferentes tipos de análises da variância. Neste momento a abordagem será limitada à uma descrição dos princípios da ANOVA com um único fator, deixando para o Capítulo 6 certos detalhes como modelos, comparações e resíduos.

Na terminologia da ANOVA, fatores são as variáveis que influenciam as respostas de um processo. Os fatores podem ser variáveis ou fixos, contínuos ou discretos, nominais ou numéricos. O importante neste ponto é ter em mente que se quer analisar a influência de um único fator.

Para melhor entendimento a respeito de como o Minitab é usado na ANOVA de um fator, é conveniente apresentar o processo através de um exemplo.

Exemplo 4-2: Três tipos de dispositivos de chaveamento de alta corrente são utilizados em uma certa aplicação na indústria. O desempenho de $k = 3$ amostras de $n = 10$ dispositivos de cada tipo foi acompanhado ao longo de um estudo, determinando-se a vida útil de cada item (em semanas), conforme mostra a Tabela 4-4. Com base nos resultados (a) determine se a vida útil de cada tipo de dispositivo é a mesma e (b) expresse o resultado do estudo em termos de somas quadráticas.

Tipo 1		Tipo 2		Tipo 3	
25,33	40,31	28,96	29,18	37,79	31,44
29,78	39,14	40,51	27,15	27,65	29,50
29,61	32,30	21,96	32,71	24,65	32,51
24,68	21,38	25,47	30,22	29,07	30,68
33,54	26,69	24,55	23,54	37,74	23,41

Tabela 4-4 - Tempo de vida útil em semanas, por tipo de dispositivo

Solução: Carregue os dados da Tabela 4-4 na planilha ativa. Inicie a sequência de comandos do Minitab:

> **Estat** > **ANOVA** > **Um fator** > *painel* **Análise de variância com um fator** > *Selecione* "**Os dados de resposta estão em uma coluna separada para cada nível do fator.**" *na lista suspensa* > **Opções** > *painel* **Análise de variância com um fator: Opções** > *marque a caixa de seleção* **Assumir variâncias iguais** > *digite 95 para* **Nível de Confiança** > *selecione* **Bilateral** *para* **Tipo de Intervalo de confiança** > **OK** > *painel* **Análise de variância com um fator** > **OK**

Sequência de comandos 4-1 - Análise da variância com um fator

O painel é mostrado na Figura 4-3 e possui vários controles.

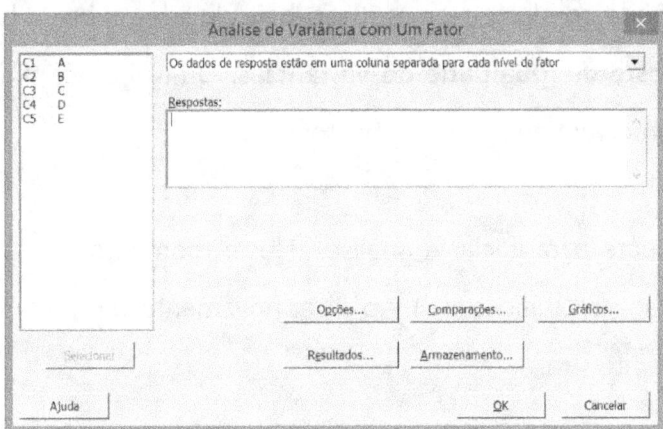

Figura 4-3 - Painel Análise de variância com um fator

Durante um experimento, o fator é variado; as respostas são medições realizadas para os diferentes níveis do fator. Os dados correspondentes a cada nível podem ser:

a) apresentados em diferentes colunas (uma coluna para cada nível do fator), ou;
b) empilhados todos em uma única coluna, havendo uma outra coluna que identifica o nível do fator correspondente.

Neste caso, o fator é "Tipo do dispositivo" que se apresenta em três níveis: Tipo 1, Tipo 2 e Tipo 3; dados para cada um dos níveis do fator estão armazenados em uma coluna específica.

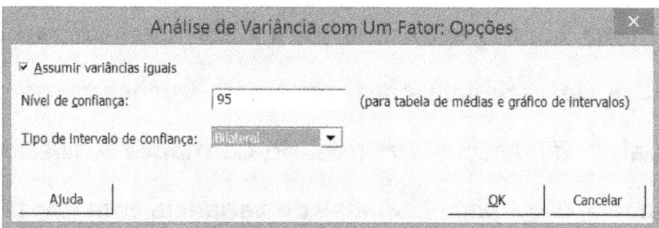

Figura 4-4 - Painel Opções para análise de variância com um fator

Para o método abordado, as amostras devem se originar em populações de mesma variância. Portanto, a caixa de seleção deve ser marcada. Contudo, assumir variâncias iguais quando de fato são muito diferentes, pode conduzir a erros. Caso haja dúvidas sobre a homocedasticidade das amostras, recorra ao **Teste de igualdade de variâncias.** O nível de confiança desejado é 95% e deseja-se também um intervalo de confiança bilateral.

Já há informação suficiente para iniciar a análise. Neste momento não é necessário acessar os outros painéis (Comparações, Gráficos etc.). Ao clicar novamente **OK**, o Minitab realiza a ANOVA e mostra o resultado seguinte:

ANOVA com um fator: Tipo 1; Tipo 2; Tipo 3
Método

Hipótese nula   Todas as médias são iguais

Hipótese alternativa   Nem todas as médias são iguais

Nível de significância $\alpha = 0{,}05$

Assumiu-se igualdade de variâncias para a análise

Informações dos Fatores

Fator	Níveis	Valores
Fator	3	Tipo 1; Tipo 2; Tipo 3

Análise de Variância

Fonte	GL	SQ (Aj.)	QM (Aj.)	Valor F	Valor-P
Fator	2	25,10	12,55	0,42	0,662
Erro	27	808,13	29,93		
Total	29	833,23			

Sumário do Modelo

S	R2	R2(aj)	R2(pred)
5,47091	3,01%	0,00%	0,00%

Médias

Fator	N	Média	DesvPad	IC de 95%
Tipo 1	10	30,28	6,17	(26,73; 33,83)
Tipo 2	10	28,43	5,37	(24,88; 31,97)
Tipo 3	10	30,44	4,79	(26,89; 33,99)

DesvPad Combinado = 5,47091

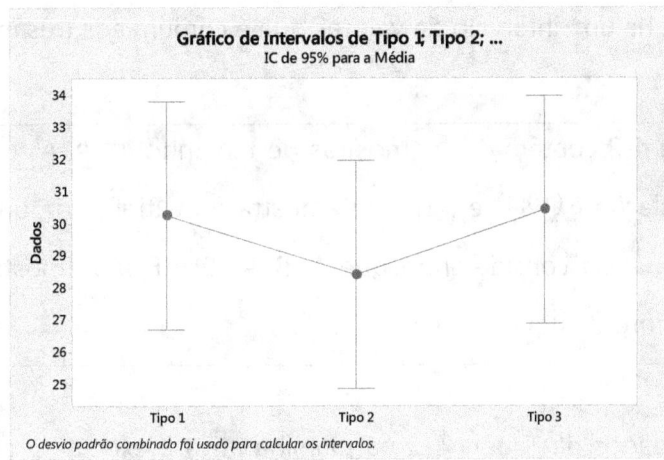

Figura 4-5 - IC's para as médias amostrais do tempo de vida; fator = Tipo; níveis 1, 2, 3

Neste momento, os pontos relevantes do resultado são:

a) **Método** aplicado, que compreende as hipóteses nula e alternativa, o nível de significância $\alpha = 0,05$ e a informação de que se considerou haver igualdade das variâncias.

b) **Informação sobre o fator**, indicando que há 3 níveis do fator Tipo; estes níveis são Tipo 1, Tipo 2 e Tipo 3.

c) **Tabela de análise da variância**, similar àquela mostrada na Tabela 4-3. Vê-se pela tabela que os graus de liberdade do numerador e do denominador são 2 e 27, respectivamente; que a variância "entre" é $s_b^2 = 12,55$ e a variância "dentro" $s_w^2 = 29,93$; a razão F é $F_{teste} = 0,42$ e o valor-p é 0,662. Como o valor-p é maior que o nível de significância $\alpha = 0,05$, a hipótese nula não pode ser rejeitada e admite-se que todas as médias populacionais são iguais.

d) **Médias** mostra as médias, desvios padrão e intervalos de confiança de 95% para as médias amostrais.

O resultado inclui também um gráfico que compara os intervalos de confiança para as médias amostrais. Neste gráfico, mostrado na Figura 4-5, fica bem claro por que todas as médias podem ser consideradas iguais: há um intervalo de valores que é comum aos três intervalos de confiança.

Exemplo 4-3: A Tabela 4-2 contém $k = 5$ amostras de tamanho $n = 6$. As quatro primeiras foram extraídas de uma população $N(10;2)$ e a quinta amostra foi extraída de uma população $N(15;2)$. Realize a análise da variância considerando que A, B, C, D e E são amostras obtidas cada uma delas com um nível distinto de um único fator.

Solução: Carregue os dados da Tabela 4-2 na planilha ativa e execute a análise da variância de acordo com o explicado no exemplo anterior. O resultado é:

ANOVA com um fator: A; B; C; D; E

Método

Hipótese nula   Todas as médias são iguais

Hipótese alternativa   Nem todas as médias são iguais

Nível de significância $\alpha = 0,05$

Assumiu-se igualdade de variâncias para a análise

Informações dos Fatores

Fator	Níveis	Valores
Fator	5	A; B; C; D; E

Análise de Variância

Fonte	GL	SQ (Aj.)	QM (Aj.)	Valor F	Valor-P
Fator	4	122,96	30,741	11,40	0,000
Erro	25	67,42	2,697		
Total	29	190,38			

Sumário do Modelo

S	R2	R2(aj)	R2(pred)
1,64216	64,59%	58,92%	49,01%

Médias

Fator	N	Média	DesvPad	IC de 95%
A	6	9,770	1,270	(8,389; 11,151)
B	6	9,643	2,202	(8,263; 11,024)
C	6	9,087	1,800	(7,706; 10,467)
D	6	10,572	1,554	(9,191; 11,952)
E	6	14,688	1,169	(13,308; 16,069)

DesvPad Combinado = 1,64216

Observe que o teste de hipóteses estabelecido para a análise da variância permite identificar a condição de que ao menos uma das médias populacionais é diferente das demais. Todavia, por si só, não revela qual ou quais médias diferem significativamente das outras.

Quando o resultado da comparação não for tão claro como neste exemplo, onde o gráfico dos intervalos de confiança das médias (Figura 4-6) mostra de maneira inequívoca que a diferença reside no fator E, é necessário utilizar um ou mais métodos de comparação das médias. Estes métodos serão abordados no Capítulo 6.

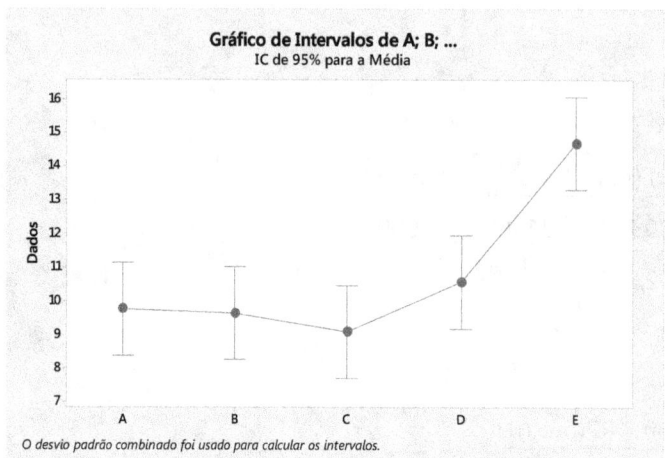

Figura 4-6 - IC's para as médias amostrais; fator; níveis A, B, C, D, E

Exemplo 4-4: Determinar se, de acordo com os dados apresentados na Tabela 4-1, há uma diferença estatisticamente significativa no rendimento da reação química conforme o catalisador utilizado. Trabalhe com um nível de confiança de 95%.

Solução: Carregue os dados da Tabela 4-1 na planilha ativa. A seguir execute a seguinte sequência de comandos:

Estat > **ANOVA** > **Um fator** > *painel* **Análise de variância com um fator** > *Selecione* "**Os dados de resposta estão em uma coluna separada para cada nível do fator.**" *na lista suspensa* > *selecione Rend CatA, Rend CatB e Rend CatC em* **Respostas** > **Opções** >*painel* **Análise de**

> **variância com um fator: Opções** > *marque a caixa de seleção* **Assumir variâncias iguais** > *digite 95 em* **Nível de confiança** > *selecione* **Bilateral** *para* **Tipo de Intervalo de confiança** > **OK** > *painel* **Análise de variância com um fator** > **OK**

Sequência de comandos 4-2 - ANOVA 1 fator

ANOVA com um fator: Rend CatA; Rend CatB; Rend CatC

Método

Hipótese nula   Todas as médias são iguais
Hipótese alternativa   Nem todas as médias são iguais
Nível de significância   α = 0,05

Assumiu-se igualdade de variâncias para a análise

Informações dos Fatores

Fator	Níveis	Valores
Fator	3	Rend CatA; Rend CatB; Rend CatC

Análise de Variância

Fonte	GL	SQ (Aj.)	QM (Aj.)	Valor F	Valor-P
Fator	2	134,8	67,40	0,44	0,655
Erro	12	1845,6	153,80		
Total	14	1980,4			

Sumário do Modelo

S	R2	R2(aj)	R2(pred)
12,4016	6,81%	0,00%	0,00%

Médias

Fator	N	Média	DesvPad	IC de 95%
Rend CatA	5	250,00	12,39	(237,92; 262,08)
Rend CatB	5	255,80	14,32	(243,72; 267,88)
Rend CatC	5	256,80	10,13	(244,72; 268,88)

DesvPad Combinado = 12,4016

Observando a **Tabela de análise da variância**, vê-se que a variância "entre" é $s_b^2 = 67,40$ e a variância "dentro" $s_w^2 = 153,80$; a razão F é $F_{teste} = 0,44$ e o valor-p é 0,655. Como o valor-p é maior que o nível de significância $\alpha = 0,05$, a hipótese nula não pode ser rejeitada e admite-se que os três catalisadores acarretam rendimentos médios idênticos.

Apenas para ressaltar como este tipo de análise tem aplicação prática, em um caso real seria vantajosa para a empresa optar pelo catalisador mais barato, visto que os três catalisadores produzem o mesmo rendimento. É claro que outros fatores relativos aos catalisadores, tais como prazo de entrega e garantia de continuidade no suprimento do produto, teriam que ser considerados, mas o resultado do experimento suporta uma decisão baseada principalmente no custo.

O gráfico dos intervalos de confiança para as amostras, que pode ser visto na Figura 4-7, mostra que o rendimento da reação química é praticamente o mesmo com qualquer dos três catalisadores.

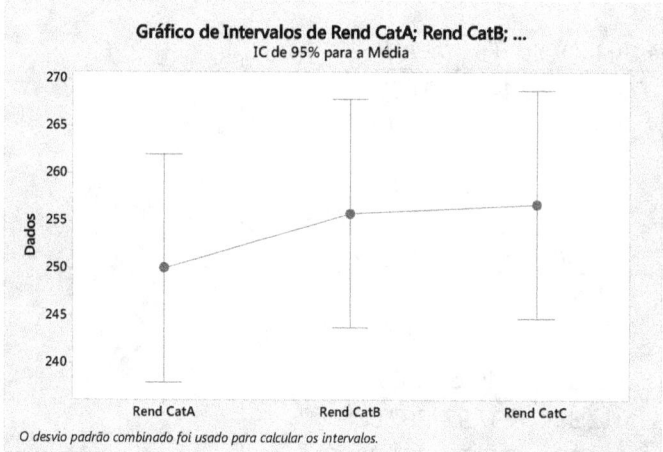

Figura 4-7 - IC's para as médias amostrais do rendimento; fator = catalisador, níveis = 3

Exemplo 4-5: Um engenheiro de produção precisa demonstrar para a gerência que um novo processo de montagem permitiria realmente aumentar a eficiência da linha de produção do produto XYZ. Uma célula piloto utilizando este novo processo é implementada na linha e após algum tempo de operação o engenheiro consulta o banco de dados do sistema de controle de chão de fábrica e anota os tempos de montagem de 100 unidades, das quais 50 haviam sido montadas pelo processo corrente e 50 pelo novo processo. Os dados colhidos estão na Tabela 4-5. O que se pode concluir destes dados, ao nível de significância de 0,05, supondo que a mudança no processo é o único fator relevante?

Tempo de montagem do produto XYZ									
Processo novo					Processo corrente				
9	11	9	9	12	10	11	9	12	12
7	10	6	9	8	7	10	12	9	8
12	10	10	10	8	12	10	11	9	15
11	11	11	8	9	14	12	11	16	10
9	12	13	12	9	9	12	13	12	10
11	12	11	12	10	11	15	11	12	10
11	14	9	9	13	13	14	12	14	13
11	11	9	13	13	15	11	9	13	13
9	10	11	10	10	12	10	13	10	10
8	11	12	12	8	8	12	12	12	12

Tabela 4-5 - Tempo de montagem do produto XYZ (minutos)

Solução: Carregue os dados da Tabela 4-5 na planilha ativa. Nesta planilha todos os tempos devem ser carregados em uma única variável, denominada TEMPO; uma outra variável, denominada PROCESSO serve como identificação. Trata-se de uma variável nominal que assume os valores NOVO e CORRENTE. Execute a sequência de comandos que se segue:

Estat > **ANOVA** > **Um fator** > *painel* **Análise de variância com um fator** > *selecione* **"Os dados de resposta estão em uma coluna para todos os níveis dos fatores"** *na lista suspensa* > *selecione* **TEMPO** *em* **Resposta** > *selecione* **PROCESSO** *em* **Fator** > **Opções** > *painel* **Análise de variância com um fator: Opções** > *marque a caixa de seleção* **Assumir variâncias iguais** >

> digite 95 em **Nível de confiança** > *selecione* **Bilateral** *para* **Tipo de Intervalo de confiança** > **OK** > *painel* **Análise de variância com um fator** > **OK**

Sequência de comandos 4-3 - ANOVA com 1 fator; dados em uma só coluna

ANOVA com um fator: TEMPO versus PROCESSO

Método

Hipótese nula   Todas as médias são iguais
Hipótese alternativa   Nem todas as médias são iguais
Nível de significância   α = 0,05

Assumiu-se igualdade de variâncias para a análise

Informações dos Fatores

Fator	Níveis	Valores
PROCESSO	2	CORRENTE; NOVO

Análise de Variância

Fonte	GL	SQ (Aj.)	QM (Aj.)	Valor F	Valor-P
PROCESSO	1	33,64	33,640	9,78	0,002
Erro	98	336,92	3,438		
Total	99	370,56			

Sumário do Modelo

S	R2	R2(aj)	R2(pred)
1,85417	9,08%	8,15%	5,33%

Médias

PROCESSO	N	Média	DesvPad	IC de 95%
CORRENTE	50	11,460	1,971	(10,940; 11,980)
NOVO	50	10,300	1,729	(9,780; 10,820)

DesvPad Combinado = 1,85417

Observando a **Tabela de análise da variância**, vê-se que a variância "entre" é $s_b^2 = 33,640$ e a variância "dentro" $s_w^2 = 3,438$; a razão F é $F_{teste} = 9,78$, e o valor-p é 0,002. Como o valor-p é menor que o nível de significância $\alpha = 0,05$, a hipótese nula deve ser rejeitada, e conclui-se que o novo processo reduz efetivamente o tempo de montagem.

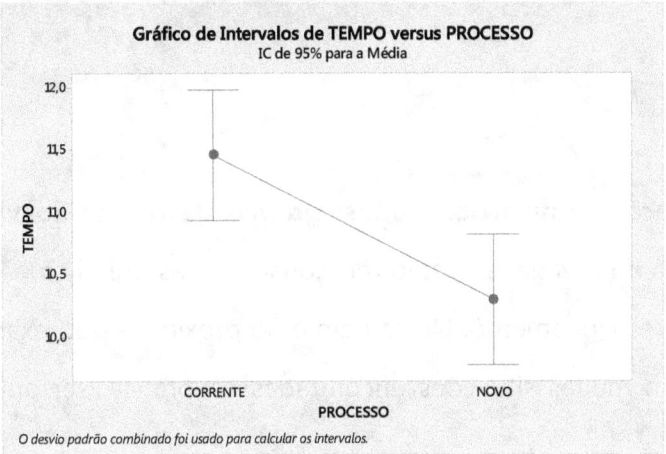

Figura 4-8 - IC para o tempo de montagem; fator = Processo, níveis =2

Este exemplo é particularmente adequado para que se discuta o sentido da expressão "estatisticamente significativo". Não há qualquer dúvida de que existe uma diferença estatisticamente significativa entre os tempos de montagem do produto XYZ pelo processo corrente e pelo processo novo que está sendo avaliado.

Esta afirmação tem o sentido de que a diferença entre as médias dos tempos de montagem em cada um dos processos é maior do que aquela que poderia ser razoavelmente atribuída a uma variação casual. Na verdade, o valor-p de 0,002 indica que, **se o tempo de montagem fosse igual nos dois processos**, a probabilidade de obter o resultado que foi efetivamente observado é de 0,2% (1 chance em 500).

Assim, o engenheiro é forçado a concluir que as médias dos tempos de montagem são diferentes e ainda que no processo novo há uma redução de, em média, 1,16 minutos no tempo de montagem. Mas, esta diferença tem algum significado prático para a empresa? Esta pergunta não será respondida pela Estatística...

4.2 Correlação

No tópico **Representação gráfica dos dados: gráfico de dispersão** viu-se que este gráfico permite visualizar como duas variáveis estão relacionadas, mas por si só não fornece informações quantitativas sobre tal relacionamento. Neste item e no próximo serão examinadas as técnicas de análise que podem, em muitas situações encontradas na prática, ser aplicadas para obter tais informações.

4.2.1 Coeficiente de correlação de Pearson

O coeficiente de correlação de Pearson, geralmente representado por r, é um índice numérico que indica o grau de relacionamento linear entre duas variáveis contínuas. Para calcular o coeficiente de correlação é necessário que as duas variáveis, x e y, tenham o mesmo número de valores e que estes sejam emparelhados. Em geral, x representa a variável independente e y a variável dependente, pois se está investigando como y varia em função de x.

O coeficiente de correlação r é calculado por

$$r = \frac{\frac{1}{N}\sum_{i=1}^{N}(x_i - \mu_x)(y_i - \mu_y)}{\sigma_x \sigma_y}$$

se x e y são considerados como uma população, e por

$$r = \frac{\frac{1}{n-1}\sum_{i=1}^{n}(x_i - \bar{x})(y_i - \bar{y})}{s_x s_y}$$

se x e y são considerados como uma amostra.

4.2.2 Interpretação do coeficiente de correlação

O coeficiente de correlação é um número entre -1 e +1, interpretado conforme mostrado na Tabela 4-6.

r	INTERPRETAÇÃO
+1	Correlação positiva perfeita; há uma relação perfeitamente linear entre x e y; os pontos do diagrama de dispersão se encontram alinhados sobre uma reta com inclinação positiva. ou seja, quando x aumenta y aumenta e acréscimos iguais em x produzem acréscimos iguais em y (ou seja, se $\Delta x_1 = \Delta x_2$ então $\Delta y_1 = \Delta y_2$).
Próximo de +1	Forte correlação positiva; há uma relação quase linear entre x e y; a maioria dos pontos do diagrama de dispersão se situa próximo a uma reta com inclinação positiva.
Positivo e próximo de 0	Fraca correlação positiva; os pontos do diagrama de dispersão formam uma nuvem com ligeira inclinação positiva.
0	Não há correlação entre as variáveis; os pontos do diagrama de dispersão formam uma nuvem sem qualquer tendência discernível.
Negativo próximo de 0	Fraca correlação negativa; os pontos do diagrama de dispersão formam uma nuvem com ligeira inclinação negativa.
Próximo de -1	Forte correlação negativa; há uma relação quase linear entre x e y; a maioria dos pontos do diagrama de dispersão se situa próximo a uma reta com inclinação negativa.
-1	Correlação negativa perfeita; há uma relação perfeitamente linear entre x e y; os pontos do diagrama de dispersão se encontram alinhados sobre uma reta com inclinação negativa, ou seja, quando x aumenta (diminui) y diminui (aumenta) e

r	INTERPRETAÇÃO
	acréscimos (decréscimos) iguais em x produzem decréscimos (acréscimos) iguais em y (ou seja, se $\Delta x_1 = \Delta x_2$ então $-\Delta y_1 = -\Delta y_2$).

Tabela 4-6 - Interpretação do coeficiente de correlação

Outra interpretação muito comum para o coeficiente de correlação é considerar algumas faixas para os valores de r, lembrando que o sinal do coeficiente indica se a correlação é positiva ou negativa. Assim, os comentários a seguir se referem ao módulo de r:

a) $\sim 0,00 < r < \sim 0,25$: correlação muito fraca;

b) $\sim 0,25 < r < \sim 0,50$: correlação fraca;

c) $\sim 0,50 < r < \sim 0,75$: correlação moderada;

d) $\sim 0,75 < r < \sim 1,00$: correlação forte;

A Figura 4-9 traz um conjunto de gráficos de dispersão que mostram a resposta y em função do fator x, em situações diferentes de correlação entre as variáveis.

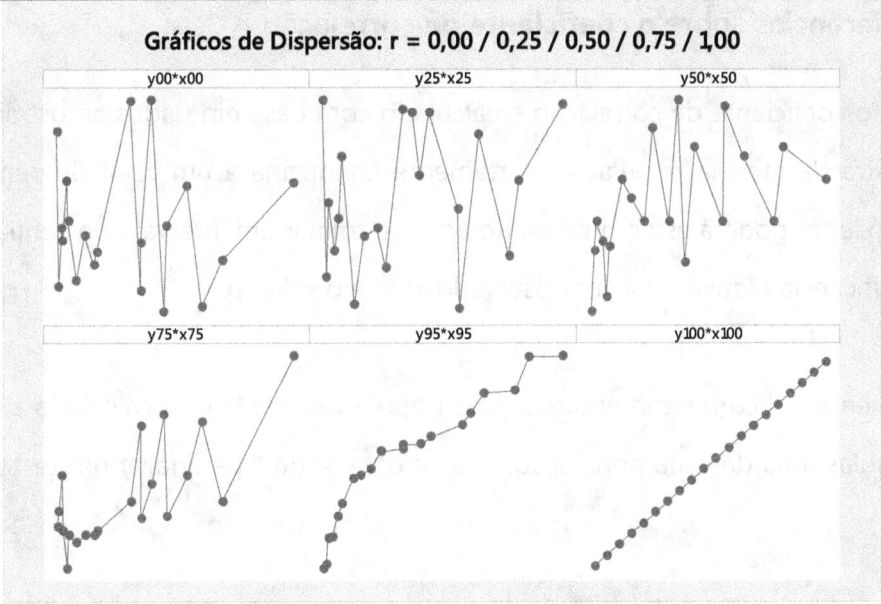

Figura 4-9 - Gráficos de dispersão com diferentes valores de r

Quando $r = 0$, não há qualquer relação entre o fator x e a resposta y; a resposta tende a flutuar aleatoriamente em torno de um valor médio; se o fator aumenta, a resposta aumenta ou diminui; da mesma forma, se o fator diminui, a resposta pode aumentar ou diminuir. Quando $r = 0{,}25$, a resposta é levemente influenciada pelo fator, na medida em que esta influência se faz manifesta no resultado do teste. O gráfico de dispersão não apresenta evidência visual de que exista uma relação entre as variações do fator e as variações da resposta. Quando $r = 0{,}50$, é possível observar uma tendência de aumento da resposta com o aumento do fator, embora esta tendência seja frequentemente interrompida por flutuações, que fazem a resposta diminuir mesmo quando o fator aumenta. Quando $r = 0{,}75$ o gráfico sugere fortemente que a resposta está linearmente relacionada com o fator. Quando $r = 0{,}95$ fica patente que há um relacionamento linear entre a resposta e o fator. A resposta aumenta monotonicamente com o fator e variações iguais do fator produzem variações muito semelhantes na resposta. Quando $r = 1{,}00$ a relação entre a resposta e o fator é perfeitamente linear.

4.2.3 Inferências sobre o coeficiente de correlação

Quase sempre o coeficiente de correlação é calculado com base em dados amostrais. Assim, uma segunda amostra da mesma população, certamente conduziria a um valor diferente para r. Em muitos casos, o leitor poderá estar interessado em determinar um intervalo de confiança para r ou o nível de significância efetivo do valor observado, que é o valor-p.

Seja R o coeficiente de correlação entre as duas populações x e y; r foi calculado a partir de duas amostras extraídas uma de cada população. Usa-se o valor de r para fazer um teste de hipóteses bilateral:

$H_0: R = 0$
$H_1: R \neq 0$

que pode ser testada usando

$$t_{teste;gl} = \frac{r}{\sqrt{(1-r^2)/(n-2)}}$$

onde t é uma distribuição t com $n-2$ gl. O valor crítico depende do nível de significância α desejado. Através deste teste de hipóteses determina-se o valor-p associado ao coeficiente de correlação.

4.2.4 Correlação e causalidade

Um aspecto que sempre deve ser levado em consideração nas análises de correlação é que o fato de duas variáveis estarem correlacionadas não implica necessariamente numa relação de causalidade entre elas. A correlação em si nada informa sobre as relações de causa e efeito, que devem ser procuradas através do entendimento do assunto em análise. A correlação pode existir porque há de fato uma relação de causa e efeito, ou porque as duas variáveis estão relacionadas a uma terceira, ou ainda ser apenas uma coincidência.

Por exemplo, um estudo revela que existe uma forte correlação positiva entre o consumo de carne e a circulação de jornais. Pode-se concluir que o consumo de proteína animal estimula o hábito da leitura? Ou que a leitura de jornais provoca o desejo de comer bifes? É evidente que deve existir uma explicação mais razoável, e o aprofundamento da análise poderia revelar, digamos, que na época em que foi feita a pesquisa o cenário econômico era favorável, situação que estimula o consumo em geral, seja de carne, jornais, ou outros itens.
Assim, a análise da correlação entre duas variáveis é quase sempre uma investigação inicial, que sugere áreas de pesquisa e experimentação, e dificilmente implica em uma conclusão definitiva.

4.2.5 Usando o Minitab para calcular correlações

O Minitab permite calcular o coeficiente de correlação entre duas ou mais amostras, que devem ter necessariamente o mesmo tamanho. Quando há mais de duas amostras, são calculados os coeficientes de correlação para todos os pares de variáveis, tomadas duas a duas.

Opcionalmente, o Minitab calcula o valor-p para cada coeficiente de correlação. Ao calcular o coeficiente de correlação, pode-se optar pelo r de Pearson ou pelo ρ de Spearman. O coeficiente de correlação ρ é uma estatística não paramétrica, utilizada com frequência para comparar variáveis ordinais, como por exemplo aquelas resultantes de avaliações independentes de produtos ou serviços.

A correlação de Spearman pode ser usada para dados numéricos, desde que seja possível convertê-los em postos. Neste caso, o valor de ρ equivale ao coeficiente de correlação r dos postos dos dados.

> **Exemplo 4-6:** A Tabela 4-7 mostra o número de defeitos encontrados na linha de montagem durante a fabricação de lotes de 1000 unidades de determinado aparelho, em função do número de semanas em produção. Ou seja, na primeira semana foram encontrados 17 defeitos em 1000 unidades, na segunda semana foram encontrados 19 defeitos em 1000 unidades, e assim por diante até a vigésima semana. Determinar se o número de defeitos por lote está relacionado ao tempo decorrido desde o início da produção.

SEMANA	DEFEITOS	SEMANA	DEFEITOS	SEMANA	DEFEITOS	SEMANA	DEFEITOS
1	17	6	14	11	12	16	6
2	19	7	14	12	9	17	5
3	17	8	15	13	11	18	3
4	15	9	12	14	8	19	5
5	13	10	13	15	3	20	5

Tabela 4-7 - Defeitos/1000 unidades x semana em produção

Solução: Carregue os dados da Tabela 4-7 na planilha ativa. Calcula-se o coeficiente de correlação entre a variável independente x (=número de semanas em produção) e a variável dependente y (=número de defeitos por lote de 1000 unidades do produto) executando a sequência:

> **Estat** > **Estatísticas básicas** > **Correlação** > painel **Correlação** > *selecione **SEMANA** e **DEFEITOS** para* **Variáveis** >*selecione* **Correlação de Pearson** *em* **Método** > **OK**

Sequência de comandos 4-4 - Correlação

Correlação: SEMANA; DEFEITOS
Correlações
Correlação de Pearson   -0,943
Valor-P   0,000

O valor de -0,9435 indica a existência de uma forte correlação negativa entre o número de defeitos encontrados na linha de montagem e o transcorrer do tempo. Em outras palavras, o número de defeitos encontrados na linha de montagem diminui à medida que o tempo decorrido desde o início da produção aumenta. O valor-p de 0,000 indica que a hipótese nula, de que não há correlação entre as variáveis, deve ser rejeitada.

Voltando à questão *"correlação e causalidade"*, neste exemplo os dados indicam a existência de forte correlação negativa entre o número de defeitos de montagem e o tempo decorrido desde o início da produção. Parece razoável aventar como explicação inicial o aprendizado do pessoal envolvido, decorrente da experiência crescente na execução do processo. No entanto, outras explicações seriam possíveis, tais como a automatização gradual do processo, ou a utilização de componentes menos susceptíveis a problemas, ou ainda mudanças no projeto do produto, e até uma combinação de todos estes fatores.

> **Exemplo 4-7:** Para os dados do **Exemplo 4-6**, (a) calcule o coeficiente de correlação ρ de Spearman, e (b) a seguir, verifique que ρ é igual ao r calculado para os postos das variáveis.

Solução: Carregue os dados da Tabela 4-7 na planilha ativa, como no exemplo anterior. Para calcular o ρ de Spearman execute a mesma sequência de comandos do caso anterior, selecionando, porém, **Correlação de Spearman** em **Método**. O resultado é :

Rô de Spearman: SEMANA; DEFEITOS

Correlações

Rô de Spearman   -0,946

Valor-P   0,000

Para o quesito (b) é necessário determinar os postos dos dados para as variáveis SEMANA e DEFEITOS. Posto é a posição que cada valor ocupa quando o conjunto é ordenado do menor para o maior valor. No caso da variável SEMANA os valores já estão ordenados, do menor para o maior, não há valores repetidos e o posto corresponde ao próprio valor da variável, pois 1 ocupa o primeiro posto, 2 ocupa o segundo posto e assim sucessivamente.

Para a variável DEFEITOS a definição dos postos é feita como ilustrado na Tabela 4-8.

Dados originais	Dados em ordem	Posição dos dados	Postos	Dados por postos
17	3	1	1,5	18,5
19	3	2	1,5	20,0
17	5	3	4,0	18,5
15	5	4	4,0	16,5
13	5	5	4,0	12,5
14	6	6	6,0	14,5
14	8	7	7,0	14,5
15	9	8	8,0	16,5
12	11	9	9,0	10,5

13	12	10	10,5	12,5
12	12	11	10,5	10,5
9	13	12	12,5	8,0
11	13	13	12,5	9,0
8	14	14	14,5	7,0
3	14	15	14,5	1,5
6	15	16	16,5	6,0
5	15	17	16,5	4,0
3	17	18	18,5	1,5
5	17	19	18,5	4,0
5	19	20	20,0	4,0

Tabela 4-8 - Atribuição de postos à variável DEFEITOS

A finalidade desta tabela é mostrar como o Minitab define os postos dos dados. A primeira coluna numérica apresenta os 20 valores originais na sequência em que foram observados. A segunda coluna numérica mostra os 20 valores ordenados do maior para o menor; a terceira coluna mostra simplesmente a posição de cada número na sequência ordenada; a quarta coluna mostra o posto associado a cada valor observado. Quando um valor se repete, o posto é a média dos valores posicionais que ele ocupa; quando não há repetição, o posto é simplesmente o número na sequência posicional. Por exemplo, o valor 3 ocupa as posições 1 e 2, logo o posto associado a este valor é 1,5; o valor 11 aparece uma única vez, na posição 9, logo o posto associado é 9. A última coluna mostra a sequência de postos associados à variável DEFEITOS.

O Minitab permite esta conversão de dados em postos de maneira muito simples. Use a sequência de comandos abaixo para traduzir a variável DEFEITOS para postos:

Dados > **Posto** > *painel* **Atribuir postos** > *selecione* **DEFEITOS** *em* **Atribuir postos a** > *selecione uma coluna em* **Armazenar postos em** > **OK**

Sequência de comandos 4-5 - Conversão de dados em postos

As variáveis SEMANAS e DEFEITOS traduzidas para postos são armazenadas nas variáveis POSTOS_S e POSTOS_D respectivamente e calculando o coeficiente r de Pearson entre as variáveis por postos encontra-se

>Correlação: POSTOS_S; POSTOS_D

Correlações

Correlação de Pearson   -0,946
Valor-P   0,000

O coeficiente r de Pearson reflete o grau de linearidade do relacionamento entre duas variáveis; um relacionamento é perfeitamente linear quando a taxa de variação da variável dependente em relação à variável independente se mantém constante. O coeficiente ρ de Spearman, por outro lado, mede o grau de monotonicidade do relacionamento entre duas variáveis; um relacionamento é monotônico em um dado intervalo quando, naquele intervalo, a taxa de variação da variável dependente em relação à variável independente mantém-se sempre positiva ou sempre negativa.

A Figura 4-10 evidencia este ponto de forma clara. No caso da função $y = x$ os coeficientes r e ρ são iguais a 1,000; o relacionamento é perfeitamente linear e monotônico. Já no caso da função $y = x^2$ o coeficiente r é igual a 0,971, mas ρ permanece em 1,000; o relacionamento não é linear, mas continua perfeitamente monotônico.

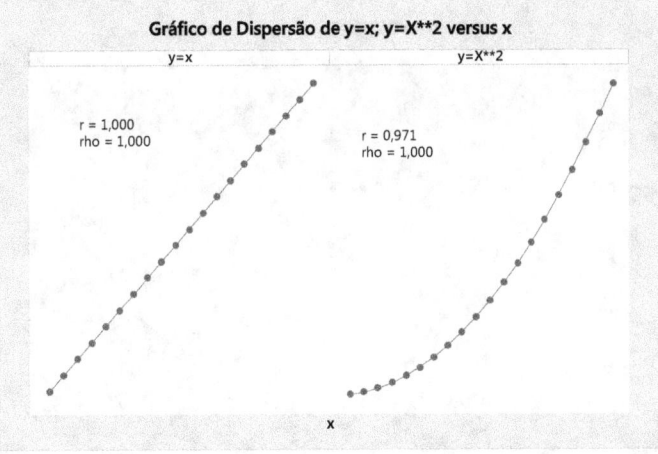

Figura 4-10 - Coeficientes r de Pearson e rho de Spearman comparados

4.3 Introdução à análise de regressão

4.3.1 Como funciona a análise de regressão

A análise de regressão se aplica também ao estudo do relacionamento entre duas variáveis, com o objetivo de determinar uma expressão matemática que descreva da melhor forma possível como y varia em função de x. É comum usar-se os termos **preditor** e **resposta** para designar as variáveis independente e dependente, respectivamente.

Em muitos casos, **porém nem sempre**, a relação entre as variáveis é linear e pode ser bem aproximada por uma função do tipo $y = mx + b$. Um exame do diagrama de dispersão é útil para decidir se a relação linear é adequada. A Figura 4-11 ilustra os diagramas de dispersão para duas variáveis, y_1 e y_2.

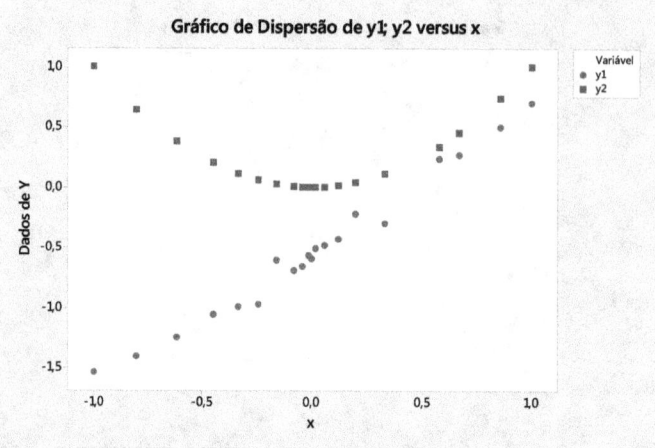

Figura 4-11 - Gráficos de dispersão para y1 e y2

O diagrama de dispersão para a variável $y_1 = f(x)$ leva a crer que uma equação do tipo $y_1 = mx + b$ será adequada para descrever o relacionamento entre as variáveis. Já para $y_2 = f(x)$ é visível que algum tipo de função não linear será necessário para descrever este relacionamento.

No caso da regressão linear procura-se determinar a equação de uma reta que melhor descreva o relacionamento entre as variáveis. A não ser que exista um relacionamento perfeitamente linear entre elas, é evidente que

a) nenhuma reta se ajustará a todos os pontos, e;
b) uma infinidade de retas passa "próximo" dos pontos do diagrama de dispersão, conforme ilustrado na Figura 4-12.

É necessário, portanto, definir um critério objetivo que permita julgar qual reta fornece o melhor ajuste. O critério adotado é determinar a reta que minimiza a soma dos desvios quadrados. Em outras palavras, dados *n* valores da variável independente $(x_1, x_2, ..., x_n)$ e os correspondentes valores da variável dependente $(y_1, y_2, ..., y_n)$ procura-se determinar os coeficientes m e b da equação de uma reta $f(x) = mx + b$ tal que seja mínimo o valor

$$\sum_{i=1}^{n} [f(x_i) - y_i]^2 = \sum_{i=1}^{n} [(mx_i + b) - y_i]^2$$

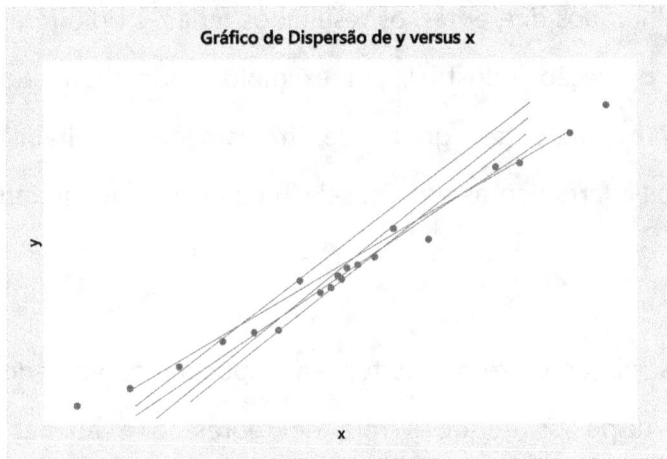

Figura 4-12 - Múltiplas retas "próximas" às observações

A constante m se denomina coeficiente angular da reta e a constante b é denominada ordenada na origem. É possível demonstrar que os valores de m e b que minimizam a soma dos desvios quadráticos são:

$$m = \frac{n\left(\sum_{i=1}^{n} x_i y_i\right) - \left(\sum_{i=1}^{n} x_i\right)\left(\sum_{i=1}^{n} y_i\right)}{n\left(\sum_{i=1}^{n} x_i^2\right) - \left(\sum_{i=1}^{n} x_i\right)^2}$$

$$b = \frac{\sum_{i=1}^{n} y_i - m \sum_{i=1}^{n} x_i}{n}$$

4.3.2 Inferências sobre a regressão linear

Os dados usados para determinar a reta de regressão representam possivelmente uma amostra de uma população. É bastante provável que se, por exemplo, os dados mostrados na Tabela 4-7 tivessem sido coletados em horários diferentes, os resultados teriam sido diferentes. As razões são as mais diversas. Em uma operação industrial, por exemplo, podemos imaginar fatores como diferentes operadores, com diferentes graus de treinamento e habilidades, diferentes componentes, equipamentos e ferramentas etc. Ou seja, uma imensa quantidade de fatores pode influenciar o resultado.

A Figura 4-13 mostra que a relação entre o preditor e a resposta é na verdade representada por um conjunto de pontos dispersos e que a reta de regressão é apenas uma de infinitas possibilidades. O conhecimento da natureza do fenômeno subjacente ao relacionamento $y = f(x)$ é indispensável para que o preditor ou preditores que mais influenciam a resposta sejam avaliados. De qualquer modo, quase sempre a reta de regressão não é capaz de explicar de maneira completa os dados observados.

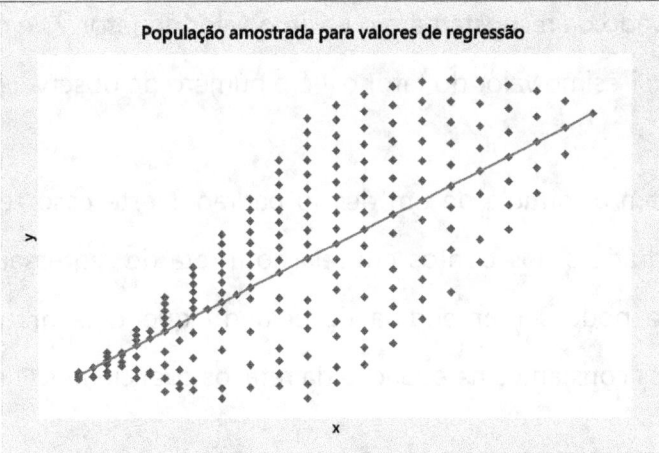

Figura 4-13 - Reta de regressão como resultado amostral

Pode-se considerar que para cada valor de x_i há uma distribuição de valores de y, centrada no valor de y_i da reta; estas distribuições são denominadas condicionais. Para a análise de regressão supõe-se que as seguintes premissas sejam verdadeiras:

a) existem dados de mensurações tanto para x como para y;
b) a variável dependente x é aleatória;
c) para cada valor y_i há uma distribuiçao condicional $N(y_i;s_y)$, e;
d) o desvio padrão s_y é o mesmo para todos os y_i.

Uma medida da dispersão dos pontos $(x_i;y_i)$ é o chamado erro padrão da estimativa, calculado pela expressão

$$s_e = \sqrt{\frac{\sum_{i=1}^{n}(y_i - y_c)^2}{n-2}}$$

onde y_i é o valor observado da resposta para o i-ésimo valor do fator, y_c é o valor calculado pela a reta de regressão para o i-ésimo valor do fator e n é o número de observações.

Isto se parece muito com a fórmula de um desvio padrão. Neste caso tem-se no numerador a soma dos desvios quadráticos dos pontos em relação à reta de regressão e no denominador a quantidade $(n-2)$, que pode ser entendida observando que dois graus de liberdade foram perdidos porque há duas constantes na equação da reta, os coeficientes m e b.

Quando se determina a reta de regressão, está sendo feita uma escolha entre um número infinito de retas possíveis; a escolha, como se viu, recai sobre a reta que minimiza os desvios quadráticos e, portanto, o erro padrão da estimativa.

Entretanto, resta saber se a reta reflete de fato uma relação entre o preditor e a resposta, ou é apenas um artifício de cálculo. Para tanto, é feito um teste de hipóteses, com

H_0: o coeficiente angular m da reta de regressão é igual a zero
H_1: o coeficiente angular m da reta de regressão é diferente de zero

Se H_0 não puder ser rejeitada, conclui-se que não existe um relacionamento estatisticamente significativo entre as variáveis, pois a média da variável independente (representada pela reta com inclinação $m=0$) está entre as possíveis retas de regressão. Porém, se isto não foi ainda analisado, vale a pena verificar se pode haver um relacionamento não linear entre a resposta e o preditor.

No tópico **Testes de hipóteses para a média de uma população** viu-se que a estatística de teste usada para testar a hipótese de que a média amostral observada $\bar{x}$ é igual a um valor esperado k é

$$t_{teste;gl} = \frac{\bar{x} - k}{s_{\bar{x}}/\sqrt{n}}$$

onde $s_{\bar{x}}/\sqrt{n}$ é o desvio padrão amostral.

Para o teste de hipóteses sobre o coeficiente angular da reta de regressão tem-se $\bar{x} = m$, $k = 0$, e é possível demonstrar que o desvio padrão amostral de m é dado por

$$s_m = s_e \sqrt{\frac{1}{\sum_{i=1}^{n} x_i^2 - \left[\left(\sum_{i=1}^{n} x_i\right)^2 / n\right]}}$$

logo

$$t_{teste;gl} = \left|\frac{m}{s_m}\right|$$

que é comparado com o valor crítico ao nível de significância α, sendo α a probabilidade total nas duas caudas da distribuição t com $n-2$ graus de liberdade.

$$t_{crit} = |t_{\alpha/2; n-2}|$$

Se $t_{teste} \geq t_{crit}$ rejeita-se H_0; caso contrário, H_0 não pode ser rejeitada e conclui-se que não há um relacionamento linear estatisticamente significativo entre as variáveis.

Pode ser interessante mostrar o resultado em termos de um intervalo de confiança $(1-\alpha)$ para o verdadeiro valor M do coeficiente angular, expresso pela desigualdade

$$m - t_{crit}s_m \leq M \leq m + t_{crit}s_m$$

Se o intervalo de confiança inclui o valor zero, H_0 não pode ser rejeitada.

Em certos casos pode ser também necessário avaliar se a reta de regressão intercepta o eixo y no ponto (0,0). Para tanto, é feito um teste de hipóteses, com

H_0: a constante b da reta de regressão é igual a zero
H_1: a constante b da reta de regressão é diferente de zero

Pode-se demonstrar que o desvio padrão amostral de b é dado por

$$s_b = s_e \sqrt{\frac{1}{n} + \frac{\bar{x}^2}{\sum_{i=1}^{n} x_i^2 - \left[\left(\sum_{i=1}^{n} x_i\right)^2 \Big/ n\right]}}$$

Para testar a hipótese de que a constante da reta de regressão $b = 0$ usa-se

$$t_{teste;gl} = \left|\frac{b}{s_b}\right|$$

que é comparado com o valor crítico ao nível de significância α, sendo α a probabilidade total nas duas caudas da distribuição *t* com *n-2* graus de liberdade.

$$t_{crit;gl} = |t_{\alpha/2;n-2}|$$

Se $t_{teste} \geq t_{crit}$, rejeita-se H_0; caso contrário, H_0 não pode ser rejeitada e conclui-se que a reta de regressão intercepta o eixo vertical no ponto (0,0).

Pode ser interessante mostrar o resultado em termos de um intervalo de confiança $(1 - \alpha)$ para o verdadeiro valor *B* da constante, expresso pela desigualdade

$$b - t_{crit}s_b \leq B \leq b + t_{crit}s_b$$

Se o intervalo de confiança inclui o valor zero, H_0 não pode ser rejeitada.

4.3.3 Coeficiente de determinação

A variação total da variável dependente é a soma dos desvios quadráticos em relação à média:

$$SS_{Total} = \sum_{i=1}^{n} [y_i - \bar{y}]^2$$

Por definição, a reta de regressão é uma função $f(x) = mx + b$ que para um conjunto de n pontos (x_i, y_i) minimiza a soma dos desvios quadráticos expressa por

$$SS_{regressão} = \sum_{i=1}^{n} [y_c - \bar{y}]^2$$

A reta de regressão permite prever os valores de y com base nos valores de x. Se todos os pontos estivessem perfeitamente alinhados sobre a reta de regressão, o valor de y estaria determinado com absoluta certeza conhecendo-se o valor de x. Em outras palavras, a variação total de y estaria perfeitamente explicada pela equação da reta de regressão, visto que os y_i seriam iguais aos y_c para todos os valores de i.

A Figura 4-14 esclarece este conceito, mostrando como a variação total em relação à média, para um determinado valor de y_i, se divide em variação explicada e não explicada.

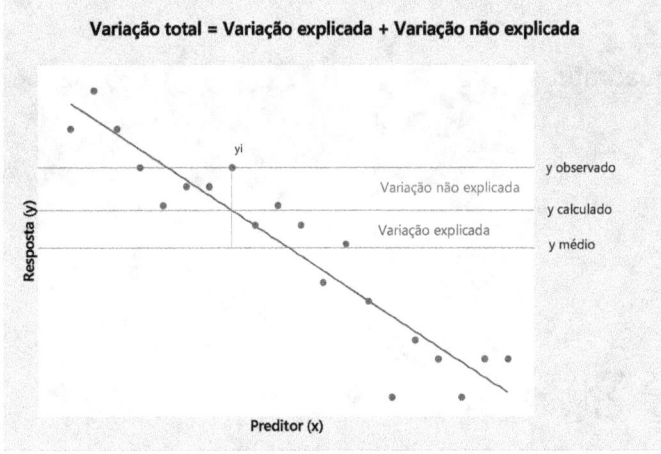

Figura 4-14 - *Variação total, explicada e não explicada*

Em geral, o alinhamento perfeito dos pontos sobre a reta não ocorre, mas de qualquer modo pode-se dizer que a reta explica ao menos em parte a variação de y, conceituando

$Variação\ explicada = SS_{regressão}$

Se a reta não passa por todos os pontos (x_i, y_i) há um erro na predição de y, que se deve à dispersão dos valores em torno da reta. A soma dos desvios quadráticos em relação à reta é

$$SS_{erro} = \sum_{i=1}^{n} [y_c - y_i]^2$$

Esta variação denomina-se não explicada, vale dizer

$Variação\ não\ explicada = SS_{erro}$

A variação total é a soma da variação explicada e da variação não explicada:

$Variação\ total = Variação\ explicada + Variação\ não\ explicada$

Em termos das somas quadráticas

$$SS_{Total} = SS_{regressão} + SS_{erro}$$

ou ainda

$$\sum_{i=1}^{n}[y_i - \bar{y}]^2 = \sum_{i=1}^{n}[y_c - \bar{y}]^2 + \sum_{i=1}^{n}[y_c - y_i]^2$$

O coeficiente de determinação, geralmente designado como r^2, indica quanto da variação de y é explicada pela variação de x e permite estimar quão adequadas serão as predições feitas com base na reta de regressão. O valor de r^2 é calculado por:

$$r^2 = \frac{variação\ explicada}{variação\ total} = \frac{SS_{regressão}}{SS_{Total}} = \frac{SS_{Total} - SS_{Erro}}{SS_{Total}} = 1 - \frac{SS_{Erro}}{SS_{Total}}$$

Quando há mais de um preditor, e os tamanhos de amostra para cada preditor podem ser diferentes e, neste caso, uma estatística que leva em conta o tamanho n da amostra pode fornecer uma indicação mais adequada do grau de determinação para cada fator. Quando há apenas um preditor, como é o caso neste tópico, o coeficiente de determinação ajustado não acrescenta informação.

O coeficiente de determinação é igual ao quadrado do coeficiente de correlação.

4.3.4 Abordagem da regressão através de somas quadráticas

Em termos das somas quadráticas

$$SS_{Total} = SS_{regressão} + SS_{erro}$$

ou ainda

$$\sum_{i=1}^{n}[y_i - \bar{y}]^2 = \sum_{i=1}^{n}[y_c - \bar{y}]^2 + \sum_{i=1}^{n}[y_c - y_i]^2$$

Os três termos da equação representam somas quadráticas ("Sum of squares" = SS) e assim pode-se dizer que:

$$SS_{Total} = SS_{Erro} + SS_{Regressão}$$

Considerando que a soma de quadrados da regressão tem um grau de liberdade e a soma de quadrados dos erros tem n-2 graus de liberdade, calculam-se as variâncias "entre" e "dentro" por:

$$s_b^2 = SS_{Regressão}$$

$$s_w^2 = \frac{SS_{Erro}}{(n-2)}$$

e o valor de teste para F por

$$F_{teste} = \frac{s_b^2}{s_w^2} = \frac{MS_{Regressão}}{MS_{Erro}}$$

O valor crítico de F para um nível de significância α é

$$F_{crit} = F_{\alpha;1;n-2}$$

É comum que os resultados de uma ANOVA para regressão sejam sumarizados em uma tabela, conforme mostrado abaixo.

Origem da variação	Graus de liberdade (g.l.)	SS	MS	F_{teste}
Regressão	1	$SS_{Regressão}$	$SS_{Regressão}$	$MSS_{Regressão}/MSS_{Erro}$
Erro	n-2	SS_{Erro}	$SS_{Erro}/(n-2)$	
Total	n-1	SS_{Total}		

Tabela 4-9 - Tabela da Análise da Variância para regressão

4.3.5 Usando o Minitab para análise de regressão linear

O Minitab oferece diversas funcionalidades para a análise de regressão, conforme mostra a Figura 4-15. Neste tópico será analisada somente a opção Gráfico de Linha Ajustada, que permite determinar a reta de regressão e realizar inferências sobre o ajuste.

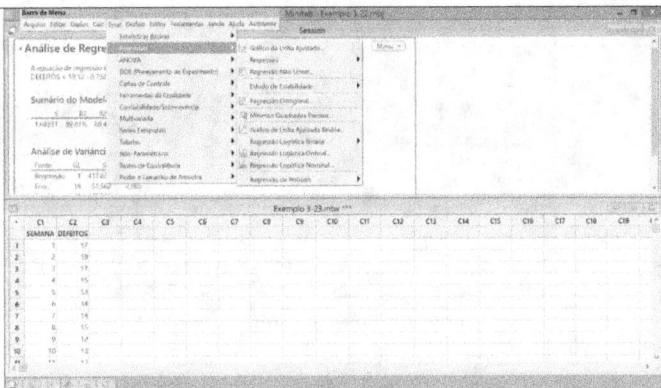

Figura 4-15 - Menu Regressão do Minitab

Para determinar a reta de regressão de um conjunto de dados apresentados na forma de pares $(x_i;y_1)$ executar a sequência de comandos:

Estat > **Regressão** > **Gráfico de Linha Ajustada** > *painel* **Gráfico de Linha Ajustada** (Figura 4-16) > *selecione variável para* **Resposta (Y)** > *selecione variável para* **Preditor (X)** > *ative o botão de opção* **Linear** > **Opções** >*painel* **Gráfico de Linha Ajustada: Opções** (Figura 4-17) > *digite o* **Nível de Confiança** > **OK** > *painel* **Gráfico de Linha Ajustada** > **OK**

Sequência de comandos 4-6 - Regressão linear: gráfico de linha ajustada

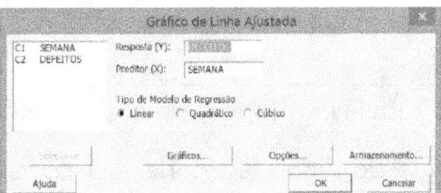

Figura 4-16 - Painel Gráfico de Linha Ajustada

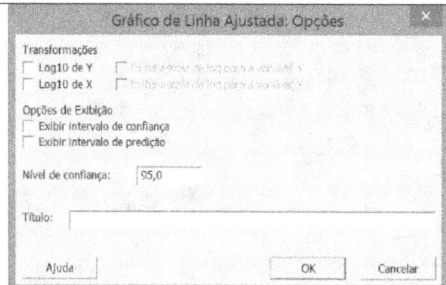

Figura 4-17 - Painel Gráfico de Linha Ajustada: Opções

Você pode exibir o gráfico de linhas ajustado do intervalo de confiança e do intervalo de predição. Os intervalos são exibidos como linhas pontilhadas que representam os limites superiores e inferiores dos intervalos.

O intervalo de confiança representa um intervalo de valores prováveis para a resposta média, dadas as configurações especificadas da preditora. O intervalo de predição representa um intervalo de valores prováveis para uma única nova observação, dadas as configurações especificadas da preditora.

O intervalo de predição é sempre maior do que o intervalo de confiança correspondente porque predizer um único valor de resposta é menos certo do que predizer o valor de resposta média.

Exemplo 4-8: Para os dados da Tabela 4-7, (a) determine a reta de regressão e (b) verifique se o relacionamento expresso pela reta de regressão pode ser considerado significativo ao nível de confiança de 95%.

Solução: Carregue os dados da Tabela 4-7 na planilha ativa, conforme explicado antes. Para determinar a reta de regressão execute a sequência de comados a seguir:

Estat > **Regressão** > **Gráfico de linha ajustada** > *painel* **Gráfico de linha ajustada** >*selecione DEFEITOS para* **Resposta (Y)** > *selecione SEMANA para* **Preditor (X)** > *ative o botão de opção* **Linear** >**Opções** > *digite 95 em* **Nível de confiança** > **OK** > **OK**

Sequência de comandos 4-7- Determinando uma reta de regressão

Análise de Regressão: DEFEITOS versus SEMANA

A equação de regressão é
DEFEITOS = 19,12 - 0,7925 SEMANA

Sumário do Modelo

S	R2	R2(aj)
1,69251	89,01%	88,40%

Análise de Variância

Fonte	GL	SQ	QM	F	P
Regressão	1	417,638	417,638	145,79	0,000
Erro	18	51,562	2,865		
Total	19	469,200			

Com relação ao quesito (a), o resultado traz a equação da reta de regressão, o ajuste do modelo e a análise da variância aplicada à reta de regressão. Quanto ao quesito (b), o valor-p encontrado na ANOVA indica que a reta de regressão de fato expressa um relacionamento estatisticamente significativo.

O gráfico de dispersão mostrado na Figura 4-18 mostra a reta de regressão e informa a equação da reta, o desvio padrão dos pontos, o coeficiente de determinação e o coeficiente de determinação ajustado.

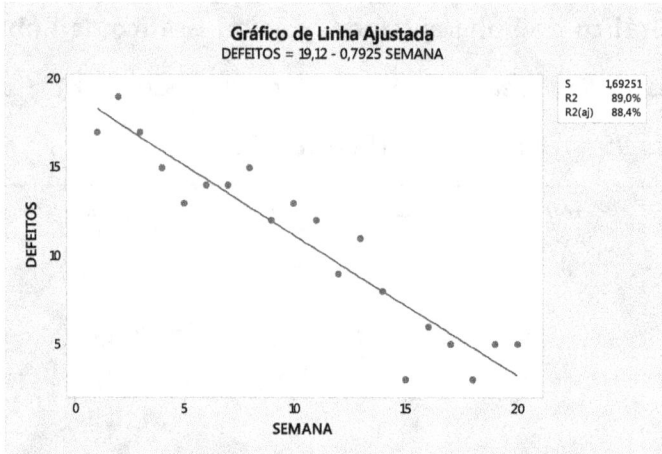

Figura 4-18 - Reta de regressão para Defeitos x Semana

Quanto ao ajuste do modelo já se mencionou anteriormente que uma discussão mais aprofundada será feita quando da apresentação do material relativo ao Projeto de Experimentos. Mas já se pode observar que o ajuste do modelo está relacionado com o coeficiente de determinação, que neste caso é 89,01%. Isto quer dizer que a reta de regressão explica 89,01% da variação da resposta.

Exemplo 4-9: Determinar (a) a reta de regressão para a resposta y em função do preditor x, conforme os dados da Tabela 4-10; (b) inclua no gráfico os intervalos de confiança de 95% para os dados e para as predições e explique o significado. Determinar (c) os intervalos de confiança de 95% para o coeficiente angular e a constante da reta de regressão. Determinar (d) o valor crítico de F usado na análise de variância para a regressão.

x	y	x	y	x	y
0,000	50,000	7,000	145,000	14,000	275,000
1,000	20,000	8,000	190,000	15,000	287,500
2,000	90,000	9,000	230,000	16,000	370,000
3,000	137,500	10,000	250,000	17,000	340,000
4,000	130,000	11,000	270,000	18,000	490,000
5,000	150,000	12,000	290,000	19,000	430,000
6,000	170,000	13,000	310,000	20,000	450,000

Tabela 4-10 - Dados Resposta x preditor

Solução: Carregue os dados da Tabela 4-10 na planilha ativa e, para determinar a reta de regressão, execute a sequência de comandos a seguir:

Estat > **Regressão** > **Gráfico de linha ajustada** > *painel* **Gráfico de linha ajustada** > *selecione* **y** *para* **Resposta (Y)** > *selecione* **x** *para* **Preditor (X)** > *ative o botão de opção* **Linear** > **Opções** > *marque a caixa de seleção* **Exibir intervalo de confiança** > *marque a caixa de seleção* **Exibir intervalo de predição** > *digite 95 em* **Nível de confiança** > **OK** > *painel* **Gráfico de linha ajustada** > **OK**

Sequência de comandos 4-8 - Regressão linear

Análise de Regressão: y versus x

A equação de regressão é y = 39,20 + 20,25 x

Sumário do Modelo

S	R2	R2(aj)
32,4502	94,04%	93,73%

Análise de Variância

Fonte	GL	SQ	QM	F	P

Regressão	1	315647	315647	299,76	0,000
Erro	19	20007	1053		
Total	20	335654			

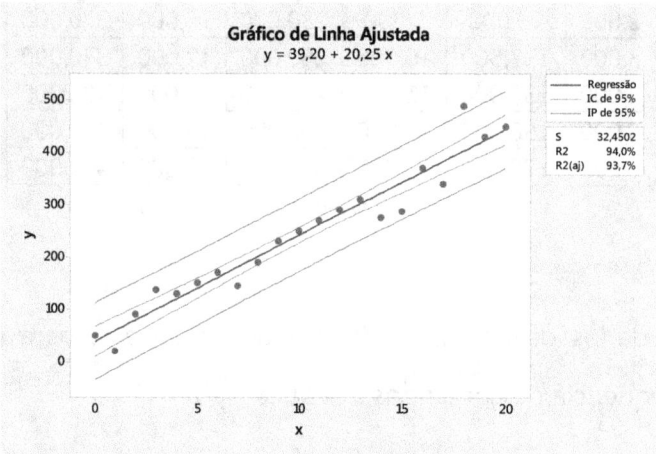

Figura 4-19 - Reta de regressão

Para o quesito (a) determinou-se a reta de regressão incluindo os intervalos de confiança e de predição. Como resposta ao quesito (b), pode-se dizer que o intervalo de confiança é onde se espera que se situem $(1-\alpha)$% dos valores amostrais **médios**, quando x tem um valor específico. Já o intervalo de predição é onde se espera que se situem $(1-\alpha)$% dos valores amostrais **individuais** quando x tem um valor específico.

Pode-se demonstrar que para o coeficiente angular m

$$t_{teste} = \left|\frac{m}{s_m}\right| = \sqrt{F_{teste}} = \sqrt{\frac{MS_{Regressão}}{MS_{Erro}}}$$

$$t_{teste} = \sqrt{299,76} = 17,314$$

O valor crítico para $\alpha = 0{,}05$ e 19 gl é

$$t_{crit} = |t_{0,025;19}| = 2{,}093$$

Como $t_{teste} \geq t_{crit}$, a hipótese nula é rejeitada e conclui-se que o coeficiente angular não é igual a zero. Para o intervalo de confiança do valor de m calcula-se

$$s_m = \left|\frac{m}{t_{teste}}\right| = \frac{20{,}25}{17{,}314} = 1{,}170$$

$m - t_{crit} s_m \leq M \leq m + t_{crit} s_m \Rightarrow$

$20{,}25 - 2{,}093 \times 1{,}17 \leq M \leq 20{,}25 + 2{,}093 \times 1{,}17 \Rightarrow$

$17{,}80 \leq M \leq 22{,}70$

Pode-se demonstrar que

$$t_{teste}^2 = F_{teste} = \frac{m^2 S_{xx}}{MS_{Erro}} \Rightarrow S_{xx} = \frac{F_{teste} MS_{Erro}}{m^2} = \frac{299{,}76 \times 1053}{20{,}25^2} = 769{,}75$$

onde

$$S_{xx} = \sum_{i=1}^{n} x_i^2 - \left[\left(\sum_{i=1}^{n} x_i\right)^2 \bigg/ n\right]$$

$$t_{teste} = \left|\frac{b}{s_b}\right| = \left|\frac{b}{\sqrt{MS_{Erro}\left(\frac{1}{n} + \frac{\bar{x}^2}{S_{xx}}\right)}}\right| \Rightarrow t_{teste} = \left|\frac{39,20}{\sqrt{1053 \times \left(\frac{1}{21} + \frac{10^2}{769,75}\right)}}\right| = 2,867$$

Verifica-se que $t_{teste} \geq t_{crit}$, a hipótese nula é rejeitada e conclui-se que a ordenada à origem não é igual a zero. Para o intervalo de confiança do valor de b calcula-se

$$s_b = \left|\frac{b}{t_{teste}}\right| = \frac{39,20}{2,867} = 13,67$$

$b - t_{crit}s_b \leq B \leq m + t_{crit}s_b \Rightarrow$

$39,20 - 2,093 \times 13,67 \leq B \leq 39,20 + 2,093 \times 13,67 \Rightarrow$

$10,59 \leq B \leq 67,81$

que não inclui o valor zero.

4.4 Exercícios propostos

Exercício 4-1: Questões para recapitulação

1. Explique o que é Análise da Variância e quais são seus fundamentos lógicos.
2. Quais são as condições necessárias para que se possa aplicar a ANOVA?
3. Conceitue estes termos: variância entre, variância dentro, razão F.
4. Explique como interpretar a ANOVA em termos de somas de quadrados.
5. Explique o que é correlação e o que significa o coeficiente de correlação de Pearson.
6. Explique a diferença entre os coeficientes de correlação r de Pearson e rho de Spearman.
7. Explique por que a existência de uma forte correlação entre duas variáveis não implica necessariamente em uma relação de causalidade entre elas.
8. Explique o que é regressão linear.
9. Qual a característica que define a reta de regressão?
10. Explique o que é o coeficiente de determinação.

Exercício 4-2: Um fabricante de papéis deseja testar a resistência do produto em função das características da polpa utilizada em sua fabricação. Foram testados 5 diferentes tipos de polpa, designados por A, B, C, D e E. Foram fabricadas 5 unidades do produto com cada tipo de polpa e mediu-se a resistência de cada unidade fabricada. Os resultados estão na Tabela 4-11. Ao nível de confiança de 95%, pode-se afirmar que existe um tipo de polpa que resulta em um produto cuja resistência difere significativamente da resistência dos demais?

A	B	C	D	E
7	12	14	11	9
7	17	18	18	18
15	12	18	19	19
11	18	19	19	23
9	18	19	15	11

Tabela 4-11 - Resistência do papel (em psi) para diferentes tipos de polpa

Exercício 4-3: O fabricante de um solvente está convencido de que o conteúdo de benzeno em seu produto varia de lote para lote. Ele seleciona aleatoriamente 4 lotes do produto, extrai 5 amostras de aleatórias de cada um dos lotes e executa medições do conteúdo de benzeno em cada amostra. O resultado das cinco medidas para cada um dos lotes é mostrado na Tabela 4-12. Ao nível de confiança de 95%, pode-se afirmar que a suspeita do fabricante tem fundamento?

Lote 1	Lote 2	Lote 3	Lote 4
26,15	24,95	25,00	26.81
26,25	25,01	25,37	26,75
26,39	24,89	25,20	26,15
26,18	24,85	25,09	26,50
26,20	25,13	25,12	26,70

Tabela 4-12 - Conteúdo de benzeno (mg por l) conforme o lote amostrado

Exercício 4-4: Uma grande construtora está realizando um estudo sobre a força de compressão de diversos tipos de concreto em função do processo de mistura. Quatro diferentes processos estão sendo considerados e quatro amostras produzidas segundo cada um dos processos foram testadas. O resultado do teste está na Tabela 4-13. Teste, ao nível de significância de 5%, a hipótese de que o processo de mistura afeta a força de compressão do concreto.

Processo 1	Processo 2	Processo 3	Processo 4
3129	3200	2800	2600
3000	3300	2900	2700
2865	2900	2985	2600
2890	2700	3050	2785

Tabela 4-13 - Força de compressão (em psi) de amostras de concreto conforme o processo de mistura

Exercício 4-5: Uma fábrica de tecidos possui grande número de teares que, de acordo com o departamento de Planejamento e Controle da Produção (PCP), deveriam produzir exatamente a mesma quantidade de tecido a cada minuto. Para verificar se esta premissa é realista, a produção de 5 teares escolhidos aleatoriamente é observada durante 5 períodos de 1 minuto escolhidos também de forma aleatória. A quantidade de tecido produzida (em kg/min) por tear é mostrada na Tabela 4-14. Ao nível de confiança de 95%, pode-se afirmar que a premissa do PCP é válida?

Tear 1	Tear 2	Tear 3	Tear 4	Tear 5
3,9	3,9	4,0	3,6	3,8
4,0	3,8	4,1	3,8	3,6
4,1	3,9	4,0	4,0	3,9
3,9	4,0	3,9	3,9	3,8
4,0	4,0	3,8	3,7	4,0

Tabela 4-14 - Produção de tecido (kg/min) para cinco teares

Exercício 4-6: ♦Uma empresa executou um experimento para verificar se a temperatura de funcionamento de um amplificador afetava o nível de ruído (em mV) na sua saída. O experimento resultou nos dados mostrados na Tabela 4-15, onde '*' representa um dado faltante. Ao nível de confiança de 95%, pode-se afirmar que a temperatura de funcionamento influencia o nível de ruído?

T=40	T=52	T=64	T=76
21,8	21,7	21,9	21,9
21,9	21,4	21,8	21,7
21,7	21,5		21,8
1,6	21,5	21,6	21,7
21,7	*	21,5	21,6
21,5	*	*	21,8
21,8	*	*	*

Tabela 4-15 – Nível de ruído (mV) na saída do amplificador para diferentes temperaturas (°C) de funcionamento

Exercício 4-7: Um engenheiro eletrônico está analisando diversos tipos de revestimento quanto à condutividade. As medidas foram realizadas em quatro amostras para cada tipo de revestimento e os valores obtidos (em mho/m) estão na Tabela 4-16. Ao nível de confiança de 95%, pode-se afirmar que há uma diferença estatisticamente significativa entre a condutividades dos diferentes revestimentos?

Revestimento 1	Revestimento 2	Revestimento 3	Revestimento 4	Revestimento 5
143	152	134	129	147
141	149	133	127	148
150	137	132	132	144
146	143	127	129	142

Tabela 4-16 - Condutividade (mho/m) para diferentes tipos de revestimento

Exercício 4-8: A Tabela 4-17 mostra a idade e o batimento cardíaco em repouso para dezoito pacientes saudáveis, do sexo masculino.

Idade	20	21	22	23	29	30	37	39	45
Batimentos	72	72	71	71	73	73	74	74	73
Idade	48	51	55	58	60	60	60	63	65
Batimentos	73	72	74	74	75	72	75	77	77

Tabela 4-17 - Frequência cardíaca (/min) × idade (anos)

a) Calcule o coeficiente de correlação para estes dados amostrais e interprete o resultado no contexto do problema.

b) Determine a reta de regressão e os intervalos de confiança e de previsão para a reta. Qual o intervalo de previsão para a frequência cardíaca de um único indivíduo de 60 anos? Qual o intervalo de confiança para a frequência cardíaca de um grupo de indivíduos de 60 anos?

Exercício 4-9: ♦A Tabela 4-18 mostra a velocidade do vento (km/hora), a altura das ondas (cm) e a classificação do vento de acordo com a escala de Beaufort. Estas observações foram realizadas em 30 ocasiões distintas na Lagoa dos Patos, RS.

Dia	Vento (km/h)	Altura das ondas (cm)	Classificação
1	0,5	10	Calmo
2	13,5	70	Brisa fraca
3	2,0	3	Aragem
4	35,0	250	Brisa forte
5	12,0	50	Brisa fraca
6	8,0	40	Brisa leve
7	0,3	5	Calmo
8	2,3	3	Aragem
9	0,8	18	Calmo
10	23,0	120	Brisa moderada
11	9,0	49	Brisa leve

12	7,0	27	Brisa leve
13	30,0	200	Brisa forte
14	27,0	140	Brisa moderada
15	1,0	20	Aragem
16	0,0	0	Calmo
17	1,5	15	Aragem
18	4,0	20	Aragem
19	20,0	90	Brisa moderada
20	0,7	15	Calmo
21	24,0	120	Brisa moderada
22	6,0	23	Brisa leve
23	8,5	50	Brisa leve
24	22,0	110	Brisa moderada
25	25,0	130	Brisa moderada
26	16,0	55	Brisa fraca
27	7,5	33	Brisa leve
28	31,0	220	Brisa forte
29	7,2	30	Brisa leve
30	13,0	55	Brisa fraca

Tabela 4-18 - Altura das ondas (cm) x velocidade do vento (km/h)

a) Calcule o coeficiente de correlação para estes dados amostrais e interprete o resultado no contexto do problema.

b) Na escala de Beaufort a brisa fraca é caracterizada pela velocidade do vento entre 12 e 19 km/h. Com a informação disponível, calcule a altura máxima e a altura mínima das ondas, determinadas após a observação de grande número de dias de brisa fraca. Justifique sua resposta.

c) Na escala de Beaufort o vento fresco é caracterizado pela velocidade do vento entre 39 e 49 km/h. Com a informação disponível, calcule a altura máxima e a altura mínima das ondas, determinadas após a observação de grande número de dias de vento fresco. Justifique sua resposta.

Exercício 4-10: A Tabela 4-19 mostra os gastos com publicidade e o faturamento (em milhões de reais) de uma empresa nos últimos 16 anos.

DESP MKTG	6,8	6,2	8,3	7,2	6,7	10,6	9,2	8,9
VENDAS	200	150	220	200	190	230	200	240
DESP MKTG	10,0	6,2	10,8	9,8	9,6	6,3	6,8	6,8
VENDAS	230	220	270	230	220	160	200	140

Tabela 4-19 - Vendas (MR$) x Gastos anuais com publicidade (MR$)

a) Calcule o coeficiente de correlação para estes dados amostrais e interprete o resultado no contexto do problema.

b) Usando as somas quadráticas, determine o intervalo de confiança de 95% para o coeficiente angular da reta de regressão.

A RESOLUÇÃO DOS EXERCÍCIOS

A.1 Solução de exercícios propostos para o Capítulo 1

Exercício 1-2: ♦

Solução: Se A é um conjunto de dados definido por

$A = \{a_1, a_2, ..., a_n\} \mid a_i \in R; 1 \leq i \leq n; 1 \leq n \in N$

então

$$\sum_{i=1}^{n}(a_i - k)^2$$

atinge o valor mínimo quando

$$k = \frac{\sum_{i=1}^{n} a_i}{n}$$

Consideremos que a soma S dos desvios quadráticos é função do valor de k, escrevendo:

$$S(k) = \sum_{i=1}^{n}(a_i - k)^2 = \sum_{i=1}^{n}\left(a_i^2 - 2ka_i + k^2\right)$$

No ponto de inflexão de uma função, a derivada se anula. Assim, determinamos a derivada de S(k) em relação a *k* e procuramos o valor de *k* que anula a derivada.

$$\frac{d}{dk}S(k) = \sum_{i=1}^{n}(-2a_i + 2k) = 2\sum_{i=1}^{n}(k - a_i)$$

$$\frac{d}{dk}S(k) = 0 \Rightarrow \sum_{i=1}^{n}(k - a_i) = 0$$

Logo

$$nk - \sum_{i=1}^{n} a_i = 0$$

E o valor de *k* que satisfaz a equação é

$$k = \frac{\sum_{i=1}^{n} a_i}{n}$$

A derivada segunda de S(k) em relação a *k* é

$$\frac{d^2}{dk^2}S(k) = \frac{d}{dk}2\sum_{i=1}^{n}(k - a_i) = 2n$$

Como a derivada segunda é positiva, concluímos que o ponto inflexão é um mínimo.

Estatística Aplicada em Engenharia [com Minitab]: Volume 1

> **Exercício 1-3**

Solução: Calcule as estatísticas básicas; se necessário reveja o tópico **1.5.3 Estatísticas básicas usando o Minitab**. O resultado está a seguir:

Estatísticas

Variável	Contagem Total	Média	DesvPad	Mínimo	Q1	Mediana	Q3	Máximo	Amplitude
VAR1	100	20,299	4,707	5,928	16,849	20,442	23,476	35,609	29,682
VAR2	100	17,71	18,37	0,42	5,01	12,99	23,71	102,69	102,27
VAR3	100	25,379	6,768	9,886	20,044	26,213	31,404	34,956	25,070

Variável	DIQ
VAR1	6,627
VAR2	18,69
VAR3	11,359

As estatísticas básicas nos levam a crer que:

a) Para **VAR1** a média (20,299) e a mediana (20,442) são muito próximas, indicando simetria na distribuição dos dados; a impressão de simetria é reforçada quando se observa que a distância interquartílica (6,627) se divide em duas metades quase iguais: (mediana -Q1) =3,59 e (Q3 – mediana) = 3,034. Assim, é bastante provável que **VAR1** tenha uma distribuição bem-comportada, com os valores distribuídos simetricamente ao redor da média 20,299.

b) Para **VAR2** a média (17,71) está acima da mediana (12,99), sugerindo uma assimetria à direita; está impressão é reforçada quando se observa que 50% dos valores estão concentrados em um intervalo de 12,57 (mediana-mínimo) enquanto os outros 50% se espalham por um intervalo de 89,7 (máximo-mediana). Portanto, é lícito supor que **VAR2** tenha uma distribuição assimétrica à direita.

c) Para **VAR3** a média (25,379) está um pouco abaixo da mediana (26,213), sugerindo alguma assimetria à esquerda. Quando verificamos que os valores abaixo da mediana se distribuem em um intervalo de 16,327 (mediana-mínimo) e os valores acima dela se distribuem em um intervalo de 8,74 (máximo-mediana) e, além disso, que 25% dos valores se situam em um intervalo de 3,552 (máximo-Q3), pensamos que é razoável admitir que **VAR3** apresenta uma distribuição assimétrica à esquerda.

Exercício 1-4

Solução: Para construir os histogramas conforme solicitado, vamos calcular inicialmente a amplitude e os limites dos intervalos de classe em cada caso. Caso necessário reveja o tópico **1.7.3 Criando um histograma com o Minitab**.

Para **VAR1** a amplitude dos dados é 29,68 e cada uma das **cinco** classes teria uma amplitude de 5,94); o valor mínimo é 5,92.

Para **VAR2** a amplitude dos dados é 102,27 e cada uma das **dez** classes teria uma amplitude de 10,23; o valor mínimo é 0,42.

Para **VAR3** a amplitude dos dados é 25,07 e cada uma das **quinze** classes teria uma amplitude de 1,68; o valor mínimo usado foi 9,85.

Agora vamos construir os histogramas pedidos. Provavelmente, a maneira mais simples de fazer isso é criar o histograma diretamente com o Minitab e editá-lo conforme necessário. Vamos explicar com mais detalhes este processo para o quesito (a), relativo a **VAR1**. Para os quesitos (b) e (c) o processo é similar.

Para gerar o histograma de **VAR1**, com os rótulos das barras indicando a frequência de cada classe, execute a sequência de comandos listada a seguir.

Gráfico > **Histograma** > *painel* **Histograma** > *selecione* **Histograma simples** > **OK** > *painel* **Histograma: Simples** > *selecione* **VAR1** *para* **Variáveis do gráfico** > **Rótulos** > *painel* **Histograma: Rótulos** > *selecione a aba* **Rótulos de dados** > *ative o botão de opção* **Usar rótulos de valores de Y** *no grupo* **Tipo de rótulo** > **OK** > *painel* **Histograma: Simples** > **OK**

Sequência de comandos A1 – Histograma de VAR1

Será gerado o histograma mostrado na Figura A- 1.

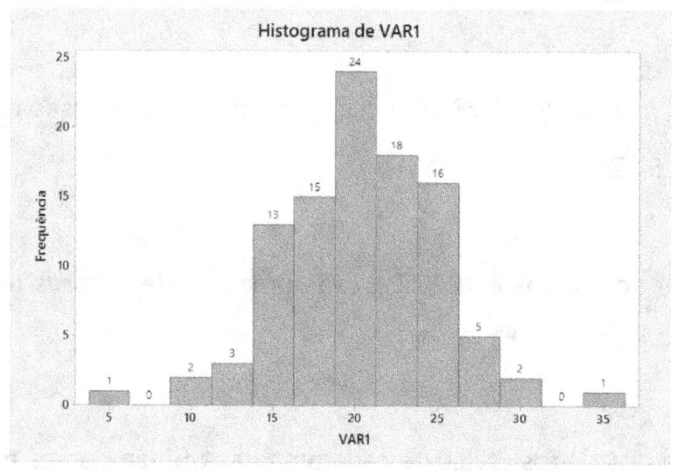

Figura A- 1- Histograma de VAR1 gerado pelo Minitab

Para editar o histograma, reduzindo o número de classes a apenas cinco, com intervalo de classe de 5,94 e primeiro ponto de corte em 5,92 execute, por exemplo, a sequência de comandos a seguir.

> **Editor** > **Selecionar item** > **Barras** > **Editor** > **Editar Barras** > *painel* **Editar Barras** > *selecione a aba* **Intervalos de classe** > *selecione* **Ponto de Corte** *no grupo* **Tipo de Intervalo** > *selecione* **Posições do Ponto Central/Ponto de Corte** *no grupo* **Definição de intervalo** > *digite 5,92 11,86 17,80 23,74 29,68 35,62 na caixa de texto* > **OK** > *painel* **Histograma: Simples** > **OK**

Sequência de comandos A2 – Editar intervalos de classe do histograma

Será gerado o histograma mostrado na Figura A- 2.

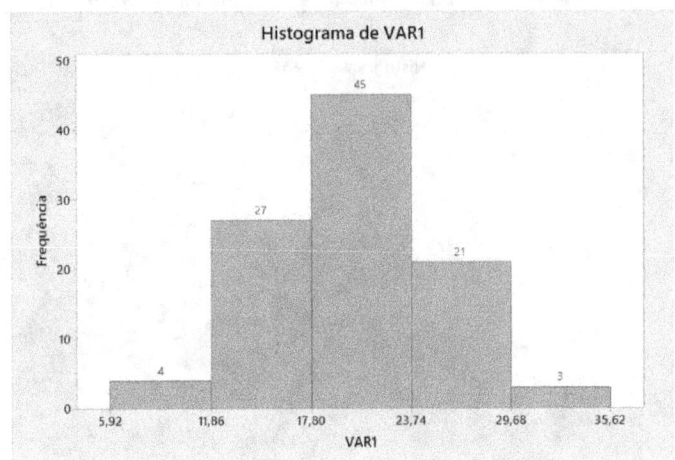

Figura A- 2 - Histograma de VAR1 editado cf. quesito (a)

Observe que na Sequência de comandos seria possível obter um histograma com cinco barras selecionando **Número de intervalos** no grupo **Definição de intervalo** e digitando 5 na caixa de texto. Porém os pontos de corte não seriam exatamente os mesmos que definimos logo no início da solução do problema.

Seguindo um processo similar para as outras variáveis, obtemos os histogramas mostrados na Figura A- 3 e na Figura A- 4.

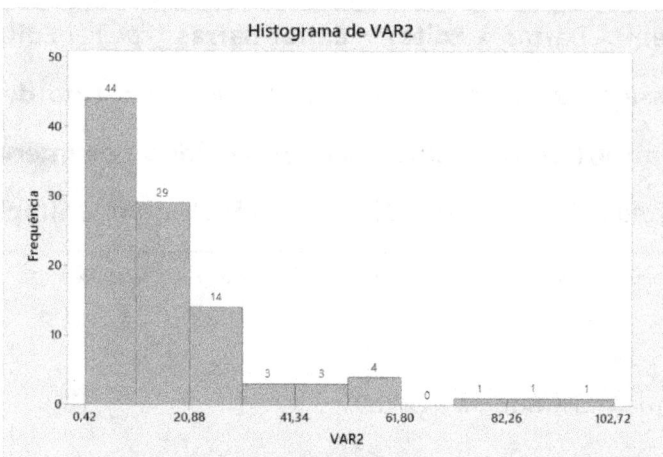

Figura A- 3- Histograma de VAR2 editado cf. quesito (b)

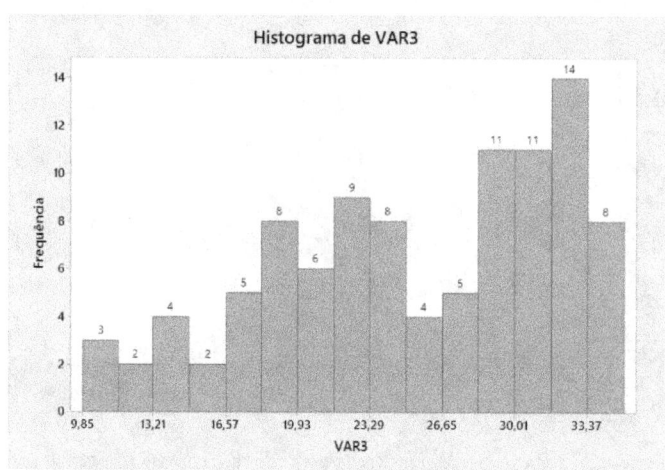

Figura A- 4 - Histograma de VAR3 editado cf. quesito (c)

No quesito (d) solicita-se comentar cada um dos histogramas. Podemos considerar que os histogramas confirmam o que acreditávamos poder ser deduzido observando as estatísticas básicas. Conforme previsto, **VAR1** tem uma distribuição simétrica, **VAR2** é assimétrica à direita e **VAR3** é assimétrica à esquerda.

No quesito (e) usaremos os histogramas para recuperar a média e o desvio padrão dos dados originais. Se necessário reveja o tópico **1.7.2 Perda de informações quando os dados são resumidos**. A média e o desvio padrão dos dados podem ser estimados por

$$\bar{x} = \frac{\sum_{i=1}^{n} x_i f_i}{\sum_{i=1}^{n} f_i}$$

$$s = \sqrt{\frac{\sum_{i=1}^{n}(x_i - \bar{x})^2 f_i}{\left(\sum_{i=1}^{n} f_i\right) - 1}}$$

onde f_i é a frequência absoluta e x_i o ponto médio da i-ésima classe.

Primeiro determinamos os pontos médios e as frequências das classes para os histogramas de **VAR1** (Figura A- 2, 5 classes), **VAR2** (Figura A- 3, 10 classes) e **VAR3** (Figura A- 4, 15 classes) e a seguir realizamos os cálculos, possivelmente usando uma planilha eletrônica. A Tabela A- 1 sumariza os cálculos realizados e mostra os valores recuperados através dos histogramas.

	VAR1		VAR2		VAR3	
i	f_i	x_i	f_i	x_i	f_i	x_i
1	4	8,89	44	5,535	3	10,69
2	27	14,83	29	15,765	2	12,37
3	45	20,77	14	25,995	4	14,05
4	21	26,71	3	36,225	2	15,73
5	3	32,65	3	46,455	5	17,41

i						
6			4	56,685	8	19,09
7			0	66,915	6	20,77
8			1	77,145	9	22,45
9			1	87,375	8	24,13
10			1	97,605	4	25,81
11					5	27,49
12					11	29,17
13					11	30,85
14					14	32,53
15					8	34,21
$\sum_{i=1}^{n} f_i$	100		100		100	
$\sum_{i=1}^{n} x_i f_i$	2029,48		1801,56		2533,96	
$\bar{x}$	20,30		18,02		25,34	
$\sum_{i=1}^{n}(x_i - \bar{x})^2 f_i$	2658,97		31935,08		4386,46	
s	5,18		17,96		6,66	

Tabela A-1- Média e desvio padrão recuperados através do histograma

A Tabela A-2 mostra uma comparação entre os valores da média e do desvio padrão calculados a partir dos histogramas e os valores reais destas estatísticas, calculadas a partir de todo o conjunto de dados.

	$\bar{x}$			s		
	VAR1	VAR2	VAR3	VAR1	VAR2	VAR3
Recuperado	20,29	18,02	25,34	5,18	17,96	6,66
Real	20,30	17,71	25,38	4,71	18,37	6,77
Diferença	-0,02%	1,73%	-0,16%	10,10%	-2,23%	-1,65%

Tabela A-2- Comparação de valores recuperados e valores reais

Esta tabela indica que a média pode ser recuperada com boa aproximação quando a distribuição é simétrica, mesmo se o número de classes for pequeno. Para o desvio padrão isso não ocorre; se houver poucas classes, o erro cometido pode ser significativo. Para qualquer tipo de distribuição, um maior número de classes permite melhores aproximações.

Exercício 1-7

Exercício 1-8

Solução: Os valores da variável dependente Y formam uma nuvem e parecem variar de maneira aleatória em torno de um valor médio. Não parece existir uma tendência de variação de Y conforme o fator x varia. A premissa de que o fator x de alguma forma controla ou influencia o valor de Y, ao menos no intervalo de valores analisado (x=0 a 3 udm), parece insustentável. Os valores da variável dependente W estão positivamente correlacionados com o fator de controle x, ao menos no intervalo considerado. Quando x aumenta, W também aumenta, num relacionamento aparentemente linear; uma reta de regressão da forma ax+b com a>0 poderá ser ajustada aos dados. Os valores da variável dependente Z estão negativamente correlacionados com o fator de controle x, ao menos no intervalo considerado. Quando x aumenta, W diminui, num relacionamento aparentemente linear; uma reta de regressão da forma ax+b com a<0 poderá ser ajustada aos dados.

Exercício 1-9

Solução: O objetivo desse exercício é simplesmente treinar o reconhecimento da informação contida na figura do box-plot, de uma forma quase intuitiva. Por isso tente fixar sua atenção na figura, sem se preocupar muito com uma avaliação exata dos valores. A Figura A- 5 mostra os três boxplots como painéis de um mesmo gráfico.

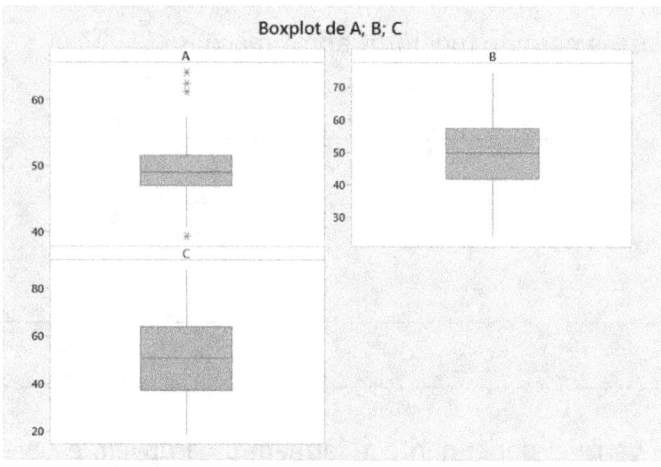

Figura A- 5- Boxplots de A, B e C

Por simples inspeção dos diagramas, podem-se aventar as hipóteses:

a) a variável A parece ter uma distribuição com mediana próxima de 50 e assimetria acentuada à direita, em virtude dos outliers, que fazem a média deslocar-se para um valor superior à mediana. Os valores da A estão distribuídos entre 40 e 65, aproximadamente; 50% dos valores estão concentrados bem próximo da mediana, o que reduz o desvio-padrão,

b) A variável B parece ter uma distribuição quase simétrica, com a mediana e a média muito próximas de 50. Os valores de B variam entre cerca de 25 e 75 (amplitude = 50) e o intervalo interquartílico está dividido em partes iguais pela mediana.

c) A variável C parece ter uma distribuição razoavelmente simétrica, porém com ligeira assimetria à direita. Os valores de C variam entre 20 e 85 aproximadamente, e a média deve ser pouco maior que a mediana.

Calculando as estatísticas básicas, obtemos:

Estatísticas

Variável	Contagem Total	Média	DesvPad	Mínimo	Q1	Mediana	Q3	Máximo	DIQ
A	50	49,692	5,332	39,301	46,982	49,025	51,551	64,145	4,569
B	50	49,84	11,43	24,07	41,88	49,89	57,44	74,49	15,56
C	50	51,89	16,74	18,92	37,30	50,98	63,93	87,64	26,63

Os histogramas de A, B e C estão na Figura A- 6.

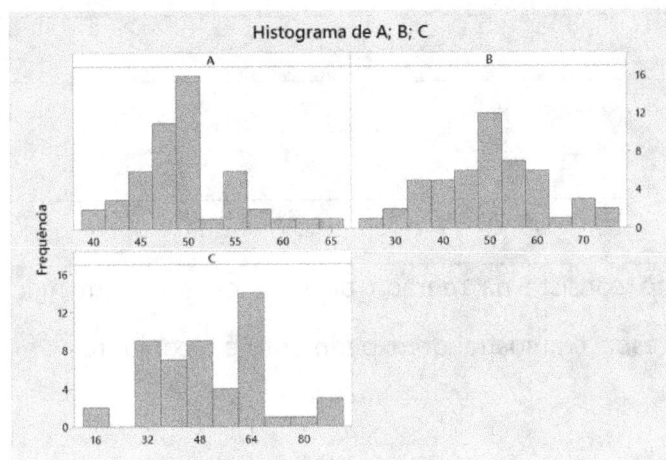

Figura A- 6- Histogramas de A, B e C

Estatística Aplicada em Engenharia [com Minitab]: Volume 1

A.2 Solução de exercícios propostos para o Capítulo 2

Exercício 2-2

Resposta: a) 40320; b) 720; c) 302400 d) 3360

Exercício 2-3

Resposta: a) 455; b) 442

Exercício 2-4

Resposta: 0,0082

Exercício 2-5 ♦

Solução: O experimento consiste na retirada de uma carta de um maço contendo 20 cartas, anotando-se sua cor. O espaço amostral do experimento é o conjunto

$$S = \{c_1, c_2, ..., c_{20}\}$$

Onde c_i representa a retirada da i-ésima carta. Em princípio podemos considerar que os eventos elementares são realmente equiprováveis, o que nos permite usar a definição clássica da probabilidade. Podemos identificar dois eventos B e R que descrevem completamente o resultado do experimento: (a) B = ser sorteada uma carta preta e (b) R = ser sorteada uma carta vermelha.

Estamos interessados na probabilidade de R, que seria o resultado favorável ou sucesso. Pela definição clássica, a probabilidade p(R) de um sucesso é a relação entre o número de resultados favoráveis R e o número de resultados possíveis (B+R), **desde que os eventos elementares sejam equiprováveis**:

$$p(R) = \frac{R}{B+R} = \frac{1}{19+1} = \frac{1}{20} = 0,05$$

Quando o estudante repete o experimento 1000 vezes e calcula a probabilidade de R dividindo o número observado de sucessos s pelo número de observações n, está aplicando a definição empírica da probabilidade:

$$p(R) = \lim_{n \to \infty} \frac{s}{n}$$

A melhor estimativa que pode ser feita nesta situação é que o valor de p(R) esteja próximo do valor teórico de 0,05 e, portanto, o número esperado de cartas vermelhas sorteadas deve ser próximo de 50 (0,05 x 1000).

Exercício 2-6 ♦

Solução: Vamos comentar primeiro a questão da programação. É claro que não existe uma solução única; cada um desenvolverá um programa de acordo com suas preferências. Mas vale a pena mencionar que o Minitab suporta a criação de macros, que permitem automatizar uma tarefa repetitiva ou ampliar a funcionalidade do programa.

A macro é um arquivo de texto que contém uma série de comandos de sessão do Minitab. Três tipos de macros são suportados: macros globais (arquivos ".mac"), macros locais (arquivos ".mac") e execs (arquivos ".mtb").

Execs são a forma mais simples de macro do Minitab; os execs não podem ter instruções de controle ou aceitar argumentos e subcomandos durante a execução. Um exec pode ser muito útil quando você deseja executar repetidas vezes determinada sequência de instruções.

Neste caso, uma forma muito simples de criar um exec é:
1. execute a sequência de instruções;
2. acesse a pasta History, usando o Project Manager ou digitando CTRL+ALT+H
3. copie a sequência de instruções para um arquivo de texto e salve este arquivo com a extensão ".mtb".

Para executar um exec, acesse **Ferramentas > Executar como um Exec**, especifique o número de vezes que deseja executar o exec, selecione o arquivo e clique em Abrir.

Verifique que o exec **Exercicio_2-6.mtb**, listado a seguir, simula a situação descrita no **Exercício 2-5**. Antes de executar o exec pela primeira vez, nomeie as colunas e preencha os dados no worksheet conforme indicado na **Figura A- 7**.

Nesta planilha CARTAS é o número de cartas no maço (20), VERMELHAS é o número de cartas vermelhas (1), SORTEIOS é o número de repetições do experimento (1000); ALEAT é a carta sorteada em cada repetição; R indica se a carta sorteada é vermelha; ESPERADAS mostra o valor esperado para o número de cartas vermelhas em 1000 sorteios; SORTEADAS mostra o número efetivamente observado e DESVIO mostra a diferença relativa entre os valores observado e esperado.

Figura A- 7- Planilha para o exec Exercício 2-6

```
Random 1000 'ALEAT';
  Integer 1 20.
Let 'R' = IF('ALEAT' = 1;1;0)
Let 'SORTEADAS' = SUM('R')
Let 'ESPERADAS' = ( 'VERMELHAS' / 'CARTAS') * 'SORTEIOS'
Let 'DESVIO' = ( 'SORTEADAS' - 'ESPERADAS') / 'ESPERADAS'
```

Esta sequência de código do Minitab gera 1000 números inteiros escolhidos de forma aleatória entre 1 e 20 inclusive, que são armazenados na variável ALEAT. Em seguida, a variável R é feita igual a 1 se o valor correspondente em ALEAT é igual a 1 (representa a carta vermelha); caso contrário, o valor 0 é armazenado em R. A soma de todos os valores de R é o número de cartas vermelhas sorteadas nas 1000 repetições. Finalmente, os valores esperado e observado para o número de cartas vermelhas sorteadas são comparados.

Qualquer que seja o programa que você tenha usado para simular o cenário descrito, provavelmente o resultado não foi exatamente 50 cartas vermelhas em 1000 sorteios. Por exemplo, em 20 rodadas do exec ocorreu um mínimo de 37 e um máximo de 69 cartas vermelhas sorteadas em 1000 tentativas, com média de 52,55. A explicação desta diferença é a variabilidade intrínseca ao processo de amostragem representado pelo sorteio.

Exercício 2-7

Solução: No maço de 20 cartas, cada uma delas tem exatamente a mesma probabilidade que qualquer outra de ser selecionada. Esta probabilidade é 0,05, e em média cada uma das cartas deve aparecer 50 vezes a cada 1000 sorteios, que chamaremos de rodada. Assim. cada carta vermelha adicionada ao maço em substituição a uma carta preta representa 50 ocorrências adicionais de cartas vermelhas a cada rodada como mostra a Tabela A- 3.

RODADA	SORTEIOS	VERMELHAS	ESPERADAS
1	1000	1	50
2	1000	2	100
3	1000	3	150
4	1000	4	200
5	1000	5	250
6	1000	6	300
7	1000	7	350
8	1000	8	400
9	1000	9	450
10	1000	10	500
11	1000	11	550
12	1000	12	600
13	1000	13	650
	13000		4550

Tabela A- 3- Número esperado de cartas vermelhas

A Figura A- 8 mostra um gráfico de barras da variável ESPERADAS, como função da variável VERMELHAS, número de cartas vermelhas incluída no maço de 20 cartas.

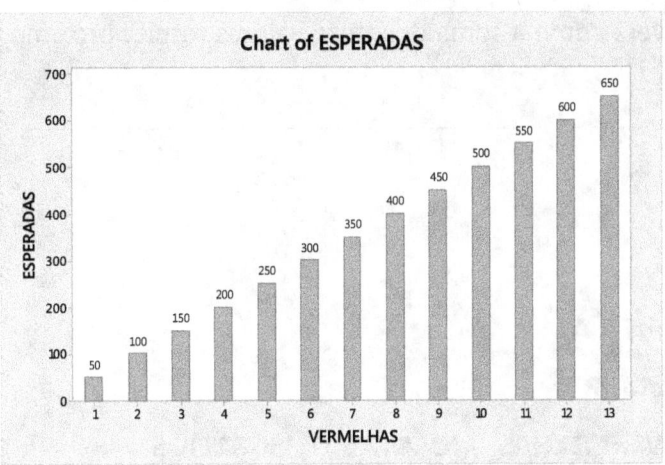

Figura A-8 - Gráfico de barras ESPERADAS x VERMELHAS

A cada uma das treze rodadas que constituem o evento narrado, o número de cartas vermelhas esperadas aumenta progressivamente, iniciando em 50 e terminando em 650. Os valores formam uma progressão aritmética com *n = 13* termos, sendo o primeiro termo $a_1 = 50$ e o último $a_{13} = 650$. A soma dos termos desta progressão é 4550, ou seja, considerando a experiência como um todo espera-se que sejam sorteadas 4550 cartas vermelhas em 13000 sorteios, portanto p(VERMELHA)= (4550/13000) = 0,35 OU 35%. Isto deve ser interpretado da seguinte maneira: se o estudante tivesse anotado o resultado de cada sorteio em um cartão numerado e fosse escolhido aleatoriamente um número entre 1 e 13000, haveria uma probabilidade de (4550/13000)=0,35 de que a palavra Vermelha estivesse escrita no cartão.

Exercício 2-8

Solução: Como no caso do Exercício 2-6, é claro que não existe uma solução única; cada um desenvolverá um programa de acordo com suas preferências. Mas continuando com o comentário acerca das facilidades que o Minitab oferece para a automatização de processos repetitivos, podemos aproveitar o exec desenvolvido anteriormente, alterando algumas variáveis a cada rodada e armazenando os resultados das treze rodadas em uma nova variável, denominada V. Caso você faça isto, verá como a soma dos treze valores resulta próximo de 4550.

```
LET 'VERMELHAS'[1]=1
Random 1000 'ALEAT';
  Integer 1 20.
Let 'R' = IF('ALEAT' <= 1;1;0)
Let 'SORTEADAS' = SUM('R')
Let 'ESPERADAS' = ( 'VERMELHAS' / 'CARTAS') * 'SORTEIOS'
Let 'DESVIO' = ( 'SORTEADAS' - 'ESPERADAS') / 'ESPERADAS'
LET 'V'[1]='SORTEADAS'[1]


LET 'VERMELHAS'[1]=2
Random 1000 'ALEAT';
  Integer 1 20.
Let 'R' = IF('ALEAT' <= 2;1;0)
Let 'SORTEADAS' = SUM('R')
Let 'ESPERADAS' = ( 'VERMELHAS' / 'CARTAS') * 'SORTEIOS'
Let 'DESVIO' = ( 'SORTEADAS' - 'ESPERADAS') / 'ESPERADAS'
LET 'V'[2]='SORTEADAS'[1]
.
.
.
LET 'VERMELHAS'[1]=13
```

```
Random 1000 'ALEAT';
 Integer 1 20.
Let 'R' = IF('ALEAT' <= 13;1;0)
Let 'SORTEADAS' = SUM('R')
Let 'ESPERADAS' = ( 'VERMELHAS' / 'CARTAS') * 'SORTEIOS'
Let 'DESVIO' = ( 'SORTEADAS' - 'ESPERADAS') / 'ESPERADAS'
LET 'V'[13]='SORTEADAS'[1]
```

Exercício 2-9

Resposta: Distribuição binomial; premissas descritas no texto.

Exercício 2-10 ♦

Solução: A variância é a média dos desvios quadráticos em relação a média, vale dizer, representa o valor esperado de $(x-\mu)^2$ e, portanto

$$Var(x) = E(x-\mu)^2 = E(x^2 - 2\mu x + \mu^2) = E(x^2) - 2\mu E(x) + E(\mu^2)$$

Mas, por definição,

$E(x) = \mu$

$E(\mu^2) = \mu^2$

Logo

$E(x^2) - 2\mu E(x) + E(\mu^2) = E(x^2) - 2\mu^2 + \mu^2 = E(x^2) - \mu^2 = E(x^2) - [E(x)]^2$

$Var(x) = E(x-\mu)^2 = E(x^2) - (np)^2$

Deve-se agora determinar o valor esperado $E(x^2)$ é um modo relativamente simples de fazer isto é encontrar a expressão de

$$E[x(x-1)] = E(x^2) - E(x) = E(x^2) - np$$

As probabilidades binomiais são dadas por

$$p(x=k) = \binom{n}{k} p^k (1-p)^{n-k}$$

E o valor esperado por

$$E(x) = \sum_{x=0}^{n} x \binom{n}{x} p^x (1-p)^{n-x} = \sum_{x=0}^{n} x \frac{n!}{x!(n-x)!} p^x (1-p)^{n-x}$$

Segue-se que o valor esperado de *x(x-1)* é:

$$E[x(x-1)] = \sum_{x=0}^{n} x(x-1) \frac{n!}{x!(n-x)!} p^x (1-p)^{n-x}$$

$$= \sum_{x=2}^{n} x(x-1) \frac{n!}{x(x-1)(x-2)!(n-x)!} p^x (1-p)^{n-x}$$

$$= n(n-1)p^2 \sum_{x=2}^{n} \frac{(n-2)!}{(x-2)!(n-x)!} p^{x-2} (1-p)^{n-x}$$

Façamos agora

$m = n - 2$

$y = x - 2$

Logo

$n - x = m - y$

$$E[x(x-1)] = n(n-1)p^2 \sum_{y=0}^{m} \frac{m!}{y!(m-y)!} p^y (1-p)^{m-y}$$

O termo esquerdo da igualdade foi desenvolvido anteriormente; no lado direito, o somatório representa a soma das probabilidades binomiais para uma distribuição Bin (m;y;p) e é igual a 1. Assim

$$E(x^2) - np = n(n-1)p^2 = n^2p^2 - np^2$$

$$E(x^2) = n^2p^2 - np^2 + np$$

Finalmente

$$Var(x) = E(x-\mu)^2 = E(x^2) - (np)^2 = n^2p^2 - np^2 + np - n^2p^2$$

$$Var(x) = E(x-\mu)^2 = np(1-p)$$

Exercício 2-11 ♦

Solução: A variância é a média dos desvios quadráticos em relação a média, vale dizer, representa o valor esperado de $(x-\mu)^2$ e, portanto

$$Var(x) = E(x-\mu)^2 = E(x^2 - 2\mu x + \mu^2) = E(x^2) - 2\mu E(x) + E(\mu^2)$$

Mas, por definição,

$E(x) = \mu$

$E(\mu^2) = \mu^2$

Logo

$E(x^2) - 2\mu E(x) + E(\mu^2) = E(x^2) - 2\mu^2 + \mu^2 = E(x^2) - \mu^2 = E(x^2) - [E(x)]^2$

$Var(x) = E(x - \mu)^2 = E(x^2) - \lambda^2$

Deve-se agora determinar o valor esperado $E(x^2)$ é um modo relativamente simples de fazer isto é encontrar a expressão de

$E[x(x-1)] = E(x^2) - E(x) = E(x^2) - \lambda$

As probabilidades de Poisson são dadas por

$$p(x = k) = \frac{\lambda^k e^{-\lambda}}{x!}$$

E o valor esperado por

$$E(x) = \sum_{x=0}^{n} x \frac{\lambda^x e^{-\lambda}}{x!}$$

Segue-se que o valor esperado de *x(x-1)* é:

$$E[x(x-1)] = \sum_{x=0}^{\infty} x(x-1) \frac{\lambda^x e^{-\lambda}}{x!}$$

$$= \sum_{x=2}^{\infty} x(x-1)\frac{\lambda^x e^{-\lambda}}{x(x-1)(x-2)!}$$

$$= e^{-\lambda}\lambda^2 \sum_{x=2}^{\infty} \frac{\lambda^{x-2}}{(x-2)!}$$

Façamos agora

$y = x - 2$

Logo

$$E[x(x-1)] = \lambda^2 e^{-\lambda} \sum_{y=0}^{\infty} \frac{\lambda^y}{y!}$$

O termo esquerdo da igualdade foi desenvolvido anteriormente. Além disso, sabemos que a série de MacLaurin para a função exponencial é

$$e^x = \sum_{n=0}^{\infty} \frac{x^n}{n!} = 1 + x + \frac{x^2}{2!} + \frac{x^3}{3!} + \ldots$$

Portanto, no lado direito da igualdade, o somatório é igual a e^λ.

$$E(x^2) - \lambda = \lambda^2 e^{-\lambda} e^\lambda = \lambda^2$$

$$E(x^2) = \lambda^2 + \lambda$$

Finalmente

$$Var(x) = E(x-\mu)^2 = E(x^2) - \lambda^2 = \lambda^2 + \lambda - \lambda^2$$

$$Var(x) = E(x-\mu)^2 = \lambda$$

Exercício 2-12

Solução: Podemos considerar que na situação descrita é possível identificar dois eventos elementares, que são mutuamente exclusivos e coletivamente exaustivos: C = peça conforme; NC = peça não conforme. A probabilidade de que uma peça seja não conforme, é:

$$P(NC) = 1 - P(C) = 1 - \frac{950}{1000} = 1 - 0,95 = 0,05$$

Como há dois tipos de não conformidades, e a soma do número de cartões com a não conformidade A (=30) e do número de cartões com a não conformidade B (=40) ultrapassa o número de cartões não conformes, segue-se que alguns cartões devem ser afetados pelas duas não conformidades.

Suponhamos que a ocorrência das não conformidades A e B são independentes. Neste caso

$$P(NC) = P(NCA) + P(NCB) - P(NCA) \cap P(NCB)$$

$$P(NCA) \cap P(NCB) = P(NCA) + P(NCB) - P(NC) = \frac{30}{1000} + \frac{40}{1000} - \frac{50}{1000} =$$

$$= 0,03 + 0,04 - 0,05 = 0,02$$

Exercício 2-13

Resposta: a) P(X=1) = 0,3151; b) P(X<3) = P(X<=2) = 0,9885; c)P(X>1 & X<4) = P(X<=3) -P(X<=1) = 0,9990-0,9139 = 0,0851

Exercício 2-14

Resposta: p(X=0) = 0,1074

Exercício 2-15

Resposta: a) 0,0124 ou 1,24%; b) 0,0670 ou 6,70%; c) 0,2112 ou 21,12%; d) 0,1685 ou 16,85%

Exercício 2-16

Resposta: S1. Bola vermelha, bola vermelha = 0,8082; S2. bola vermelha, bola verde = 0,0918; S3. bola verde, bola vermelha = 0,0918; S4. bola verde, bola verde = 0,0082

Exercício 2-17

Resposta: a) 0,5244; b) 0,8416; c) 1,2816

Exercício 2-18

Resposta: a) 0,1452; b) 0,1702; c) 0,6612

Exercício 2-19 ♦

Solução: Em um dado não viciado cada uma das faces será, a longo prazo, sorteada em 1/6 = 10/60 dos lançamentos. Digamos que o dado seja alterado de modo que a face 1 tenha 9/60 de chances de ser sorteada e a face 6, oposta à face 1, tenha 11/60 chances de ser sorteada.

O exec DADO_DESBALANCEADO.mtb, listado a seguir, simula esta situação.

```
Random 12000 'L';
Integer 1 60.
NOTE *** O painel foi usado para alterar a worksheet
Let 'L=1' = IF((( L >= 1 ) And ( L <= 9 ));1;0)
Let 'L=2' = IF((( L >= 11 ) And ( L <= 20 ));1;0)
Let 'L=3' = IF((( L >= 21 ) And ( L <= 30 ));1;0)
```

```
Let 'L=4' = IF((( L >= 31 ) And ( L <= 40 ));1;0)
Let 'L=5' = IF((( L >= 41 ) And ( L <= 50 ));1;0)
Let 'L=6' = IF((( L >= 51 ) And ( L <= 60 ) Or (L=10));1;0)
Let 'SL' [1] = SUM('L=1')
Let 'SL' [2] = SUM('L=2')
Let 'SL' [3] = SUM('L=3')
Let 'SL' [4] = SUM('L=4')
Let 'SL' [5] = SUM('L=5')
Let 'SL' [6] = SUM('L=6')


TChiSquare;
Observed 'SL';
RTable.
```

Antes de rodar o exec, prepare a planilha com os rótulos e valores necessários.

Observe que o teste Chi-quadrado de aderência rodado após os 12000 lançamentos compara as frequências relativas observadas e esperadas para cada resultado. Como de hábito, um valor-p menor do que o nível de significância desejado rejeita H_0: Valores observados iguais a valores esperados.

Exercício 2-20 ♦

Solução: Este problema é clássico e o resultado que se obtém pode surpreender alguns leitores. Primeiramente, vamos assumir algumas premissas:

1) **Todos os anos têm 365 dias.**

   Racional: levar em conta os anos bissextos complica muito o cálculo e, sabemos, não altera em nada o resultado.

2) **As pessoas foram escolhidas de maneira aleatória na população**, ou seja, não se procurou escolher pessoas nascidas em determinado mês para compor o grupo.

   Racional: Esta premissa parece razoável na situação descrita no enunciado. Não seria o caso se o tema da palestra fosse "Oportunidade única para nascidos em dezembro."

3) **A probabilidade de ocorrência de nascimentos é a mesma para qualquer dia do ano.**

   Racional: Esta premissa não é estritamente verdadeira, pois existe um ligeiro aumento do número de nascimentos nos meses de verão. E dificilmente um obstetra irá marcar um parto para os dias 1º de janeiro ou 24 de dezembro... Esses pequenos desvios não parecem ser suficientes para alterar o resultado.

Partindo destas premissas, imagine que a primeira pessoa chegue à palestra. A probabilidade de que ela **não faça** aniversário no mesmo dia que outro participante é 1 (pois não há ninguém no local).

Quando chega a segunda pessoa, a probabilidade de que esta pessoa **não faça** aniversário na mesma data da primeira é de 364/365, pois ela pode ter nascido em qualquer outro dos 364 dias do ano que não coincidem com a data de nascimento do primeiro participante.

Quando chega a terceira pessoa, a probabilidade de que ela **não faça** aniversário nos mesmos dias das outras pessoas é de 363/365, porque ela pode ter nascido em qualquer outro dos 363 dias do ano que diferem das datas de nascimento dos dois primeiros participantes.

Seguindo este raciocínio, a probabilidade de que a enésima pessoa tenha nascido em data diferente das (n-1) pessoas anteriores é:

$$p(n) = \frac{365 - n + 1}{365}$$

Dado que *p(1)*, *p(2)*, ..., *p(n)* são independentes, a probabilidade de que todos os eventos ocorram é o produto dessas probabilidades individuais. Portanto, a probabilidade de que todas as *n* pessoas tenham nascido em datas diferentes é

$$p(data <>) = \prod_{i=1}^{n} \frac{365 - i + 1}{365} = \frac{365}{365} \times \frac{364}{365} \times \frac{363}{365} \times \ldots \times \frac{365 - n + 1}{365}$$

A Tabela A-4 mostra os valores de *p(data<>)* para *n* variando de 1 até 40. Lembrando que

$$p(data =) = 1 - p(data <>)$$

pois os dois eventos são mutuamente exclusivos e coletivamente exaustivos, segue-se que quando *p(data<>)<0,50* então *p(data=) > 0,50* e, portanto, é mais provável que haja duas pessoas aniversariando no mesmo dia do que não haja.

Conforme mostrado na Tabela A- 4, isto ocorre com *n = 23*! E no grupo de 32 pessoas mencionado no enunciado, há mais de 75% de probabilidades de que haja pessoas com a mesma data de nascimento.

n	365-n+1	p(n)	p(data<>)	n	365-n+1	p(n)	p(data<>)

1	365	1,0000	1,0000	21	345	0,9452	0,5563
2	364	0,9973	0,9973	22	344	0,9425	0,5243
3	363	0,9945	0,9918	23	343	0,9397	0,4927
4	362	0,9918	0,9836	24	342	0,9370	0,4617
5	361	0,9890	0,9729	25	341	0,9342	0,4313
6	360	0,9863	0,9595	26	340	0,9315	0,4018
7	359	0,9836	0,9438	27	339	0,9288	0,3731
8	358	0,9808	0,9257	28	338	0,9260	0,3455
9	357	0,9781	0,9054	29	337	0,9233	0,3190
10	356	0,9753	0,8831	30	336	0,9205	0,2937
11	355	0,9726	0,8589	31	335	0,9178	0,2695
12	354	0,9699	0,8330	32	334	0,9151	0,2467
13	353	0,9671	0,8056	33	333	0,9123	0,2250
14	352	0,9644	0,7769	34	332	0,9096	0,2047
15	351	0,9616	0,7471	35	331	0,9068	0,1856
16	350	0,9589	0,7164	36	330	0,9041	0,1678
17	349	0,9562	0,6850	37	329	0,9014	0,1513
18	348	0,9534	0,6531	38	328	0,8986	0,1359
19	347	0,9507	0,6209	39	327	0,8959	0,1218
20	346	0,9479	0,5886	40	326	0,8932	0,1088

Tabela A- 4 - Probabilidade p(data<>) de n pessoas terem nascido em datas diferentes

Estatística Aplicada em Engenharia [com Minitab]: Volume 1

A.3 Solução de exercícios propostos para o Capítulo 3

Exercício 3-2

Resposta: a) IC para $\alpha=0,05$: (0,05752; 0,06248); IC para $\alpha=0,01$: (0,05673; 0,06327) b) para $\alpha=0,05$: erro máximo provável de 0,00248; para $\alpha=0,01$: erro máximo provável de 0,00327; em ambos os casos, menor que 0,01; c) Não.

Exercício 3-3

Resposta: a) 1536 para 95% de confiança; b) 2654 para 99% de confiança

Dica: Como não dispomos de uma estimativa inicial da proporção p de acidentes causados por embriaguez, vamos supor o pior caso (no sentido de que maximiza o erro provável) que é $p=0,5$.

Exercício 3-4

Resposta: Estimativas pontuais a) $\bar{x} = 5$ e b) $s = 4,4335$

Exercício 3-5

Resposta: a) IC = (64,10; 72,90) e H_0: $\mu = 65$ não pode ser rejeitada ao nível de significância de 0,05 (p = 0,102); b) IC = (64,75; 74,50) e H_0: $\mu = 65$ também neste caso não pode ser rejeitada ao nível de significância de 0,05 (p=0,06).

Exercício 3-6 ♦

Solução: Inicialmente você pode pensar em fazer um teste t para duas amostras, mas se observar bem irá concluir que isto não funcionará. O teste t para duas amostras se aplica quando queremos comparar a média de duas populações independentes. Para isso extraímos duas amostras aleatórias independentes, uma de cada população; o resultado de uma amostra não influencia o resultado da outra.

Para o experimento descrito isto não ocorre, pois o que está sendo comparado é o desempenho de cada participante **antes** e **depois** da ingestão de bebida alcoólica. Sem dúvida, o desempenho nas duas condições está relacionado; é de se supor, por exemplo, que quem dirige mal antes de beber dirigirá pior ainda após ingerir álcool.

Nesse caso aplica-se o chamado **teste t pareado**, que calcula a média e o intervalo de confiança para as diferenças entre os escores "**antes**" e "**depois**" de cada indivíduo.

Teste T Pareado e IC: Água; Álcool

Estatísticas Descritivas

Amostra	N	Média	DesvPad	EP Média
Água	36	14,983	2,771	0,462
Álcool	36	13,736	2,868	0,478

Estimativa da diferença pareada

Média	DesvPad	EP Média	IC de 95% da diferença_μ
1,247	2,354	0,392	(0,451; 2,044)

diferença_μ: média de (Água - Álcool)

Teste

Hipótese nula H_0: diferença_μ $= 0$
Hipótese alternativa H_1: diferença_μ $\neq 0$

Valor-T	Valor-p
3,18	0,003

Exemplo 3-7

Exercício 3-8

Resposta: Sim, com os resultados obtidos deve-se rejeitar a hipótese H_0: $\mu = 80$.

Exercício 3-9

Resposta: a) N(104; 1,25) b) IC = (101,55; 106,45), confiança de 95%, $\sigma = 5$, conhecido; c) IC = (101,09; 106,91), confiança de 95%, σ desconhecido.

Exercício 3-10

Resposta: a) IC =(1,711; 1789); b) 1536

Exercício 3-11

Resposta: a) 5250; b) 95%

Exercício 3-12

Solução: Sabemos que a proporção populacional é $p_0=0,30$ e desejamos realizar uma amostra cujo erro máximo provável seja 0,03 para mais ou para menos. O intervalo de confiança deve conter a média amostral em 95% dos casos.

Usando a aproximação normal da distribuição binomial temos um intervalo de confiança definido por

$$p_0 - z_{crit}\frac{\sigma_p}{\sqrt{n}} \le p_0 \le p_0 + z_{crit}\frac{\sigma_p}{\sqrt{n}}$$

$$\sigma_p = \sqrt{p_0(1-p_0)} = 0.4583$$

$z_{crit} = 1{,}96\ para\ teste\ bilateral\ com\ 95\%\ de\ confiança$

$$e = z_{crit}\frac{\sigma_p}{\sqrt{n}} = 0{,}03\ (dado)$$

Logo

$$n = \left(z_{crit}\frac{\sigma_p}{e}\right)^2 = 896{,}37 \sim 897$$

Com este tamanho de amostra temos 95% de confiança de que não estaremos rejeitando H_0 quando H_0 for verdadeira. Porém o poder do teste é apenas 50% para um deslocamento de 0,03 no valor de p_0, ou seja, teremos apenas 50% de probabilidade de detectar uma mudança de p_0 de 30% para 33%. Veja a seguir:

Poder e Tamanho de Amostra

Teste para Uma Proporção
Teste de p = 0,3 (versus ≠ 0,3)
α = 0,05
Resultados

Comparação p	Tamanho Amostral	Poder
0,33	897	0,500347

Para que o poder do teste seja 90% nas condições estabelecidas:

Poder e Tamanho de Amostra

Teste para Uma Proporção
Teste de p = 0,3 (versus ≠ 0,3)
α = 0,05
Resultados

Comparação p	Tamanho Amostral	Poder Alvo	Poder Real
0,33	2503	0,9	0,900049

A.4 Solução de exercícios propostos para o Capítulo 4

Exercício 4-2

Resposta: Sim, a polpa designada como tipo A resulta em um produto de resistência significativamente menor.

ANOVA com um fator: A; B; C; D; E

Método

Hipótese nula   Todas as médias são iguais
Hipótese alternativa Nem todas as médias são iguais
Nível de significância $\alpha = 0,05$

Assumiu-se igualdade de variâncias para a análise

Informações dos Fatores

Fator	Níveis	Valores
Fator	5	A; B; C; D; E

Análise de Variância

Fonte	GL	SQ (Aj.)	QM (Aj.)	Valor F	Valor-P
Fator	4	184,6	46,14	3,24	0,033
Erro	20	284,4	14,22		
Total	24	469,0			

Sumário do Modelo

S	R2	R2(aj)	R2(pred)
3,77094	39,36%	27,23%	5,24%

Médias

Fator	N	Média	DesvPad	IC de 95%
A	5	9,80	3,35	(6,28; 13,32)
B	5	15,40	3,13	(11,88; 18,92)
C	5	17,600	2,074	(14,082; 21,118)
D	5	16,40	3,44	(12,88; 19,92)
E	5	16,00	5,83	(12,48; 19,52)

DesvPad Combinado = 3,77094

Exercício 4-3

Resposta: Sim, os lotes 1 e 4 possuem concentração de benzeno significativamente maior que os lotes 2 e 3.

ANOVA com um fator: Lote 1; Lote 2; Lote 3; Lote 4

Método

Hipótese nula   Todas as médias são iguais
Hipótese alternativa   Nem todas as médias são iguais
Nível de significância α = 0,05

Assumiu-se igualdade de variâncias para a análise

Informações dos Fatores

Fator	Níveis	Valores
Fator	4	Lote 1; Lote 2; Lote 3; Lote 4

Análise de Variância

Fonte	GL	SQ (Aj.)	QM (Aj.)	Valor F	Valor-P
Fator	3	9,4651	3,15502	112,37	0,000
Erro	16	0,4492	0,02808		
Total	19	9,9143			

Sumário do Modelo

S	R2	R2(aj)	R2(pred)
0,167563	95,47%	94,62%	92,92%

Médias

Fator	N	Média	DesvPad	IC de 95%
Lote 1	5	26,2340	0,0945	(26,0751; 26,3929)
Lote 2	5	24,9660	0,1099	(24,8071; 25,1249)
Lote 3	5	25,1560	0,1394	(24,9971; 25,3149)
Lote 4	5	26,582	0,268	(26,423; 26,741)

DesvPad Combinado = 0,167563

Exercício 4-4

Resposta: O Processo 4 resulta em uma força de compressão significativamente menor que os outros processos.

ANOVA com um fator: Processo 1; Processo 2; Processo 3; Processo 4

Método

Hipótese nula   Todas as médias são iguais
Hipótese alternativa Nem todas as médias são iguais
Nível de significância $\alpha = 0{,}05$

Assumiu-se igualdade de variâncias para a análise

Informações dos Fatores

Fator	Níveis	Valores
Fator	4	Processo 1; Processo 2; Processo 3; Processo 4

Análise de Variância

Fonte	GL	SQ (Aj.)	QM (Aj.)	Valor F	Valor-P
Fator	3	296526	98842	3,59	0,046
Erro	12	330189	27516		
Total	15	626715			

Sumário do Modelo

S	R2	R2(aj)	R2(pred)
165,879	47,31%	34,14%	6,34%

Médias

Fator	N	Média	DesvPad	IC de 95%
Processo 1	4	2971,0	120,6	(2790,3; 3151,7)
Processo 2	4	3025	275	(2844; 3206)
Processo 3	4	2933,8	108,3	(2753,0; 3114,5)
Processo 4	4	2671,3	89,3	(2490,5; 2852,0)

DesvPad Combinado = 165,879

Exercício 4-5

Resposta: Ao nível de significância de 0,05 não é possível rejeitar a hipótese de que todos os teares operam à mesma velocidade.

ANOVA com um fator: Tear 1; Tear 2; Tear 3; Tear 4; Tear 5

Método

Hipótese nula   Todas as médias são iguais
Hipótese alternativa Nem todas as médias são iguais
Nível de significância $\alpha = 0,05$

Assumiu-se igualdade de variâncias para a análise

Informações dos Fatores

Fator	Níveis	Valores
Fator	5	Tear 1; Tear 2; Tear 3; Tear 4; Tear 5

Análise de Variância

Fonte	GL	SQ (Aj.)	QM (Aj.)	Valor F	Valor-P
Fator	4	0,1336	0,03340	2,26	0,099
Erro	20	0,2960	0,01480		
Total	24	0,4296			

Sumário do Modelo

S	R2	R2(aj)	R2(pred)
0,121655	31,10%	17,32%	0,00%

Médias

Fator	N	Média	DesvPad	IC de 95%
Tear 1	5	3,9800	0,0837	(3,8665; 4,0935)
Tear 2	5	3,9200	0,0837	(3,8065; 4,0335)
Tear 3	5	3,9600	0,1140	(3,8465; 4,0735)
Tear 4	5	3,8000	0,1581	(3,6865; 3,9135)
Tear 5	5	3,8200	0,1483	(3,7065; 3,9335)

DesvPad Combinado = 0,121655

Exercício 4-6 ◆

Resposta: A hipótese nula não pode ser rejeitada ao nível de significância α=0,05; os dados não permitem rejeitar a hipótese de que o ruído de saída não é influenciado pela temperatura de funcionamento, ao menos na faixa de temperaturas estudada.

Dica: Empilhe os dados em uma única coluna e use uma coluna de identificação.

ANOVA com um fator: RUÍDO versus TEMPERATURA

Método

Hipótese nula   Todas as médias são iguais
Hipótese alternativa Nem todas as médias são iguais
Nível de significância α = 0,05
Linhas não usadas   7

Assumiu-se igualdade de variâncias para a análise

Informações dos Fatores

Fator	Níveis	Valores
TEMPERATURA	4	T=40; T=52; T=64; T=76

Análise de Variância

Fonte	GL	SQ (Aj.)	QM (Aj.)	Valor F	Valor-P
TEMPERATURA	3	0,1346	0,04488	2,45	0,099
Erro	17	0,3111	0,01830		
Total	20	0,4457			

Sumário do Modelo

S	R2	R2(aj)	R2(pred)
0,135271	30,21%	17,89%	0,00%

Médias

TEMPERATURA	N	Média	DesvPad	IC de 95%
T=40	7	21,7143	0,1345	(21,6064; 21,8222)
T=52	4	21,5250	0,1258	(21,3823; 21,6677)
T=64	4	21,7000	0,1826	(21,5573; 21,8427)
T=76	6	21,7500	0,1049	(21,6335; 21,8665)

DesvPad Combinado = 0,135271

Exercício 4-7

Resposta: Os revestimentos 3 e 4 possuem condutividade significativamente menor que os demais.

ANOVA com um fator: Revestimento 1; Revestimento 2; Revestimento 3; Revestimento 4; Revestimento 5

Método

Hipótese nula   Todas as médias são iguais
Hipótese alternativa   Nem todas as médias são iguais
Nível de significância $\alpha = 0{,}05$

Assumiu-se igualdade de variâncias para a análise

Informações dos Fatores

Fator	Níveis	Valores
Fator	5	Revestimento 1; Revestimento 2; Revestimento 3; Revestimento 4; Revestimento 5

Análise de Variância

Fonte	GL	SQ (Aj.)	QM (Aj.)	Valor F	Valor-P
Fator	4	1060,5	265,13	16,35	0,000
Erro	15	243,2	16,22		
Total	19	1303,8			

Sumário do Modelo

S	R2	R2(aj)	R2(pred)
4,02699	81,34%	76,37%	66,83%

Médias

Fator	N	Média	DesvPad	IC de 95%
Revestimento 1	4	145,00	3,92	(140,71; 149,29)
Revestimento 2	4	145,25	6,65	(140,96; 149,54)
Revestimento 3	4	131,50	3,11	(127,21; 135,79)
Revestimento 4	4	129,25	2,06	(124,96; 133,54)
Revestimento 5	4	145,25	2,75	(140,96; 149,54)

DesvPad Combinado = 4,02699

Exercício 4-8

Solução: Para o quesito (a), o resultado fornecido pelo Minitab é mostrado a seguir.

Correlação: Idade; Batimentos

Método

Tipo de correlação   Pearson
Número de linhas usadas 18

Correlações

	Idade
Batimentos	0,722

O coeficiente de correlação de 0,722 indica que existe um relacionamento moderado entre a frequência cardíaca e a idade; o número de batimentos por minuto tende a aumentar quando a idade aumenta. No contexto do problema pode-se imaginar uma relação de causalidade direta entre a frequência cardíaca e o envelhecimento do organismo, porém há várias explicações alternativas que podem ser aventadas. Para ficar em apenas dois exemplos:

1. À medida que envelhecem, as pessoas têm menos oportunidades de praticar exercícios físicos, e levam uma vida mais sedentária;
2. Há algumas décadas, o hábito de fumar era muito mais disseminado do que hoje. Isto foi levado em conta ao selecionar a amostra? Há certamente uma probabilidade maior de que os homens mais velhos sejam ou tenham sido fumantes.

De qualquer modo, o ponto que se quer destacar novamente é que correlação e causalidade são coisas diferentes e qualquer estudo bem feito deve investigar muito bem o conjunto de fatores que podem afetar a resposta para determinar como atuam.

Quanto ao quesito (b), o resultado do Minitab está a seguir.

Análise de Regressão: Batimentos versus Idade

A equação de regressão é
Batimentos = 70,03 + 0,07812 Idade

Sumário do Modelo

S	R2	R2(aj)
1,25320	52,09%	49,09%

Análise de Variância

Fonte	GL	SQ	QM	F	P
Regressão	1	27,3161	27,3161	17,39	0,001
Erro	16	25,1284	1,5705		
Total	17	52,4444			

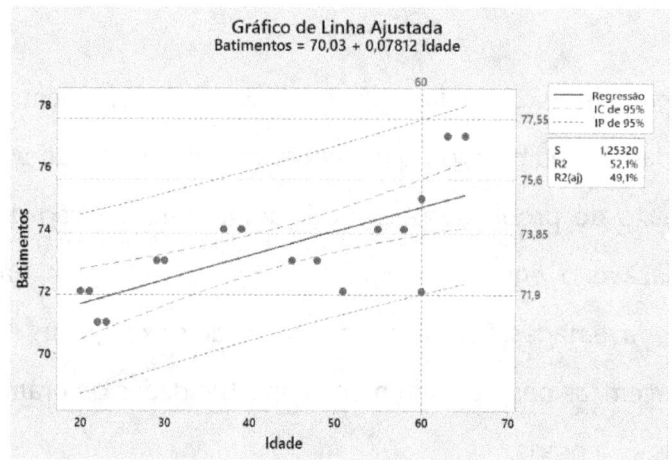

Figura A- 9 - Reta de regressão Batimentos Cardíacos × Idade

Estão indicados no gráfico as linhas que representam o intervalo de confiança e o intervalo de predição para a reta de regressão. Adicionamos linhas de referência mostrando os limites destes intervalos para homens de 60 anos.

O intervalo de confiança traduz os limites entre os quais, com 95% de confiança, se encontra a idade média dos indivíduos que constituem a classe 60 anos de idade; estes limites são 73,85 e 75,60 anos; use a facilidade "cross hair" para posicionar as linhas.

Já o intervalo de predição indica os limites do intervalo entre os quais, com 95% de confiança, se encontra a idade de um indivíduo específico que constituí a classe 60 anos de idade; estes limites são 71,90 e 77,55 anos.

Exercício 4-9 ♦

Solução: Com relação ao quesito (a) é claro que a altura das ondas (variável dependente) deve estar forte e positivamente relacionada com a velocidade do vento (variável independente). O resultado do Minitab é:

Correlação: Vento (km/h); Altura das ondas (cm)

Método

Tipo de correlação   Pearson
Número de linhas usadas 30

Correlações

	Vento (km/h)
Altura das ondas (cm)	0,962

A correlação positiva quase perfeita entre a resposta e o fator é um resultado esperado.

Para o quesito (b), os dados permitem determinar a reta de regressão, conforme mostrado a seguir.

Análise de Regressão: Altura das ondas (cm) versus Vento (km/h)

A equação de regressão é
Altura das ondas (cm) = - 6,274 + 6,035 Vento (km/h)

Sumário do Modelo

S	R2	R2(aj)
18,6152	92,64%	92,38%

Análise de Variância

Fonte	GL	SQ	QM	F	P
Regressão	1	122118	122118	352,40	0,000
Erro	28	9703	347		
Total	29	131820			

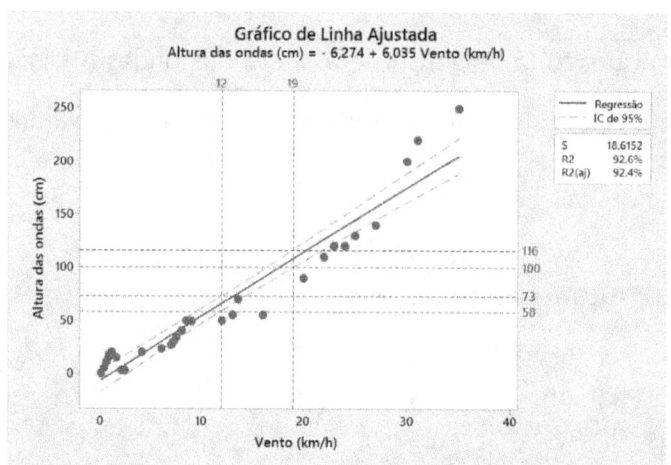

Figura A- 10 - Reta de regressão Altura das ondas x Velocidade do vento

Os valores de 12 e 19 km/h, que correspondem a uma brisa fraca, estão no intervalo compreendido pelos dados experimentais. Assim, é razoável admitir que a reta de regressão descreva adequadamente o relacionamento entre a resposta e o fator, neste intervalo. Pela equação da reta de regressão calculamos:

altura das ondas para $v = 12 km/h: -6{,}274 + 6{,}035 \times 12 = 66{,}2\ cm$

altura das ondas para $v = 19 km/h: -6{,}274 + 6{,}035 \times 19 = 108{,}4\ cm$

O intervalo de predição, aqui estimado usando o "crosshair", seria aproximadamente de 58 a 73 cm para a velocidade de 12 km/h e de 100 a 116 cm para a velocidade de 19 km/h.

O último quesito pede que sejam estimadas as alturas mínima e máxima das ondas quando soprar um vento fresco, caracterizado pela velocidade entre 39 e 49 km/h. O problema neste caso é que não dispomos de observações nessa faixa de valores e, **a não ser que já tenhamos um sólido entendimento do fenômeno ou processo que está sendo estudado**, nada nos autoriza a supor que o relacionamento linear observado continue válido para valores da variável independente que não foram observados. Como regra geral, a regressão não deve ser usada para extrapolação.

Exercício 4-10

Solução: No quesito (a), o resultado fornecido pelo Minitab é:

Correlação: DESP MKTG; VENDAS

Método

Tipo de correlação   Pearson
Número de linhas usadas 16

Correlações

	DESP MKTG
VENDAS	0,759

O valor de r indica uma correlação moderada entre a despesa com Marketing e o faturamento da empresa. Isto pode ser entendido quando se vê que a finalidade do Marketing é justamente divulgar os produtos da empresa, convencer os clientes sobre o valor destes produtos, principalmente em comparação com os dos concorrentes, e aumentar a participação da empresa no mercado, sua lucratividade e suas perspectivas de crescimento. Mas é preciso que se tenha cuidado com o relacionamento entre as duas variáveis, pois é o maior investimento em propaganda que gera mais faturamento, ou quando a empresa fatura mais seu orçamento para publicidade também aumenta?

Novamente se evidencia a necessidade de levar em conta diversos fatores, quando se está buscando estabelecer relações de dependência entre variáveis em um sistema complexo.

Para o quesito (b) vejamos o resultado da análise de regressão:

Análise de Regressão: VENDAS versus DESP MKTG

A equação de regressão é
VENDAS = 80,66 + 15,43 DESP MKTG

Sumário do Modelo

S	R2	R2(aj)
23,0875	57,54%	54,51%

Análise de Variância

Fonte	GL	SQ	QM	F	P
Regressão	1	10112,5	10112,5	18,97	0,001
Erro	14	7462,5	533,0		
Total	15	17575,0			

Sabemos que o valor de t usado para testar a hipótese $H_0: m = 0$ é dado por

$$t_{teste} = \left|\frac{m}{s_m}\right| = \sqrt{F_{teste}} = \sqrt{\frac{MS_{Regressão}}{MS_{Erro}}}$$

Onde m, F_{teste}, $MS_{Regressão}$ e MS_{Erro} são todos fornecidos na ANOVA

$$t_{teste} = \sqrt{18,97} = 4,36$$

O valor crítico para $\alpha = 0,05$ e 14 gl é

$$t_{crit} = |t_{0,025;14}| = 2,145$$

Como $t_{teste} \geq t_{crit}$, a hipótese nula é rejeitada e conclui-se que o coeficiente angular não é igual a zero. Para o intervalo de confiança do valor de m calcula-se

$$s_m = \left|\frac{m}{t_{teste}}\right| = \frac{15,43}{4,36} = 3,542$$

$m - t_{crit}s_m \leq M \leq m + t_{crit}s_m \Rightarrow$

$15,43 - 2,145 \times 3,542 \leq M \leq 15,43 + 2,145 \times 3,542 \Rightarrow$

$7,83 \leq M \leq 23,03$

B REFERÊNCIAS

1. BANKS, Jerry e HEIKES, Russel G. **Handbook of Tables and Graphs for the Industrial Engineer and Manager**. Reston: Reston Publishing, 1984.

2. CARMER, S. G., & SWANSON, M. R. (1973). An Evaluation of Ten Pairwise Multiple Comparison Procedures by Monte Carlo Methods. **Journal of the American Statistical Association**, 68(341), 66–74. doi:10.1080/01621459.1973.10481335.

3. CORNELL, J.A. **Experiments with Mixtures**. 3ª. Ed. New York: John Wiley and Sons, 2002.

4. DEMING, William E. **Qualidade: A Revolução da Administração**. Tradução da Clave Comunicações e Recursos Humanos. Rio de Janeiro: Editora Marques-Saraiva, 1990. Título original: Out of the Crisis.

5. FREUND, John E. **Modern Elementary Statistics**. New York: Prentice-Hall, 1988.

6. HINES, William W. e MONTGOMERY, Douglas C. **Probability and Statistics in Engineering and Management Science**. 2. ed. New York: John Wiley & Sons, 1980.

7. KRUSKAL, W. H., & WALLIS, W. A. Use of Ranks in One-Criterion Variance Analysis. **Journal of the American Statistical Analysis**, 47(260), 583–621, 2012. doi:10.1080/01621459.1952.10483441

8. MacGREGOR, John F. A Different View of the Funnel Experiment. **Journal of Quality Technology**, Milwaukee: American Society for Quality, vol. 22, n. 4, p. 255-259, Oct. 1990.

9. MATHEWS, Paul G. **Design of Experiments with Minitab**. Milwaukee: ASQ Quality Press, 2005

10. MONTGOMERY, Douglas C. **Design and Analysis of Experiments**. 2 ed. New York: John Wiley & Sons, 1984

11. MONTGOMERY, Douglas C. **Introduction to Statistical Quality Control**. New York: John Wiley & Sons, 1985.

12. MONTGOMERY, Douglas C. & RUNGER, G. C. **Estatística Aplicada e Probabilidade para Engenheiros**, 2ª ed. São Paulo: LTC Livros Técnicos e Científicos. 2002.

13. MYERS, R.H. & MONTGOMERY, Douglas C. **Response Surface Methodology**, 2nd ed. New York: John Wiley and Sons, 2002.

14. NELSON, Lloyd S. The Shewhart Control Chart – Tests for Special Causes. **Journal of Quality Technology**, Milwaukee: American Society for Quality, vol. 16, n. 4, p. 237-240, Oct. 1984.

15. PAIVA, A. P. **Apostila de Projeto de Experimentos (DOE) PQM13P**. Itajubá: Universidade Federal de Itajubá, 2016.

16. RAZALI, Nornadiah M. & WAH, Yap B. Power comparisons of Shapiro-Wilk, Kolmogorov-Smirnov, Lilliefors and Anderson-Darling tests. *Journal of Statistical Modeling and Analytics*, vol. 2, n.1, p. 21-33, 2011.

17. STEVENSON, William J. **Estatística Aplicada à Administração**. Tradução de Alfredo Alves de Farias. São Paulo: Editora Harper & Row do Brasil, 1981. Título original: Business Statistics: Concepts and Applications.

18. WOODALL, William H. Controversies and Contradictions in Statistical Process Control. **Journal of Quality Technology**, Milwaukee: American Society for Quality, vol. 32, n. 4, p. 341-350, Oct. 2000.

19. TAGUCHI, Genichi. **Introduction to Quality Engineering:** Designing Quality into Products and Processes. Tradução para o inglês da equipe do American Supplier Institute. Tokyo: Asian Productivity Organization, 1989. Título original: Sekkei-sha no tameno